博士论文
出版项目

急性心理应激对视运动知觉的影响机制研究

The Research on the Influence Mechanism of Acute Psychological Stress on Visual Motion Perception

王积福　著

中国社会科学出版社

图书在版编目（CIP）数据

急性心理应激对视运动知觉的影响机制研究／王积福著. —北京：中国社会
科学出版社，2023.3
　ISBN 978 - 7 - 5227 - 1478 - 3

　Ⅰ. ①急…　Ⅱ. ①王…　Ⅲ. ①心理应激—影响—运动知觉—研究
Ⅳ. ①B842.2

中国国家版本馆 CIP 数据核字（2023）第 031507 号

出 版 人　赵剑英
责任编辑　高　歌
责任校对　李　琳
责任印制　戴　宽

出　　　版　中国社会科学出版社
社　　　址　北京鼓楼西大街甲 158 号
邮　　　编　100720
网　　　址　http://www.csspw.cn
发 行 部　010 - 84083685
门 市 部　010 - 84029450
经　　　销　新华书店及其他书店

印　　　刷　北京君升印刷有限公司
装　　　订　廊坊市广阳区广增装订厂
版　　　次　2023 年 3 月第 1 版
印　　　次　2023 年 3 月第 1 次印刷

开　　　本　710×1000　1/16
印　　　张　24.75
插　　　页　2
字　　　数　336 千字
定　　　价　128.00 元

出 版 说 明

为进一步加大对哲学社会科学领域青年人才扶持力度，促进优秀青年学者更快更好成长，国家社科基金 2019 年起设立博士论文出版项目，重点资助学术基础扎实、具有创新意识和发展潜力的青年学者。每年评选一次。2021 年经组织申报、专家评审、社会公示，评选出第三批博士论文项目。按照"统一标识、统一封面、统一版式、统一标准"的总体要求，现予出版，以飨读者。

全国哲学社会科学工作办公室

2022 年

序

在日常生活工作中，人们会经常体验到应激（Stress）。应激是生活工作中不可避免的事件，甚至可以说应激就是我们生活工作的一部分。随着科技的进步和生活节奏的加快，人们为了适应社会上日益激烈的竞争，需要承受来自不同方面的种种压力而常使自身处于应激状态。应激会激发人的应激反应，长期的应激状态会对个体的身体和心理产生消极的影响。应激对身体的影响主要体现在心脑血管系统、消化系统、神经内分泌系统等方面。应激对心理过程的影响主要体现在对情绪过程和认知过程等的影响。人们在应激反应过程中常会出现"意识狭窄"的现象，通过影响有机体内部激素水平的变化作用于个体的认知过程。视运动知觉作为认知过程的重要组成成分，也会受到应激反应的影响。

该著作是作者在其博士学位论文的基础上撰写完成的，并获得国家社科基金优秀博士学位论文出版项目资助。作者从行为学和电生理学两个层面系统探究了急性心理应激对视运动知觉的影响及其内在机制，采用改良后的 MIST 任务诱发急性心理应激反应，通过行为学测量技术和事件相关电位（ERP）技术探究急性心理应激对视运动知觉的影响及其内在机制。该书逻辑结构严密，内容充实，语言简练、图文并茂、通俗易懂。作者从急性心理应激的作用机制到理论基础，从视运动知觉的研究动态到研究范式，从急性心理应激对视运动知觉影响的物质基础到功能表现，从急性心理应激对视运动知觉影响的各维度特点分析到综合荟萃分析等方面，对急性心理应激影响视运动知觉的特点及其机制进行了全面而详尽的介绍。

作为一本学术专著，该书体现了作者治学的科学态度和创新精神。作者基于近 10 年的知识图谱分析结果及前人研究基础，将视运动知觉分为协同运动知觉、生物运动知觉、运动速度知觉以及深度运动知觉 4 类。首次将改良后的 MIST 范式运用到视运动知觉的研究领域中，并在 MIST 任务中增加社会性评价反馈与时间进度条，以提高被试的自我卷入程度。首次采用 ERP 技术从行为学与脑电生理学层面来探究急性心理应激对视运动知觉影响及其机制，并采用 Mini－meta 分析的方法对急性心理应激影响视运动知觉的各维度结果进行合并分析，以增强研究结果的说服力。

我相信此书的出版，一定会激发人们对急性心理应激与运动认知加工研究的关注和兴趣，期望有更多的学者投入到运动认知神经心理学研究领域。本书不仅适合运动心理学专业人员阅读，也可作为广大运动认知神经心理学爱好者学习参考。

漆昌柱（中国体育科学学会常务理事、
中国心理学会认定心理学家）
2022 年 11 月

摘　　要

依据以往研究，视运动知觉不仅受到运动刺激物的大小、形状、对比度和亮度等外在因素的影响，还受到注意特点与情绪状态（如应激水平）等内在因素的影响。心理应激会通过增加皮质醇、儿茶酚胺和糖皮质激素的分泌来影响知觉加工过程。探究急性心理应激对视运动知觉的影响机制，不仅有助于人们认识心理应激作用于知觉加工过程的内在机制，还能为探索心理应激与知觉加工过程的关系提供实证研究支持。

本书中的研究主要采用改良后的乘法估算任务（MIST）作为急性心理应激的诱发方法，并结合事件相关电位（ERP）技术探究急性心理应激对视运动知觉影响的内在机制。依据前期研究结果与Cite-Space Ⅲ软件发现视运动知觉主要包括协同运动知觉、生物运动知觉、运动速度知觉以及深度运动知觉四个类别。本书中的研究主要包括六个方面，其中第五章为急性心理应激诱发方法的有效性检验实验；第六章至第九章为并列的四个研究，分别探讨急性心理应激对协同运动知觉（第六章）、生物运动知觉（第七章）、运动速度知觉（第八章）以及深度运动知觉（第九章）影响的 ERP 特征；第十章为急性心理应激对视运动知觉各成分及整体影响效应的 Mini-Meta 分析。

通过急性心理应激对视运动知觉影响的实证研究，主要得出以下几点结论：

（1）改良后的 MIST 任务范式能够有效地诱发急性心理应激反

应。具体表现为应激条件下心率升高而迷走神经活性降低，注意警觉性与注意定向速度均升高而后期注意资源分配减少。

（2）视运动知觉加工过程呈现出不同的特点，具体表现如下：协同运动知觉中协同性水平与反应速度呈负相关，而与反应准确性、注意资源调用速度呈正相关。生物运动知觉中出现了"倒置效应"，且其辨别速度及准确性和生物运动知觉的结构特点有关。运动速度知觉中人们对匀减速运动的辨别更容易，且注意控制能力增强、所投入的认知资源更少。深度运动知觉中对于较晚碰撞的深度运动球体而言其辨别精确性更高且认知资源投入更少。

（3）急性心理应激影响了视运动知觉的加工过程。应激状态下视运动知觉各成分知觉反应速度加快（中等效应），且深度运动知觉反应精确性有所提高。应激状态下协同运动知觉与生物运动知觉任务中的早期注意资源投入较早，且晚期脑部抑制持续性出现减弱现象（中等效应）。应激状态下协同运动、生物运动以及运动速度知觉加工过程的注意控制能力增强，以便能更好地分配注意资源。应激状态下运动速度与深度运动知觉任务中晚期认知资源的投入更多（中等效应），同时深度运动知觉中早期注意资源的投入也出现增多现象。

关键词：急性心理应激；视运动知觉；ERP 特征；Mini-Meta 分析

Abstract

According to previous studies, visual motion perception is not only affected by external factors such as size, shape, contrast and brightness of stimuli, but also by internal factors such as attention and emotional (such as stress). The perceptual processing is affected by the acute psychological stress through increasing the secretion of cortisol, catecholamines and glucocorticoids. Exploring the effect of acute psychological stress on visual motion perception helps to understand the intrinsic mechanism of acute psychological stress and perceptual processing. Furthermore, it may also provide empirical research support for exploring the relationship between psychological stress and cognitive process.

In this study, the modified MIST task was used as the induction method of acute psychological stress, and the ERP technique was used to explore the intrinsic mechanism of the effect of acute psychological stress on visual motion perception. Combining the results of previous research with Cite-Space Ⅲ software, it was found that visual motion perception mainly includes coherent motion perception, biological motion perception, speed perception and perception of motion in depth. There are six aspects in the study of this book. The fifth chapter was a test for the effectiveness of acute psychological stress induced method. The sixth to ninth chapters were four parallel studies to explore the ERP characteristics of acute psychological stress on coherent motion perception (Chapter 6), biological motion perception (Chapter 7), speed perception (Chapter 8) and motion-in-depth perception (Chapter 9). Chapter 10 was the Mini-Meta analysis of the overall effect of acute psychological stress on visual motion perception.

Through the empirical study on the effect of acute psychological stress on visual motion perception, the following conclusions were drawn:

(1) The improved MIST task paradigm could effectively induce acute psychological stress response. In stress, the heart rate was increased and the vagus nerve activity was reduced. The attention alertness and attention orientation speed were increased, and the allocation of attention resource of the later period was decreased under stress.

(2) The processing process of visual motion perception presented different characteristics, which were shown as follows: In coherent motion perception, the level of coherent was negatively correlated with reaction speed, but positively correlated with reaction accuracy and the invocation speed of attention resource. An inversion effect was appeared in biological motion perception, and the discrimination speed and accuracy of biological motion perception were related to its structural characteristics. In the speed perception, it was easier for people to discern the uniform deceleration motion, and the attention control process was enhanced and less cognitive resources would be used in the uniform deceleration motion. In the motion-in-depth perception, the discrimination accuracy was higher and the cognitive resources' investment was less for the later collision sphere.

(3) The perceptual processing of visual motion perception was affected by the acute psychological stress. In stress condition, the reaction speed of visual motion perceptions' tasks was accelerated (medium effect), and the accuracy of motion-in-depth perception was improved. The early attention resources were input earlier and the inhibition persistent of the brain were reduced (medium effect) in the coherent motion and biological motion perception tasks under the stress condition. The

ability of attention control in the perceptual processes of coherent motion, biological motion, and the speed of motion were enhanced so that attention resources could be better allocated under the stress condition. The input of middle and late cognitive resources in the speed of motion and motion-in-depth perception tasks were increased (medium effect), and the early attention resources in the motion-in-depth perception were enhanced under the stress condition.

Key Words: Acute Psychological Stress; Visual Motion Perception; ERP; Mini-Meta Analysis

目　录

Contents

第 一 章

急性心理应激概述

　　急性心理应激在人们日常生活中普遍存在，如考试之前的紧张、比赛前的焦虑、工作面试过程中的心率加快以及亲人的离去等，它影响着大脑对外在刺激信息的认知加工，从注意、感知觉、记忆到知觉控制均可能受到急性心理应激的影响。急性心理应激通过分泌皮质醇、儿茶酚胺和糖皮质激素等物质共同作用于知觉加工过程，如注意控制与定向、工作记忆、反应抑制及执行功能等。本章主要介绍急性心理应激的含义和行为表现、诱发方式、测量评价、作用机制以及相关理论基础等，重点介绍急性心理应激的诱发方式与测量评价指标，旨在为后续相关研究提供一定的理论依据。

第一节　急性心理应激的含义和行为表现

一　应激与压力的关系

　　在探究心理应激的概念之前，应先厘清应激（Stress）与压力（Pressure）的关系。人们常常把压力与应激混在一起，难以将其区分开来，其实二者在本质上区别或许并不大，但其来源却有一定的差异。"压力"一词作为行为科学与自然科学中使用的描述性术语，最早起源于拉丁文的 stringere，意思是"延伸、扩张和抽取"，在物理学研究领域压力被称为"作用于物体表面的垂直力"，后来在心理学领域、社会学领域、生理学领域中诸多学者用这一词来表示有机体在紧张、焦虑状态下的生理、心理和行为反应。关于压力的定义有许多，有人认为压力是指当刺激事件打乱了有机体内外在平衡，或超过了有机体的能力范围时，由应激引发的状态，包括生理、行为、认知和情绪上的反应。① 还有人认为压力是指当威胁性事件、突发危险刺激发生在人们面前时，他们与这些压力刺激源相互作用，并加以认知评价，进而引发心理上产生一种紧张的情绪体验，并在情绪维度上处于"紧张—轻松"维度上紧张度的最强一端。目前被诸多研究者认可的压力定义为：压力是一个过程，是个体与自然环境相互影响的产物，该产物由压力刺激源、中间变量和生理心理反应过程三个成分构成。② 总之，压力是指心理压力源和心理压力反应共同构成的一种认知和行为体验过程。

"应激"一词首次引入到心理学领域是在 1936 年，Selye 从生物医学的角度，将应激定义为有机体受到环境刺激而产生的一种非特异的生物反应现象③。关于应激的概念，不同的学者提出了不同的观点，国外学者方面：如有学者将唤醒与应激结合起来，提出应激是指身体正常活动或内在情感过程的过度激活而造成极端的一种病态表现④；再如，有人认为应激是个体受到来自内外部的刺激作用于自身时而产生的神经内分泌反应过程，具体包括肾上腺皮质激素（Ad-

---

① 潘竹君：《压力对时间知觉影响的 ERP 研究》，硕士学位论文，首都体育学院，2009 年。

② Kessler Ronald C. , "Social Factors in Psychopathology: Stress, Social Support, and Coping Processes", *Annual Review of Psychology*, Vol. 36, October 1985, p. 533.

③ Selye Hans, "A Syndrome Produced by Diverse Nocuous Agents", *Journal of Neuropsychiatry & Clinical Neurosciences*, Vol. 10, NO. 2, May 1998, p. 230.

④ Hennessy J. W. , "Stress, Arousal, And the Pituitary-Adrenal System: A Psychoendocrine Hypothesis", *Progress in Psychobiology and Physiological Psychology*, Vol. 8, August 1979, p. 133.

renal Cortical Hormone）分泌增加、交感神经系统（Sympathetic Nervous System）的活性增高以及身体机能的各种内在变化①。国内学者方面，有人认为应激是有机体对应激刺激源识别与认知评价后感知到威胁时而诱发的一系列生理与心理机能发生变化的过程②。罗跃嘉等人③认为应激是外界应激源刺激破坏了身体内稳态、超过了身体所能承受的负荷与控制后而引发的一系列综合反应。因此，关于应激概念，可以从以下几个方面理解：

第一，应激源可以是躯体的、心理的和社会文化的诸多因素，但是这些刺激源不能直接引起紧张，在刺激与反应之间还存在着诸如人格、知识经验、应对方式、认知评价、社会支持等中介变量，这些变量具有一定调节作用。

第二，应激不能仅依据生理因素来决定，还应考虑认知因素。大多数情况下，人们对应激源所产生的应激反应是由认知评价所引发的。一般来说，已有的知识和经验与当前事件的要求不一致，或新异情境的要求是过去没有经历过的，容易产生相当的压力而导致紧张。另外，已有的经验使人对当前境遇还是感到无力应付和无法控制，也是应激产生的原因。

第三，应激产生过程具有一定的生理基础，其反应过程主要是由网状丘脑投射系统向大脑提供的弥散性兴奋所诱发。神经递质的变化是应激产生的物质基础。

第四，应激与多种情绪相结合而形成复合情绪。在应激发生时伴随恐惧、震惊等，可诱发焦虑性紧张，若伴随痛苦、惧怕等，可表现为抑郁性紧张。过于强烈和持久的复合性应激情绪会产生明显的消极影响（如注意狭窄、行动刻板），进而导致任务操作绩效的降低。

---

① Rice P. L. , *Stress and Health*, Pacific Grove, CA: Brooks/Cole Publishing, 1999, p. 12.
② 李婷等：《心理应激的生物学机制研究进展》，《中国行为医学科学》2006 年第 9 期。
③ 罗跃嘉等：《应激的认知神经科学研究》，《生理科学进展》2013 年第 5 期。

总之，应激是指有机体生理或心理上受到威胁时，引起机体与刺激直接相关的特异性变化外，还引起一系列与刺激性质无关的非特异性适应反应。可见，应激与压力在概念的本质上区别并不大，都是由压力或应激刺激源诱发的一系列身心特异性反应。在本书中为保持概念的统一，主要采用"应激"一词。

二　应激的分类

关于应激的分类，不同的学者依据不同的标准提出了不同的分类。

首先，依据应激的强度和持续时间可以将应激分为急性应激（Acute Stress）和慢性应激（Chronic Stress）两类。[1] 慢性应激通常是指日常生活中威胁性不大但持续造成个体生活困扰和烦恼的各种事件；急性应激往往持续时间较短且强度高，其主要来源于各类重大生活事件或突发刺激如自然或人为灾害、突发变故等。

其次，国外有学者依据应激的概念将应激分为心理应激（Psychological Stress）与生理应激（Physiological Stress），心理应激是指由社会应激情境引发，应激情境包括认知压力、群体评价以及他人拒绝等，而生理应激是指身体组织损伤或身体受到威胁时诱发的不良情绪体验（如饥饿或疼痛）。[2]

最后，国内学者罗跃嘉等人[3]依据应激源的性质与应激反应特点这一标准，将应激分为生理应激（有机体内稳态遭破坏）、心理或社会应激（心理或社会压力因素引起）以及物理应激（外在环境刺激造成）。从二者的分类情况来看，其实主要从应激源的指向来进行分

① Cohen Sheldon et al., "Psychological Stress and Disease", *Jama*, Vol. 298, No. 14, October 2007, p. 1685.

② Kogler Lydia, "Psychosocial Versus Physiological Stress-Meta-Analyses on Deactivations and Activations of the Neural Correlates of Stress Reactions", *Neuroimage*, Vol. 119, No. 1, October 2015, p. 235.

③ 罗跃嘉等：《应激的认知神经科学研究》，《生理科学进展》2013 年第 5 期。

类，若指向心理反应则为心理应激，若指向躯体反应则为生理应激，可见生理应激与心理应激的区分标准在于诱发方式的不同。虽然很多时候生理应激的发生伴随着心理应激的发生，二者在时间上可能存在一定的关联性，但许多研究发现生理应激与心理应激发生过程中，身体内所激活的系统存在一定的差异。心理应激诱发过程中大脑将注意力投入到自身情绪的认知控制过程中，并完成目标导向任务，而生理应激是由于生命受到威胁时，交感神经系统兴奋性会增加，并迅速加快肌肉运动—感觉的加工速度以及提升自我参照工作记忆来做出逃避或迎战的身体反应。可以看出，生理应激与心理应激是两个相互独立的控制系统，故本书中的研究主要考察的是心理应激这一领域。

三　心理应激的概念及分类

心理应激是指人们主观感知到的外在环境压力超出有机体自身应对的资源且对个人健康造成威胁的一种身心状态。[①] 常见的心理应激诱发范式如场景投射范式与注意分散范式，场景投射范式主要是将日常生活中的情境投射到实验室环境中，如即兴演讲，通过时间限制来设定高压组与低压组；注意分散范式通过在实验现场安排虚拟观众、电视录像、金钱奖励或惩罚以及增加任务的难度等外在干扰刺激来分散被试的注意资源，如让被试在实验过程中进行智力活动或游戏、心算作业等。[②]

一般依据心理应激的周期长短将心理应激分为慢性心理应激（Chronic Psychological Stress）与急性心理应激（Acute Psychological Stress）。其中，慢性心理应激是指外在环境压力长期超出身体应对的认知与情绪情感能力范围，如考试、比赛、疾病等。急性心理应激是

---

① Lazarus Richard S. and Susan Folkman, *Stress: Appraisal and Coping*, New York: Springer, 1984, p. 1.

② 刘溪、梁宝勇：《心算应激与特质焦虑、应对风格的关系》，《心理与行为研究》2008 年第 1 期。

指不可控制且不可预期的外在环境要求短时间内超出了身体的调节能力时，个体做出了一种非特异性反应。[①] 由于急性心理应激是有机体短时内接受超出身体承受范围的外在刺激，它具有持续时间短、无躯体明显痛苦以及强度大等特点。另外，由于本书中的研究采用具有高时间分辨率的事件相关电位（Event-Related Potentials，ERP）技术，需要在实验室中进行短期实验，故需要采用具有持续时间短、无躯体明显痛苦以及强度大的急性心理应激作为本研究的自变量。

四　急性心理应激引起的身心变化

（一）急性心理应激引起的躯体变化

急性心理应激源会诱发有机体躯体与心理均发生相应变化。在躯体方面包括生理分子层面以及躯体行为方面的变化。首先，生理分子层面上，急性心理应激引发的身体免疫变化主要是通过细胞因子的变化来实现的，细胞因子是指有机体面临创伤、应激、感染等情况时在细胞之间传递信号以调节身体免疫功能的蛋白质。细胞因子（Cytokine）主要可以分为两大类[②]。（1）促炎细胞因子：该因子主要功能是急性应激发生时促使有机体发生炎症以便保护有机体，如白细胞介素1、白介素6和肿瘤坏死因子 – α。（2）抗炎细胞因子：该因子主要功能是抑制免疫反应，促使其他细胞因子的合成以及降低细胞功能，如白介素10、白介素13。虽然急性心理应激可以通过诱发释放细胞因子来保护有机体，但是同时也会诱发 CD8 阳性 T 淋巴细胞、自然杀伤细胞的释放增加，同时还会引起 T 淋巴细胞增殖反应的下降，进一步引发感染性疾病的发生。其次，在躯体行为学方面，个体在应激刺激下的行为表现主要有身体姿势、面部表

----

① Koolhaas J. M. et al. , "Stress Revisited：A Critical Evaluation of the Stress Concept", *Neuroscience & Biobehavioral Reviews*, Vol. 35, No. 5, April 2011, p. 1291.

② Kronfol Ziad and Daniel G. Remick, "Cytokines and the Brain：Implications for Clinical Psychiatry", *American Journal of Psychiatry*, Vol. 157, No. 5, May 2000, p. 683.

情以及语速语调等方面的变化，在一定程度的应激刺激下，有助于提升个体的动作绩效水平，而在较高水平的应激源下并超过被试的承受范围时，人们会出现动作刻板、肌肉僵硬、语速加快以及逃避、敌对等防御机制的出现。研究发现，中小学教师在应对负性压力应激时会结合采用各种应对方式，且更偏向采用行为解脱、精神寄托等非适应性应对策略①。说明急性心理应激发生时有机体外显的行为及内在生理成分均发生变化。

（二）急性心理应激引起的心理变化

在心理方面，急性心理应激下的心理反应主要表现在认知与情绪两个层面。一是，个体对应激的认知反应（Cognitive Reaction）主要包括积极与消极方面，当个体面对外界应激源刺激时，身心被激活，注意广度与范围提升，感知能力进一步增强，思维与反应变得更加快速，则该应激属于积极应激。当个体面对应激刺激时，出现注意广度变窄、意识受到阻碍、决策力下降等现象时，该应激属于消极应激。研究发现，高时间应激压力情境下，无论是高焦虑个体还是低焦虑个体，无论是知觉到还是未知觉到时间压力，决策质量都会显著下降②。二是，个体对应激的情绪反应（Emotional Reaction）主要包括紧张、焦虑、愤怒和恐惧等状态，其中紧张与焦虑是个体对现实应激刺激时所表现出来的最常见的一种情绪反应，有助于维持有机体的内在平衡，提高有机体主动防御的能力，避免个体形成焦虑障碍。研究发现，在应激情境下，大学生被试主要以消极情绪体验为主，并伴有动力性的积极情绪体验，消极情绪主要有焦虑、犹豫不决、困惑、沮丧、抑郁及郁闷等③。此外，运动员在不同

① 申艳娥：《正、负性压力情境下教师应对方式的比较研究》，《心理发展与教育》2004 年第 4 期。

② 王大伟、刘永芳：《时间知觉对决策制定的时间压力效应的影响》，《心理科学》2009 年第 5 期。

③ 陈建文、王滔：《大学生压力事件、情绪反应及应对方式——基于武汉高校的问卷调查》，《高等教育研究》2012 年第 10 期。

压力应激情境下其应对方式也有所不同，如在学习压力应激情境下较多采用支持应对与超越应对，而在身心压力应激情境下则更多采用情绪应对的表现方式。[1] 说明急性心理应激发生时有机体在认知与情绪两个层面均会做出适应性行为。

总之，应激的适应性反应包括各种情绪反应与生理指标的变化，情绪反应有抑郁、焦虑，生理反应如血压升高、呼吸加快等。适度的压力应激有助于提升有机体的行为表现与绩效水平，过大的压力应激则会造成有机体的失衡、代谢的紊乱、注意狭窄、思维水平受到抑制，进而导致行为效率降低，较低的绩效水平。[2]

没有应激就没有生活。本节主要探讨了应激与压力的联系与区别，以及应激的分类、评价方式，同时重点介绍了急性心理应激的概念及其引起的躯体与心理反应。在日常生活中，特定应激源会刺激有机体产生积极的反应或消极的反应，这与有机体自身的应对资源（Coping Resources）、应对方式及心理承受能力有关。为了适应日益激烈的社会竞争，人们承受着越来越复杂、越来越强烈的生理和心理应激，同时许多疾病也会因此而产生。因此，探究急性心理应激的作用机制就显得十分必要。

第二节　急性心理应激的作用机制和诱发方式

一　急性心理应激的作用机制

急性心理应激会导致交感神经系统激活以及儿茶酚胺（Cate-

---

① 陈传锋等：《不同项目运动员压力源与应对方式的比较研究》，《中国体育科技》2009 年第 1 期。

② 王亚南：《压力情境下创意自我效能感与创造力的关系》，硕士学位论文，山东师范大学，2009 年。

cholamine）和糖皮质激素（Glucocorticoid）分泌增加。[1] 急性应激刺激会激活有机体的交感神经—肾上腺髓质轴（Sympathetic-Adrenal Medulla Axis），进而促使去甲肾上腺素与多巴胺的分泌量快速增加，然后使有机体优先分配认知资源应对外在环境的威胁。当交感神经系统激活完成之后，紧接着激活下丘脑—脑垂体—肾上腺轴（Hypo-thalamus-Pituitary-Adrenal Axis，HPAA），HPA 轴具体流程：下丘脑室旁核释放促肾上腺素释放激素，接着诱发脑垂体分泌促肾上腺皮质激素，进而促使肾上腺皮质分泌皮质醇。[2] 当急性应激刺激出现后，最先激活的是交感神经系统，其次是 HPA 轴（其出现峰值大约在应激刺激出现后 20—40 分钟）。[3] 总之，急性心理应激产生的交感神经—肾上腺髓质轴与 HPA 轴的激活会促使有机体由目标指向行为方式转变成习惯性的表现方式，进而降低有机体自身的认知灵活性，同时会增加对突显性刺激的加工。[4] 此外，多巴胺、去甲肾上腺素和皮质醇的大量释放会让大脑由前额叶控制的理性状态转化成由杏仁核及其皮下组织控制的反射性状态。[5]

从图 1-1 中可以看出，交感神经—肾上腺髓质轴与 HPA 轴均受到边缘系统的调节，两个轴系统中释放的肾上腺素与皮质醇均通

---

[1]　Fisher Aaron J. and Michelle G. Newman，"Heart Rate and Autonomic Response to Stress After Experimental Induction of Worry Versus Relaxation in Healthy，High-Worry，And Generalized Anxiety Disorder Individuals"，*Biological Psychology*，Vol. 93，No. 1，April 2013，p. 65.

[2]　Schwabe Lars et al.，"Hpa Axis Activation by a Socially Evaluated Cold-Pressor Test"，*Psychoneuroendocrinology*，Vol. 33，No. 6，April 2008，p. 890.

[3]　Dickerson Sally S. and Margaret E. Kemeny，"Acute Stressors and Cortisol Responses：A Theoretical Integration and Synthesis of Laboratory Research"，*Psychological Bulletin*，Vol. 130，No. 3，March 2004，p. 355.

[4]　Plessow Franziska et al.，"Inflexibly Focused Under Stress：Acute Psychosocial Stress Increases Shielding of Action Goals at the Expense of Reduced Cognitive Flexibility with Increasing Time Lag to the Stressor"，*Journal of Cognitive Neuroscience*，Vol. 23，No. 11，November 2011，p. 3218.

[5]　Arnsten Amy F. T.，"Stress Signalling Pathways That Impair Prefrontal Cortex Structure and Function"，*Nature Reviews Neuroscience*，Vol. 10，No. 6，June 2009，p. 410.

过血液循环作用于躯体组织，并刺激白血球释放细胞因子，包括促炎与抗炎细胞因子。[①] 皮质醇是 HPA 轴的终端产物，它是有机体重要的应激激素，同时也是衡量急性心理应激所诱发的 HPA 轴反应的稳定指标。一般而言，皮质醇在血浆与唾液中均可以检测到。此外，评价心理应激诱发的 SAM 轴反应的有效指标是心率变异性，可以通过相关仪器进行测量获取。

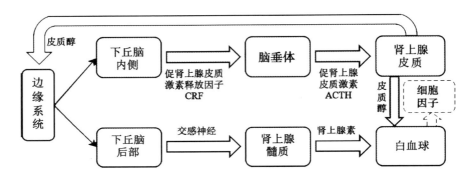

图 1 - 1　急性心理应激所诱发的非特异性神经内分泌反应示意图

二　急性心理应激的诱发方式

（一）特里尔社会应激测试（Trier Social Stress Test, TSST）

TSST 测试由 Kirschbaum 等人提出，该范式主要采用口头运算与公众演讲作为应激刺激源，主要测试内容为：模拟一次工作招聘面试，包括 10 分钟的面试准备、5 分钟的面试演讲和 5 分钟的连续减法作业。[②] 10 分钟的面试准备主要是要求被试理解测试内容，并准备面试的陈述内容；5 分钟的面试演讲主要是要求被试进

---

① 齐铭铭等：《急性心理性应激诱发的神经内分泌反应及其影响因素》，《心理科学进展》2011 年第 9 期。

② Kirschbaum C. et al. , "The 'Trier Social Stress Test' —A Tool for Investigating Psychobiological Stress Responses in a Laboratory Setting", *Neuropsychobiology*, Vol. 28, No. 1, January 1993, p. 76.

行自我介绍及陈述个人的工作优势，同时用摄像机记录被试的面部表情及肢体动作，假如被试陈述不足 5 分钟则主试者需要提醒被试；面试演讲结束后，被试需在 5 分钟之内不断地以口头报告的形式又快又准确地完成连续减法任务，如从 1000 依次减 13 任务，并在被试报告过程中随时反馈报告结果是否正确，如报告错误被试则需要重新开始。该范式的优点是它可以诱发肾上腺皮质产生较多的皮质醇。缺点是该测试过程较为复杂且需要多个主试者参与，主试者需要严格培训后才能参与实验，且无法探知被试对应激源刺激的时间定位机制。

（二）蒙特利尔脑成像应激任务（Montreal Imaging Stress Task，MIST）

该任务是由 Dedovic 等人于 2005 年提出，其测试内容主要是一系列难度程度不同的数学运算题目，被试需要对数学运算题目进行计算并做出报告。[①] 具体内容如下：MIST 任务分为练习与正式实验两个部分，其中练习部分主要是获取被试的平均反应时间用来设置被试在正式实验部分的题目难度水平。正式实验部分包括应激、控制和休息三种条件。在应激条件下：首先，被试需要对屏幕中间的数学运算进行反应（如 5 + 10/2），反应之后屏幕上会呈现被试的反应结果（正确或错误）；其次，若被试连续三道数学题目回答正确，则缩短屏幕题目呈现时间，若被试连续三道数学题目回答错误，则延长屏幕题目呈现时间；最后，为增加被试应激性心理反应及社会性评价威胁，则在反应界面之后呈现被试的反应时间与所有被试的平均反应时比较结果，同时告知被试的行为表现将被摄像机记录下来并进行后续评价。

在控制条件下：数学题目呈现时间与应激条件下相同，但不

[①] Dedovic Katarina et al.，"The Montreal Imaging Stress Task：Using Functional Imaging to Investigate the Effects of Perceiving and Processing Psychosocial Stress in the Human Brain"，*J Psychiatry Neurosci*，Vol. 30，No. 5，September 2005，p. 319.

限定被试反应时间、不给被试呈现任何反馈以及不记录被试的行为表现。在休息条件下，被试只需要观察电脑屏幕，不需要做出任何反应。MIST 范式的优点是可以分析被试对应激源刺激加工的时间定位，可用于脑机制方面的实验研究。缺点是该范式诱发的应激效果较易受到个体自尊水平、自我卷入程度等因素的影响。

（三）改良的 MIST 范式

为进一步增加急性心理应激的诱发效果及探求大脑对应激源的时程动态变化，Yang 等人[①]在 MIST 范式的基础上，将心算任务的加减乘除改为难度不等的乘法运算作为急性心理应激的诱发刺激源，具体为被试需对两个小数点后两位的数值相乘是否大于 10 做出判断（大于或小于），分为应激条件与控制条件：在应激条件下，被试需要对难度较大的乘法运算（如 2.05×4.94 大于或小于 10）做出按键反应；在控制条件下，被试需要对难度较小的乘法运算（如 1.56×4.98 大于或小于 10）做出按键反应。两种条件下，电脑屏幕上均显示被试的反应结果及反应时间进程，同时反馈社会性评价结果（与所有被试的平均反应时进行比较）。该范式的主要缺点是控制条件下乘法运算的题目相对较简单，而应激条件下乘法运算的题目较为困难，且应激条件与控制条件交替进行，难以很好地区分两种条件下的诱发效果。

除上述三种应激诱发方式之外，还有情绪片段诱发、社会评价冷压力测试等，其中情绪片段诱发是指通过播放情绪视频片段来诱发个体的应激体验，社会评价冷压力测试是通过让被试将手或者脚放入冰水（0℃—3℃），并且尽量保持长时间（最长不超过 3 分钟）的方式诱发心理应激反应。

---

① Yang Juan et al., "The Time Course of Psychological Stress as Revealed by Event-Related Potentials", *Neuroscience Letters*, Vol. 530, No. 1, November 2012, p. 1.

三 急性心理应激的测量方式

(一) 主观报告法

在主观报告方面,研究者们采用应激水平自评报告法,该自评报告采用 5 点里克特评分方法评估被试在某一特定时刻的压力和紧张水平,1 代表非常放松,5 代表非常紧张。基于外部刺激的特点与强度,人们结合自身的感知通道对获取信息、认知资源的载荷、心率、出汗状况以及自身紧张状态做出主观上的判断,故该方法带有较强的主观色彩。一般情况下,该方法作为应激水平测量的辅助手段。

(二) 问卷调查法

关于应激测量问卷的对象主要包括中学生、大学生、军人以及实验室诱发应激的测量等。关于中学生群体应激测量问卷主要包括:青少年生活事件量表(1998),该量表是国内最早的应激量表,它测量是青少年生活中可能面临的生活事件。[1] 被调查者需要依据自身的实际情况对所列举的项目进行自我评定,得分越高说明心理应激水平越高。中学生应激源量表(1999),该量表倾向于对应激源的测量,为中学生应激源的测量提供更多的依据和选择。[2]

关于大学生群体应激测量问卷包括:(1) 学生生活应激问卷(1991),该问卷以大学生在校期间可能面临的应激事件及其相应产生身心反应为依据,也是历史上首次出现了对应激源以及应激反应综合测量的问卷[3]。(2) 大学生心理压力量表(2003),该量表包括个人压力、社会环境压力两个维度,共 11 个因子,量表的总

---

① 刘贤臣等:《青少年应激性生活事件和应对方式研究》,《中国心理卫生杂志》1998 年第 1 期。

② 郑全全、陈树林:《中学生应激源量表的初步编制》,《心理发展与教育》1999 年第 4 期。

③ Bernadette M. Gadzella et al., "Student-Life Stress Inventory", *Texas Psychological Association Convention*, No. 9, January 1991, p. 1.

Cronbach's α 系数为 0.89，稳定性系数为 0.59①。（3）中国大学生心理应激量表（2005），该量表既能测量应激源，也能通过测量心身反应来评定心理应激的水平。②

关于军人的应激测量问卷包括军人心理应激自评问卷（2003），该问卷测量军人近半个月的心理感受，量表采用 Likert 3 点计分，各题目内容均反映被试的应激状态。③ 每个维度得分总和为初始得分，经过转化，将初始得分转化成标准得分。标准得分越高，说明军人的心理压力越大。该问卷克朗巴哈系数（Cronbach's α）为 0.76。

此外，应激水平的测量问卷还包括特里尔社会应激测试、心理压力反应问卷以及斯坦福急性应激反应问卷（2008）。其中，特里尔社会应激测试（Kirschbaum & Hellhammer，1993）是实验室诱发应激后的测量方法，它可以使被试处于应激状态，这样能更好地实时客观测评被试的生理、心理及行为等反应。④ 心理压力反应问卷（2004），该问卷是专门测量心理应激的问卷，主要是针对个体的生理、心理和行为三方面的反应进行测量。问卷采用 Likert 5 点计分，问卷总分表示被试的心理压力，得分越高，说明心理压力水平也越高⑤。该问卷 Cronbach's α 系数为 0.90。

（三）生理指标法

除了受试者主观报告自身应激水平和填写问卷之外，还可以通过受试者的生理指标变化情况来判断其应激水平的高低。这些生理

---

① 张林等：《大学生心理压力感量表编制理论及其信、效度研究》，《心理学探新》2003 年第 4 期。

② 梁宝勇、郝志红：《中国大学生心理应激量表》，《心理与行为研究》2005 年第 2 期。

③ 李权超等：《军人心理应激自评问卷的编制》，《国际中华神经精神医学杂志》2003 年第 4 期。

④ 杨娟、张庆林：《特里尔社会应激测试技术的介绍以及相关研究》，《心理科学进展》2010 年第 4 期。

⑤ 姜乾金：《〈压力（应激）系统模型——解读婚姻〉出版》，《中华行为医学与脑科学杂志》2011 年第 5 期。

指标主要包括：

（1）皮质醇（Cortisol）。皮质醇是糖皮质激素的一种，是由肾上腺皮质最中层束状带分泌的一种代谢调节激素，它受下丘脑—垂体前叶—肾上腺皮质轴调节。急性心理应激状态下，有机体会通过 HPA 轴驱使肾上腺分泌皮质醇。具体过程为下丘脑室旁核释放促肾上腺素释放激素，接着诱发脑垂体分泌促肾上腺皮质激素，进而促使肾上腺皮质分泌皮质醇。也就是说，应激状态下躯体内部的皮质醇含量升高。同时皮质醇作为 HPA 轴的终端产物是人体中的重要的应激激素。研究发现，应激条件下被试紧张和焦虑等消极情绪显著上升，同时唾液皮质醇浓度升高（比实验开始前的基线水平升高 63.92%），应激条件结束后的 10 分钟表现出浓度的明显升高。[1]

（2）儿茶酚胺类激素。儿茶酚胺通常是指去甲肾上腺素、肾上腺素和多巴胺。正常应激状态下，肾上腺髓质激素对呼吸和循环系统的主要作用是使呼吸加快、加深，通气量和摄氧量增加，使血压升高，心脏收缩强度增大，每搏输出量增加。同时研究发现应激是以糖皮质激素和儿茶酚胺类激素分泌增加为主，多种激素共同参与应激反应过程，进而使有机体抵抗力增强的非特异性反应[2]。

（3）血压或心率。心理应激源可以通过交感神经—肾上腺髓质轴诱发心电信号的变化。同时应激状态下肾上腺激素会使血压升高，呼吸加快、加深。除了上述生理学指标外，还有盐皮质激素、β－内啡肽、生长激素（GH）、催乳素（PRL）、胰高血糖素、血管升压素、醛固酮等。

本节主要探究了急性心理应激的作用机制、诱发方式及其测量方式。急性心理应激主要是通过 HPA 轴和 SAM 轴两条途径诱发有

---

① 齐铭铭等：《心理性应激的时间加工进程：来自 ERP 的证据》，《心理与行为研究》2014 年第 2 期。

② 赵颖佳、王桂云：《应激相关激素对视网膜脉络膜的作用》，《中国老年学杂志》2013 年第 20 期。

机体产生相应的激素变化，进而引发有机体的外在行为的变化。不论是 TSST 任务还是 MIST 任务，均能有效诱发人们的急性心理应激反应。具体采用何种应激诱发方式，取决于诱发场景及实验需求。不同的应激测量方式适用于不同的场景，但多数时候应结合使用，比如主观报告法、问卷调查法、生理指标法相结合使用，评价结果更具有客观性与说服力。

第三节　影响急性心理应激的因素

一　影响急性心理应激的内部因素

（一）性别

研究发现，在特里尔社会应激测试（TSST 任务）中，服用避孕药女性的促肾上腺皮质激素（ACTH）和唾液皮质醇的含量显著低于男性，男性血浆皮质醇的含量显著低于女性。[1] 若忽略女性是否服用避孕药和生理周期，则女性在 TSST 任务中的唾液皮质醇含量比男性少两倍。[2] 还有研究发现在 TSST 任务中，许多女性的血浆皮质醇、心率和 ACTH 的变化更加明显。[3] 可见，在应激状态下，不同性别之间的应激反应存在一定的差异。但也有研究发现相比较于男性，女性在 TSST 任务之后表现出更多的易怒、困惑或恐惧等消极情绪，

---

[1]　Kumsta R. et al. , "Cortisol and Acth Responses to Psychosocial Stress are Modulated by Corticosteroid Binding Globulin Levels", *Psychoneuroendocrinology*, Vol. 32, No. 8, November 2007, p. 1153.

[2]　Pruessner Marita et al. , "Sex Differences in the Cortisol Response to Awakening in Recent Onset Psychosis", *Psychoneuroendocrinology*, Vol. 33, No. 8, September 2008, p. 1151.

[3]　Back Sudie E. et al. , "Effects of Gender and Cigarette Smoking on Reactivity to Psychological and Pharmacological Stress Provocation", *Psychoneuroendocrinology*, Vol. 33, No. 5, June 2008, p. 560.

但男性与女性在皮质醇和心率方面均未表现出差异①。这也说明研究之间存在一定的差异，不过由于男女性之间存在的生理差异，其应激反应也存在一定差别。

（二）年龄

前期研究发现，特里尔社会应激测试中含有社会性评价威胁及对事件的不可控性，故其比较适合成年人。② 也有研究者以 8—14 岁的儿童、青少年作为研究对象，以改良后适合儿童、青少年的 TSST 任务作为应激情境，结果发现改良后的 TSST 任务诱发了显著的 HPA 轴反应，即被试的唾液皮质醇水平增加显著。③ 还有研究采用改良后的适合儿童、青少年的 TSST 任务作为应激诱发场景，结果发现不论性别，被试的唾液皮质醇均在 11 岁时有所减弱，且不同性别在 13 岁时唾液皮质醇含量差异最大。④

（三）妊娠与哺乳

关于妊娠期对急性心理应激反应的影响，主要是由于女性在妊娠期和哺乳期体内分泌激素会发生变化，故在急性心理应激状态下其内部神经内分泌反应会有所差异。研究发现，女性在妊娠后期其唾液皮质醇和心率均高于妊娠中期和未妊娠女性。在 TSST 任务之后，在急性心理应激恢复过程中妊娠中期女性的唾液皮质醇恢复时

① Kelly Megan M. et al. , "Sex Differences in Emotional and Physiological Responses to the Trier Social Stress Test", *Journal of Behavior Therapy and Experimental Psychiatry*, Vol. 39, No. 1, March 2008, p. 87.

② Dickerson Sally S. and Margaret E. Kemeny, "Acute Stressors and Cortisol Responses: A Theoretical Integration and Synthesis of Laboratory Research", *Psychological Bulletin*, Vol. 130, No. 3, March 2004, p. 355.

③ Buske-Kirschbaum A. et al. , "Hypothalamic-Pituitary-Adrenal Axis Function and the Cellular Immune Response in Former Preterm Children", *Journal of Clinical Endocrinology & Metabolism*, Vol. 92, No. 9, September 2007, p. 3429.

④ Megan R. Gunnar et al. , "Developmental Changes in Hypothalamus-Pituitary-Adrenal Activity Over the Transition to Adolescence: Normative Changes and Associations with Puberty", *Development & Psychopathology*, Vol. 21, No. 1, January 2009, p. 69.

间要长于未妊娠女性。① 一般情况下，女性在妊娠后期其唾液皮质醇的含量是健康未妊娠女性的 2 倍以上，产后恢复正常水平。② 关于哺乳期对急性心理应激的影响，主要是由于哺乳期女性体内的激素会发生许多变化，其在应激状态下与正常未哺乳期相比，其体内激素有许多差异。研究发现在特里尔社会应激测试中，产后哺乳、产后未哺乳以及处于卵泡期的女性三组被试的焦虑水平、ACTH、皮质醇以及心率等均没有差异。③ 研究还发现，对于哺乳期的女性而言，特里尔社会应激测试前的哺乳会使女性体内的皮质醇反应变得较为迟缓。④

（四）出生重量

不同出生重量的婴儿其神经内分泌系统发育成熟度具有差异，故其分泌的激素也存在一定程度的差异。研究者以 8—14 岁的儿童为研究对象，结果发现每天早晨醒来后即刻的唾液皮质醇含量与胎龄之间相关系数为负数，也就是说足月出生的儿童其唾液皮质醇含量比早产儿童要低许多。⑤ 还有研究以足月生的平均年龄约 19 岁的男性双胞胎为研究对象，结果发现出生重量越小，特里尔社会应激

---

① Nierop Ada et al. , "Prolonged Salivary Cortisol Recovery In Second-Trimester Pregnant Women and Attenuated Salivary α-Amylase Responses to Psychosocial Stress in Human Pregnancy", *Journal of Clinical Endocrinology & Metabolism*, Vol. 91, No. 4, April 2006, p. 1329.

② Allolio Bruno et al. , "Diurnal Salivary Cortisol Patterns During Pregnancy and After Delivery: Relationship to Plasma Corticotrophin-Releasing-Hormone", *Clinical Endocrinology*, Vol. 33, No. 2, August 1990, p. 279.

③ Margaret Altemus et al. , "Responses to Laboratory Psychosocial Stress in Postpartum Women", *Psychosomatic Medicine*, Vol. 63, No. 5, September 2001, p. 814.

④ Markus Heinrichs et al. , "Effects of Suckling on Hypothalamic-Pituitary-Adrenal Axis Responses to Psychosocial Stress in Postpartum Lactating Women", *Journal of Clinical Endocrinology & Metabolism*, Vol. 86, No. 10, October 2001, p. 4798.

⑤ Buske-Kirschbaum A. et al. , "Hypothalamic-Pituitary-Adrenal Axis Function and the Cellular Immune Response in Former Preterm Children", *Journal of Clinical Endocrinology & Metabolism*, Vol. 92, No. 9. September 2007, p. 3429.

测试下的唾液皮质醇反应越大。[①] 可见，不同出生重量的儿童其急性心理应激反应具有一定的差异。

（五）血糖水平

不同血糖水平的个体在急性心理应激状态下其唾液皮质醇反应会有所不同。研究发现，在 TSST 任务前让被试喝下 100 克葡萄糖，结果表明这类被试的唾液皮质醇显著升高，主要是因为血糖水平升高导致胰岛素浓度增加，致使色氨酸增多，导致中枢神经系统内 5 - 羟色胺也增多并刺激下丘脑 HPA 轴的活动。[②] 有研究者以禁食 6 小时的健康男性为研究对象，结果发现通过给被试鼻饲胰岛素，可以降低血糖水平，继而可以减弱 TSST 条件下的唾液皮质醇的反应。[③] 此外，研究者还发现皮质醇水平会影响个体的饮食行为。例如，在 TSST 情境下皮质醇反应较大的被试比反应较小的被试进食了更多的食物。[④]

（六）喝酒与吸烟

研究发现饮酒和吸烟影响急性心理应激条件下的神经内分泌反应。研究发现，与非应激任务相比，应激任务（TSST）结束后酒精组和安慰剂组被试均选择了更多的饮品。在急性心理应激状态下，饮酒者的唾液皮质醇反应速度降低，也就是说应激反应中 HPA 轴的

[①] Stefan Wüst et al. , "Birth Weight is Associated with Salivary Cortisol Responses to Psychosocial Stress in adult Life", *Psychoneuroendocrinology*, Vol. 30, No. 6, July 2005, p. 591.

[②] Eduardo Spinedi and R. C. Gaillard, "Stimulation of the Hypothalamo-Pituitary-Adrenocortical Axis by the Central Serotonergic Pathway: Involvement of Endogenous Corticotropin-Releasing Hormone But Not Vasopressin", *Journal of Endocrinological Investigation*, Vol. 14, No. 7, July 1991, p. 551.

[③] Clemens Kirschbaum et al. , "Effects of Fasting and Glucose Load on Free Cortisol Responses to Stress and Nicotine", *Journal of Clinical Endocrinology & Metabolism*, Vol. 82, No. 4, April 1997, p. 1101.

[④] Epel Elissa et al. , "Stress May Add Bite to Appetite in Women: A Laboratory Study of Stress-Induced Cortisol and Eating Behavior", *Psychoneuroendocrinology*, Vol. 26, No. 1, January 2001, p. 37.

敏感性降低，进而降低应激的反应。[①] 此外，研究者发现，如果人们在 TSST 条件下应激反应过程的皮质醇反应较大，则其半年后的抽烟量显著增加。也就是说 TSST 情境下的皮质醇反应程度可以部分预测轻度吸烟者在半年后的抽烟状况。[②] 研究发现在特里尔社会应激测试中，不抽烟女性的血浆皮质醇和促肾上腺皮质激素的反应比抽烟女性要更为强烈，而男性之间没有这种差异。[③] 可见，饮酒和抽烟均会影响急性心理应激的反应。

二 影响急性心理应激的外部因素

（一）人为干预因素

很多关于急性心理应激反应受到外在干扰因素的影响，如研究者研究发现人们先通过特里尔社会应激测试，再接受认知与行为应激管理团队培训后其唾液皮质醇反应会更强烈。[④] 研究发现一定程度的同情心冥想练习可以减弱特里尔社会应激测试条件下人们的心理应激反应。[⑤] 还有研究探讨人与人之间的身体接触式的社会支持能够降低特里尔社会应激测试条件下 HPA 轴的反应，即 TSST 条件下人

---

① Harriet de Wit et al. , "Effects of Acute Social Stress on Alcohol Consumption in Healthy Subjects", *Alcoholism: Clinical and Experimental Research*, Vol. 27, No. 8, August 2003, p. 1270.

② Harriet de Wit et al. , "Does Stress Reactivity or Response to Amphetamine Predict Smoking Progression in Young Adults? a Preliminary Study", *Pharmacology Biochemistry and Behavior*, Vol. 86, No. 2, February 2007, p. 312.

③ Sudie E. Back et al. , "Effects of Gender and Cigarette Smoking on Reactivity to Psychological and Pharmacological Stress Provocation", *Psychoneuroendocrinology*, Vol. 33, No. 5, June 2008, p. 560.

④ Gaab J. et al. , "Randomized Controlled Evaluation of the Effects of Cognitive-Behavioral Stress Management on Cortisol Responses to Acute Stress in Healthy Subjects", *Psychoneuroendocrinology*, Vol. 28, No. 6, August 2003, p. 767.

⑤ Thaddeus W. W. Pace et al. , "Effect of Compassion Meditation on Neuroendocrine, Innate Immune and Behavioral Responses to Psychosocial Stress", *Psychoneuroendocrinology*, Vol. 34, No. 1, January 2009, p. 87.

们之间的身体接触会使其心率反应和唾液皮质醇含量显著降低，也就是说身体接触式的社会支持会降低 TSST 条件下所诱发的神经内分泌反应。[1] 可见，对应激反应过程进行外在人为干预，那么其相应的身心反应也会有所变化。

（二）早期童年经验因素

儿童早期的童年经历会对其成年后的心理应激反应产生影响。研究发现那些被父母认为童年教养程度较低的个体其在特里尔社会应激测试之后的唾液皮质醇含量更高。[2] 还有研究发现童年时期被虐待的个体在 TSST 情境下的唾液皮质醇和促肾上腺皮质激素含量更高。[3] 此外，还有研究发现早期性虐待经历、重度抑郁经历、父母精神病史等均会影响个体的急性心理应激反应。

（三）疾病因素

许多研究发现疾病会使得人们在应激过程中 HPA 轴的反应减弱。研究发现 7—12 岁过敏性哮喘患者在特里尔社会应激测试下的唾液皮质醇反应减弱。[4] 还有研究发现已治愈乳腺癌患者在疲惫状态下，其应激反应中唾液皮质醇反应减弱，血压与心率变化不明显。[5]

① Beate Ditzen et al. , "Effects of Different Kinds of Couple Interaction on Cortisol and Heart Rate Responses to Stress in Women", *Psychoneuroendocrinology*, Vol. 32, No. 5, June 2007, p. 565.

② Mark A. Ellenbogen and Sheilagh Hodgins, "Structure Provided by Parents in Middle Childhood Predicts Cortisol Reactivity in Adolescence Among the Offspring of Parents with Bipolar Disorder and Controls", *Psychoneuroendocrinology*, Vol. 34, No. 5, June 2009, p. 773.

③ Christine Heim et al. , "The Dexamethasone/Orticotropin-Releasing Factor Test in Men with Major Depression: Role of Childhood Trauma", *Biological Psychiatry*, Vol. 63, No. 4, February 2008, p. 398.

④ Angelika Buske-Kirschbaum et al. , "Blunted Cortisol Responses to Psychosocial Stress in Asthmatic Children: A General Feature of Atopic Disease?", *Psychosomatic Medicine*, Vol. 65, No. 5, September 2003, p. 806.

⑤ Julienne E. Bower et al. , "Altered Cortisol Response to Psychologic Stress in Breast Cancer Survivors with Persistent Fatigue", *Psychosomatic Medicine*, Vol. 67, No. 2, March 2005, p. 277.

抑郁症患者或者乳腺癌患者在急性心理应激情境中唾液皮质醇反应减弱。[①] 这些研究均证明疾病减弱了个体的神经内分泌反应，而另一些研究发现疾病能够使个体在应激状态下的神经内分泌反应增强。例如，研究发现无论是处于什么年龄阶段，重度抑郁症患者在急性心理应激状态下其唾液皮质醇和 ACTH 反应均得到增强。[②] 可见，疾病对个体的急性心理应激反应会产生影响，但影响的方向与疾病的种类及程度有一定关系。

　　本节主要探究了急性心理应激的内外部影响因素，其中内部因素包括性别、年龄、妊娠与哺乳、血糖水平、出生重量、吸烟与饮酒等，外部因素包括人为干预因素、早期童年经验因素、疾病因素等。可见，个体的急性心理应激反应受到多重因素的影响。除上述影响因素之外，还包括应激源的强度与类型、个体的心理承受能力、个性特征等因素。应激源的本质及其对个体的意义均比较重要，因为并非每个应激源对个体都有相同的影响。在日常生活中，为使个体身心得到更好的发展，应关注不同因素对个体心理应激的影响。

第四节　急性心理应激的理论基础

一　应激的理论基础

（一）易感性—应激模型（Vulnerability-Stress Model）

　　Meehl 于 1962 年最早提出了素质—应激相互作用理论。随后，Bleuler 于 1966 年在此基础上正式提出易感性—应激模型。这个模型

----

① Janine Giese-Davis et al., "Depression and Stress Reactivity in Metastatic Breast Cancer", *Psychosomatic Medicine*, Vol. 68, No. 5, September 2006, p. 675.

② Uma Rao et al., "Effects of Early and Recent Adverse Experiences on Adrenal Response to Psychosocial Stress in Depressed Adolescents", *Biological Psychiatry*, Vol. 64, No. 6, September 2008, p. 521.

的主要观点是个体产生应激反应的原因是易感性因素和应激类因素之间的相互作用。其中，易感性的因素不仅包括生理因素，还包括心理因素，如认知过程、个性心理等方面。针对易感性因素的不同，不同的学者提出了不同的理论模型，如文化易感性—应激模型、人格易感性—应激模型、认知易感性—应激模型、人际易感性—应激模型。这些应激模型都是在易感性—应激模型的基础上发展而来，其中认知易感性—应激模型最具有代表性。认知易感性—应激模型强调应激与认知易感因素的交互作用对抑郁发生或复发的影响，认为有认知易感性的个体，在遭遇应激性生活事件时，更容易引发或复发抑郁等情绪反应。[①]

（二）应激交互作用模型

应激交互作用模型由 Lazarus 与 Launier 提出，该模型的主要观点是应激的产生是环境与个体交互作用的结果。在这个交互过程中，个体的认知、应对方式、个性特点等因素在该过程中起调节作用。该模型认为在应激发生过程中，人具有主观能动性，个体能够主动地调节自身身心状态，以便应对环境中的各种变化。即当应激事件发生时，有机体会对事件和自身资源做出适当评价以有效应对突发情况，缓解应激刺激源所带来的消极影响。

罗跃嘉等人[②]提出了应激影响心理和行为的多元交互理论模型，该模型从四个维度来探究应激对脑、心理和行为活动的各种调节作用。其一，强度维度：包括应激水平本身和当前心理负荷两个方面。其二，时间维度：包括应激相关神经生理响应时效性和应激频率或持续时间。其三，空间维度：包括应激相关神经调质、激素和神经肽等结构特征（如受体密度）以及不同脑功能分区特征。其四，个

---

① Hankin Benjamin L. and Abramson Lyn Y. , "Development of Gender Differences in Depression: an Elaborated Cognitive Vulnerability-Transactional Stress Theory", *Psychological Bulletin*, Vol. 127, No. 6, June 2001, p. 773.

② 罗跃嘉、林婉君、吴健辉等：《应激的认知神经科学研究》，《生理科学进展》2013 年第 5 期。

体差异维度：个体在应激相关生理与心理响应上存在的差异，往往在强度、时间和空间三个维度上体现出来。

（三）应激的反应理论模型

该模型认为个体的应激反应可以分成不同阶段，且在不同的阶段个体的应激反应有所不同。应激反应的具体阶段包括：（1）警觉阶段：有机体会迅速提高警觉性水平以便做出反应，积极调动各种资源应对应激刺激以保护自我。（2）阻抗阶段：有机体持续调动身体机能以抵抗应激带来的持续影响。（3）衰竭阶段：应激刺激源超出自身能承受的范围，有机体内部能量消耗殆尽，进入衰竭期。此外，该模型认为应激刺激会消耗有机体的各种认知资源，但依据资源限制加工理论，人体内的认知资源是有限的，当超出了人体的承受能力时，有机体的应激反应会出现衰退期。

（四）应激的 CPT 理论模型（Cognitive Phenomenological Transactional Model）

美国著名心理学家拉扎勒斯等提出了应激的 CPT 理论模型，该模型也被称为认知—现象学—相互作用模型。该模型的主要观点是应激反应程度的决定性因素是个体对应激的认识与评价，它也是产生应激的主要原因和应激传导的媒介。应激是否能出现并传导，主要是在于个体对外部事件和外部环境的认识和评价，以及个体与外部事件和外部环境的关系。

（五）应激系统过程模型

该模型认为应激系统反应过程是相互关联或相互作用的活动，它是由四个不同的阶段组成，每个阶段的变迁体现了过程状态的变化。系统的功能性体现出各要素之间的结构与关联性，系统的这种关联性既反映多因素、多变量的复杂关系，又反映多层次、多要素之间相互作用的特点。应激系统各阶段之间又相互影响，例如应激反应的结果又会进一步影响应激的反应程度，见图 1-2。应激系统过程确定了系统的输入和输出。各种应激事件构成输入，是实施应激过程的基础,输出是该应激过程完成后的结果,通过反馈环节进一步调节或影响应激过程。

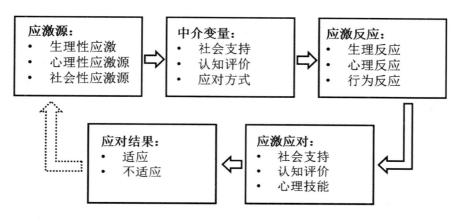

图 1 - 2　应激系统过程模型示意

二　心理应激与行为关联的理论基础

(一) 意识处理假说 (Consciousness Processing Hypothesis)

该假说由 Lewis 与 Linder 提出[1],他们认为人们在压力应激条件下,增加了个体的自我意识水平,进而更加关注动作执行各个环节的细节,从而降低了个体的动作绩效水平。研究发现,动作技能的学习主要经过动作的分化、泛化、巩固化和自动化四个阶段,前两个阶段动作不协调、不稳定且不精确,需要个体的意识及较多的注意资源加以控制才能更好地完成相应动作,后两个阶段动作能够相互协调与自动化,不需要个体意识控制就能自动地完成相应动作。也就是说,当动作技术自动化之后,动作执行的过程就变成潜意识的行为,不需要过多注意资源的参与,但当在压力情境下时,个体的自我意识水平就会增加,那么参与动作执行过程中的注意资源就

---

① 　Lewis Brian P. and Darwyn E. Linder, "Thinking about Choking? Attentional Processes and Paradoxical Performance", *Personality & Social Psychology Bulletin*, Vol. 23, No. 9, April 1997, p. 937.

会增多。① 当过多的注意参与动作的执行过程时，就会阻碍动作自动化的进程，进而降低个体的动作表现水平。

（二）加工效能理论（Processing Efficiency Theory）

该理论由 Eysenck 与 Calvo 提出②，由干扰假说发展而来，其主要观点为人们在压力应激下会产生认知焦虑，而认知焦虑会降低个体的工作记忆容量，进而减小人们动作执行过程中信息资源的获取，干扰个体动作执行的过程。研究发现，在压力应激下，个体会受到过多的干扰信息影响，导致其在动作执行过程中转移了自己的注意朝向，进而降低了动作任务绩效水平。Nideffer 认为注意包括注意方向（内部注意、外部注意）与注意范围（广阔与狭窄），个体在执行任务时，注意力主要朝向任务，能够对任务产生完整的感知过程与控制过程。③ 而当个体处在压力应激下时，由于受到无关刺激的干扰，个体会把过多的注意朝向自我，占用较多的认知资源，而关于运动任务的认知资源会减少，则其运动任务表现会受到影响。研究发现，若在高尔夫运动员击球任务中加入附加任务（无论是否与击球任务有关），则其运动执行能力会因附加任务的加入而受到削弱。④

（三）过程理论（Processes Theory）

该理论由王进提出⑤，在意识处理假说与加工效能理论两个理

---

① 洪晓彬：《对压力下篮球运动员"Choking"现象心理机制的探讨》，硕士学位论文，武汉体育学院，2007 年。

② Eysenck Michael W. and Manuel G. Calvo, "Anxiety and Performance: The Processing Efficiency Theory", *Cognition & Emotion*, Vol. 6, No. 6, January 2008, p. 409.

③ Nideffer Robert M., "Comparison of Self-Report and Performance Measures of Attention: A Second Look", *Perceptual and Motor Skills*, Vol. 45, No. 2, December 1977, p. 409.

④ Mullen, Richard Hugh: State Anxiety, Conscious Processing and Motor Performance, United Kingdom, University of Wales, Bangor, Ph. D. Dissertation, 2000.

⑤ 王进：《解读"反胜为败"的现象：一个"Choking"过程理论》，《心理学报》2004 年第 5 期。

论基础之上发展而来，主要观点是在压力应激下，个体的运动表现水平下降是一个过程。这个过程包含运动表现水平是否下滑及其可能发生的途径，对压力应激下的运动表现进行综合而又全面的归纳与总结。过程理论主要包括三个阶段：认知阶段、对比赛结果重要的认知、压力应对策略，其中认知压力引发的因素主要包括非稳定因素（外部起因与内部起因）与稳定因素（特质焦虑与自我意识等）。

在压力应激下，人们会感知到压力，进而影响到自我感知与焦虑状态，接着形成对比赛结果重要性的认知，而对于比赛结果重要性的认知反过来会进一步影响个体的自我感知与焦虑状态，这种交互作用更进一步加深个体对于运动比赛结果重要性的认知。随后，人们依据对于比赛结果重要性的认知采取相应的压力应对策略，包括回避型应对与积极型应对，其中积极性应对依据任务要求技术水平的高低而表现出不同的动作执行过程。研究发现，在完成单项任务时，个体在焦虑水平较高的状态比较低的状态有更好的表现[1]，意识处理假说就难以解释这一现象，而过程理论就能够解释这一现象，认为焦虑水平过高加深了人们对于比赛结果重要性的认知。此外，研究还发现，个体如果过分关注已经自动化的动作执行程序时，其动作任务绩效水平会有所下降[2]，加工效能理论就难以解释这一现象。因此，过程理论整合了意识处理假说与加工效能理论的缺点，从对比赛结果重要性的认知这一维度来解决了两种理论之间的矛盾。

本节主要介绍了应激的理论基础及心理应激与行为关联的理论基础。一方面，应激会受到诸多因素的影响；另一方面，应激反应

---

[1]　Mullen Richard et al. , "The Effects of Anxiety on Motor Performance: A Test of the Conscious Processing Hypothesis", *Journal of Sport and Exercise Psychology*, Vol. 27, No. 2, February 2005, p. 212.

[2]　王进:《压力下的 "Choking": 运动竞赛中努力的反常现象及相关因素》,《体育科学》2005 年第 3 期。

过程也会对个体的行为表现产生影响，除了引起有机体的生理指标的变化，同时对个体的注意范围、注意资源的调取等都会产生影响。因此，不论意识处理假说还是加工效能理论，均在一定程度上解释了应激对认知与行为的影响。视运动知觉能力作为认知功能的重要组成部分，探究心理应激对视运动知觉的影响具有重要的理论价值。接下来第二章探究视运动知觉的相关问题。

第 二 章

视运动知觉概述

在人类生活中，个体需要不断地从运动中的物体中获得相关信息，包括刺激物的运动特征与方向、他人的行为特征、运动的速度大小以及物体的距离远近等信息，这些信息特征的获取有利于个体采取适当的行为，以便与外在主客体进行及时互动。在复杂多变的运动情境中，快速地获取外在主客体的行为意图等重要信息的能力对人类的生存和生活具有非常重要的作用。本章主要介绍视运动知觉的含义、分类及其理论基础，进一步探究视运动知觉各维度的研究范式，为本书中的实证研究提供合理的科学依据。

第一节　视运动知觉的界定

一　运动知觉的含义

知觉（Perception）是客观事物直接作用于感官而在头脑中产生对该事物整体属性的认识。运动知觉（Motion Perception）是指对外界物体运动和机体自身运动的反映，是基于视觉、动觉、平衡觉等多种感觉协同活动而实现的。① 运动知觉是人脑对物体运动特性整体

---

① 张力为、毛志雄主编：《运动心理学》，华东师范大学出版社 2012 年版，第 150 页。

属性的认识，是人类最重要的视觉感知形式之一。在运动知觉的研究中存在一个普遍问题，即当运动对象或物体相隔一定距离或处于某种特定方向时，形状、颜色和质地等属性特征呈现不清晰时，个体是如何将视觉信息整合成复杂的运动图像的呢？

运动知觉包括人们对外界物体运动和对自身运动的知觉，其中对外在物体的运动知觉主要依靠视知觉等一些外周感受器来完成，对自身运动的知觉则依靠运动分析器来获得。运动分析器的感受器位于肌腱的感觉神经末梢位置。当身体运动时，肌腱末端的感受器就会产生神经电位，沿着传入神经传到大脑运动中枢，进而产生运动知觉。参与运动知觉的分析器主要有视分析器、运动分析器、前庭分析器等。人们知觉自身运动要受到视听觉和自身动作反应的影响，所以相比较于知觉外在物体运动，人们知觉自身运动要困难一些。物体的运动总会在一定的时间与空间下进行，物体离开时间与空间就无法表现出任何运动形式。人们通过运动知觉可以辨别物体或动作是否产生运动及运动的速度、方位、远近等。运动知觉通过视觉、动觉、平衡觉、运动信号、前庭器官等共同参与才能正确完成，但实际上除感知自身运动外，有机体对外界物体运动的感知主要依靠视觉。因此，视觉信息在运动知觉过程中起着重要作用。

二　视运动知觉的概念

19 世纪 70 年代，Exner 最先开始对人类视运动知觉进行实验研究，视运动知觉一直是知觉理论中的中心问题。[①] 一方面，研究者就认为运动知觉本身就是一种主要的感觉，因为内省似乎表明它所唤起的是一种与其他经验完全不同的独特知觉体验；另一方面，运动似乎涉及模式识别的早期阶段，因为相同的模式识别出现在运动知

---

① Exner Sigmund, "Experimentelle Untersuchung Der Einfachsten Psychischen Processe", *Archiv Für Die Gesamte Physiologie Des Menschen und Der Tiere*, Vol. 11, No. 1, January 1875, p. 403.

觉过程中。视运动知觉（Visual Motion Perception）是指物体的运动特性通过视觉感受器、视觉神经通路传递到大脑皮层并被大脑皮层接收与辨识的过程，是有机体具备的一种重要知觉能力。[①] 视运动知觉是人们与外界环境互动的关键性能力，如当我们行走在一个城市马路上时，我们的大脑会不断地被输入诸如过往的汽车、自行车、行人及自主运动等运动信号。虽然视运动知觉似乎只是视觉系统的一项任务，但在过去的几十年中，许多研究表明人们为正确感知我们周围的视觉世界，有机体还整合了所有共同感觉和运动信息的输入。

　　研究者已经在不同年龄与视觉系统的不同层面对视运动知觉进行了相关研究。研究发现，人们的视运动知觉可以通过以下几个途径获取：（1）将运动物体与周围背景分离开来。相比较于静止背景，运动物体能够产生明显的位置变化而诱发运动知觉；（2）视觉系统可以输入、编码、获取及整合静止目标的 3D 结构信息而获取运动知觉。运动物体结构上的轮廓信息在视网膜上产生不同的速度大小，结构变化传送了运动物体形状变化的轮廓信息进而产生运动知觉；（3）自身运动诱发周围环境产生大量运动知觉流。当有机体运动时以自身为参照物，周围环境则成为视觉流，进而诱发对运动方向与速度信息等的知觉。总之，视运动知觉的获取不仅需要人们整合内外在环境信息在时间与空间上的变化情况，同时还要结合自身不断进化的视觉系统等诸多器官的整合才能获取完整的视运动知觉信息。[②] 目前尚未有一种理论模型去阐述外在刺激与视运动知觉之间的关系。不过随着研究手段的不断更新与提升，视运动知觉的内在机制会逐渐被人们挖掘出来。

---

　　① Abreu Ana Maria et al. , "Motion Perception and Social Cognition in Autism: Speed Selective Impairments in Socio-Conceptual Processing?", *Journal of Advanced Neuroscience Research*, Vol. 3, No. 2, October 2016, p. 45.

　　② 高尚秀：《视觉运动知觉影响眼跳的认知神经机制》，硕士学位论文，首都师范大学，2011 年。

三 视运动知觉的理论基础

(一) 信息加工理论

该理论由 Newell 和 Simon 提出①，他们认为信息加工过程包括感受器接受外在刺激、中枢系统进一步加工处理输入的刺激信息以及效应器做出相应行为动作。其实，信息加工理论的实质就是把心理过程看成是信息加工过程，主要核心是揭示认知过程的内部心理机制，即外在信息是如何获得、储存、加工与使用的。比如，网球运动员在比赛中，当球飞向或远离自己时，会做出一系列判断与决策，这一连续过程即为信息加工的过程，见图 2-1。

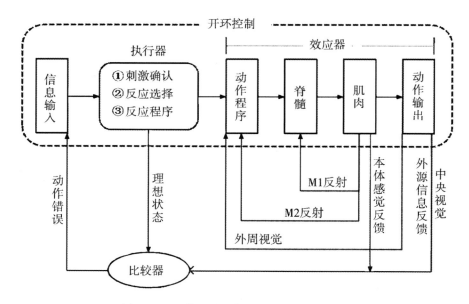

图 2-1 人体动作的产生与控制的信息流程

从图 2-1 中可以看出，当外界信息输入时，中枢系统（执行

---

① Simon Herbert A. and Allen Newell, "Human Problem Solving: The State of the Theory in 1970", *American psychologist*, Vol. 26, No. 2, February 1971, p. 145.

器）对刺激进行预先处理，或者理解为知觉过程，再到外周动作效应器，即受动器，进而产生反应。[①] 例如，帆板运动员是在飘忽不定和外部环境极端不稳定的海面上参加比赛，在动作控制方面，既有需要准确识别赛场标志和对手、需要意识参与、反应速度较慢的中央视觉系统，又有需要对于动作速度、方向、人体和帆板稳定性进行下意识快速调节的周边视觉系统；既有依靠人体随意动作支配人体和帆板的动作控制方式（如摇帆），又有依靠人体潜意识控制平衡、姿势和进行肌肉紧张调节的动作方式。总之，信息加工理论强调用信息加工的方式来理解人类的认知活动，认为动物和人类的时间估计过程实际上是一种信息加工和间接推理过程。

（二）视觉双通道模型

20 世纪 80 年代，对健康人类观察者视觉能力的研究揭示了熟练运动的视觉控制和心理物理报告之间似乎存在一个显著差异。到 20 世纪 90 年代初，研究发现动作视觉和视知觉之间分离可以在由主要视觉皮层引起的两个突出的视觉预测流：背侧视觉流投射到后顶叶皮层和腹侧流投射到颞下皮质，这就是视觉双通道模型的由来。后来由 Goodale 提出视觉双通道模型[②]，他认为视觉信息到达视网膜后，一方面，向丘脑外侧膝状核（LGNd）的背侧发送信号，随后其转向原发性视皮质（V1），再到达后顶叶皮层（背侧流）与枕颞皮层（腹侧流）；另一方面，向上丘、丘脑枕传送，最后到达后顶叶皮层，也称为背侧流（Dorso-Dorsal Stream）。可见，背侧流也来自早期的视觉区域，但它是由后顶叶皮层引起的。后顶叶皮层还通过丘脑后结节（丘脑枕）接收来自上丘的视觉输入。见图 2-2，在左侧，由 MRI 制成的大脑表面的三维结构上显示出通道的大概位置，

---

① Schmidt Richard A. and Craig A. Wrisberg, *Motor Learning and Performance*: *A Situation-Based Learning Approach*, Champaign: Human Kinetics, 2008, p. 78.

② Goodale Melvyn A., "Action Without Perception in Human Vision", *Cognitive Neuropsychology*, Vol. 25, No. 7, December 2008, p. 891.

由箭头指示的路线涉及一系列复杂的连接。

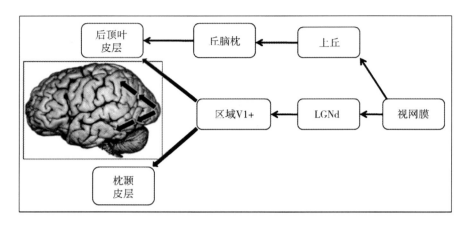

图 2 - 2　视觉处理中大脑皮层背侧流与腹侧流的示意

　　研究发现，背侧流在动作实时控制中起着关键性作用，将关于对象位置和处置的瞬时信息转化为用于执行动作的效应器的坐标框架①。我们把这种视觉处理称之为视觉动作。腹侧流（Ventro-Dorsal Stream）有助于构建丰富而又详细的知觉表征，使我们能够辨别对象、事件以及他人的动作，使它们有重要意义，并且建立它们的因果关系。这种视觉处理成为人们感知外部世界的基础，被称之为视觉感知。视觉感知对于个体积累关于外部世界的视觉知识库至关重要，人们可以获取认知操作，如计划和决策。因此，腹侧流提供了动作离线控制的知觉基础，计划未来行动，并将过去信息纳入对当前行为的控制。然而，背侧流中的加工过程不会产生视觉效果，它会产生熟练的技能（传感器控制结构网络的一部分而存在）。有学者提出视运动知觉可以用来评估巨细胞或背侧流的完整性。

　　此外，依据双视觉系统描述，背侧流在实时控制中起着关键性

---

　　①　Milner David and Mel Goodale, *The Visual Brain in Action*, Oxford：OUP Oxford, 2006，p. 1.

作用，将关于物体的位置和配置的即时信息转化为效应器的坐标系，以便用来执行动作。相比之下，腹侧流构建了外部世界丰富和详细的视觉表征，可以使我们能够识别物体和事件，赋予它们意义和重要性并建立因果关系。腹侧流为离线动作控制提供知觉基础，将计划的动作投射到未来，并将储存的信息纳入到当前动作控制中。相比较，背侧流的处理不会产生视觉感知，它产生熟练的动作。可见，背侧流与腹侧流是相互关联的，不过它们在适应性行为的产生上起着互补的作用。[①] 许多研究发现阅读障碍者存在异常视运动知觉现象，这种异常通常是由于巨细胞系统或背侧流的缺陷造成。[②]

本节内容主要介绍了视运动知觉的概念及其理论基础，视运动知觉是大脑对环境中动态刺激进行信息整合后获得的感知状态，同时也是人脑对外界物体运动特性的知觉和重要的信息加工能力。从视运动知觉的模型来看，视运动知觉信息加工过程中涉及的步骤较多，不同阶段的信息处理均会受到不同因素的影响。

第二节　视运动知觉的研究动态

国外学者近十年对运动知觉进行了大量的研究，诸如运动知觉的形成过程、生理机制及生物运动知觉、视运动知觉等领域，还有学者在类人猿等动物身上进行了运动知觉的研究，许多学者进行了实验研究、问卷调查研究及综述理论研究等。为进一步探究视运动知觉的种类，同时也为了解目前国外关于运动知觉的研究动态，本节采用 Citespace Ⅲ 软件对近十年来国外关于运动知觉的研究现状及

---

① Kravitz Dwight J. et al. , "A New Neural Framework for Visuospatial Processing", *Nature Reviews Neuroscience*, Vol. 12, No. 4, March 2011, p. 217.

② SkottunBernt C. and John R. Skoyles, "Is Coherent Motion an Appropriate Test for Magnocellular Sensitivity?", *Brain and Cognition*, Vol. 61, No. 2, July 2006, p. 172.

分时研究动态与趋势进行可视化视图分析，旨在进一步整理该领域的研究动态。

一　文献选取及检索结果

文献选取主要以 Web of Science（包括 SCI-E、SSCI、CPCI-S、A & HCI、BCI-S 等）数据库平台核心合集为来源数据库进行文献检索。采用主题检索方式，检索词为 "motion perception" "perception of motion" "movement perception" "perception of movement"，检索词之间连接词为 OR，文献类型为 "Article"，检索语言为 "English"，检索时间跨度为 2009—2018 年，共计检索到 1697 篇文献，将检索文献以 txt 格式下载，记录类型为全记录与引用的参考文献。

二　参数设置指标

从 Web of Science 数据库中导出关于运动知觉的纯文本 txt 格式的题录，保存文件名为 download_ ＊＊. txt 文本文档格式，然后 CitepaceⅢ去除重复的文章。在关键词可视化图谱分析中，时间范围定义为 2009—2018 年，时间切片选取 1 年，节点类型选择 Keyword，阈值选择中关键词共现图谱 c，cc，ccv 分别定义为 4，4，22；4，4，22；4，4，22，网络修剪中关键词共现图谱选择 Minimum Spanning Tree（最小生成树法）、Pruning Sliced Networks（修剪切片网络法），Term Type 选择 Burst Terms，选择 Time Zone 生成关键词时区视图，其他选项选择均为系统默认设置。

三　期刊及年度发文量结果

从图 2-4 中可以看出，国外刊载运动知觉的文献资料以视觉、知觉、脑研究及神经学研究期刊为主，共计 333 本期刊，其中大于 10 篇以上的期刊有 29 本（共计 1142 篇，占 67.30%），其中 *Journal of Vision* 期刊共计刊载 203 篇文献，位列第一，详见图 2-4，该图呈现了期刊发文量 20 篇以上的期刊名称及发文量。

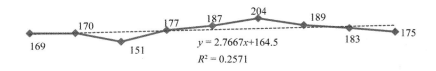

$y = 2.7667x + 164.5$

$R^2 = 0.2571$

2009 2010 2011 2012 2013 2014 2015 2016 2017 (年份)

◆—— 年度发文量　　---------- 线性年度发文量

图 2 - 3　年度发文量及趋势线示意图

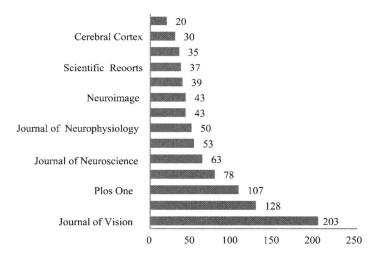

图 2 - 4　期刊发文量 20 篇以上的期刊名称及发文量

　　2009—2017 年国外关于运动知觉的发文量呈现缓慢增长的趋势（$R^2 = 0.505$），其中，2009—2014 年发文量处于慢速上升平稳期（$R^2 = 0.562$），2014—2017 年发文量处于慢速下降阶段（$R^2 = 0.993$）。截止检索日期前，2018 年共计发表 92 篇相关文献，详见图 2 - 3。一元线性回归分析发现，近十年来，国外关于运动知觉的相关研究处于慢速增长态势，由于运动知觉研究在认知研究中占据着重要地位，未来相关领域的研究可能还会出现增加的现象。

四 作者合作共现图谱

通过 CiteSpace Ⅲ 软件来绘制研究作者之间合作的知识图谱（图 2 – 5）以及发文量 10 篇以上的作者详细信息（表 2 – 1），图中每一个节点代表一位作者，用不同深度的圆圈表示，圆圈的大小代表发文量的多少，各节点之间的连线代表学者之间的合作强度，连线的粗细与合作关系成正比。[①] 从图 2 – 5 中可以看出，以 Buelthoff 与 MacNeilage 为首的 14 人组成的合作网络最大，其次是以 Thompson 为主的 11 人组成的合作网络，以及以 Seno 与 Palmisano 为主的 8 人组成的合作网络，另有 6 人合作团体 3 个、4 人合作团体 11 个、3 人合作团体 12 个、2 人合作团体 30 个。从表 2 – 1 中可以看出，高产作者中有 5 位来自日本，3 位来自德国，3 位来自美国，其余分别来自新西兰、加拿大、澳大利亚及中国。

表 2 – 1 　　　　　　　　　　发表 10 篇以上高产作者信息一览

排名	作者姓名	文献数量（篇）	作者单位	国籍
1	Heinrich H. Buelthoff	25	Tubingen Univ	德国
2	Takeharu Seno	18	Kyushu Univ	日本
3	Dora E. Angelaki	15	Rochester Univ	美国
4	Benjamin Thompson	14	Auckland Univ	新西兰
5	Nikolaus F. Troje	14	Queens Univ	加拿大
6	Souta Hidaka	13	Rikkyo Univ	日本
7	Gregory C. DeAngelis	13	Rochester Univ	美国
8	Karl R. Gegenfurtner	13	Justus Liebig Univ Giessen	德国
9	Markus Lappe	12	Munster Univ	德国

[①] 陈悦等：《引文空间分析原理与应用：CiteSpace 实用指南》，科学出版社 2014 年版，第 25 页。

续表

排名	作者姓名	文献数量（篇）	作者单位	国籍
10	Stephen Palmisano	12	Wollongong Univ	澳大利亚
11	Wataru Teramoto	12	Kumamoto Univ	日本
12	Yifeng Zhou	11	Univ Sci & Technol China	中国
13	Hiroyuki Ito	10	Ritsumeikan Univ	日本
14	Shin'ya Nishida	10	NTT Corp	日本
15	Benjamin T. Crane	10	Rochester Univ	美国

　　一个研究领域的快速发展，不仅表现在研究成果的逐渐增加，而且也表现出学术共同体规模的逐渐变大。[①] 由图 2-5 可以看出，

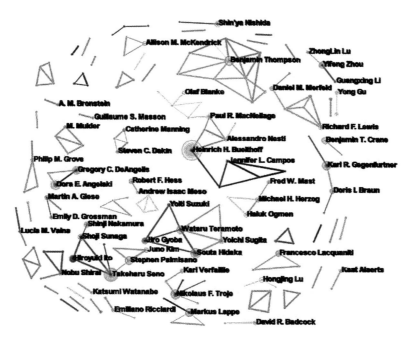

图 2-5　2009—2018 年高产作者合作知识图谱

---

　　① 赵丙军等：《基于 CiteSpace 的国内知识图谱研究》，《知识管理论坛》2012 年第 8 期。

高产作者之间有着不同程度的合作关系。故作者之间有着一定的合作聚类，以高产作者 Buelthoff 与 MacNeilage 组成的 14 人合作关系密切，该合作组织主要研究速度知觉、自我运动知觉（Self-Motion Perception）及其内在多感官整合机制，并提出视觉和前庭线索是产生多感官自我运动感知的基础条件。以高产作者 Thompson 等人组成的合作组织主要研究整体运动知觉及其与运动功能之间的关系，以及心理物理法在运动知觉中的运用。以高产作者 Seno 与 Palmisano 等人组成的合作组织主要研究颜色视运动知觉的机制以及相对运动知觉的机制。分析表明，由于同一学校或同一国家的作者具有相同的研究基础，他们之间的合作关系较为紧密。

五　基于文献共被引下运动知觉主题知识基础研究路径分析

在 Citespace Ⅲ 时间切片选取 1 年，节点类型选择 Cited reference，阈值选择"Thresholding"，其中 c，cc，ccv 分别定义为 5，5，15；5，5，15；5，5，15。运行软件，得到由 117 个节点和 162 条连线组成的关于运动知觉的文献共被引聚类知识图谱。从图 2 - 6 中可以看出，文献共被引聚类结果一共包括 8 类，其中 $Q = 0.69$，$S = 0.51$，均大于 0.50，即聚类结果合理。表 2 - 2 中列出了与图 2 - 6 各个聚类簇中相关节点所代表的高中心性"知识拐点"文献，通过对这些具有代表性的节点文献进行内容分析，可以进一步揭示国外关于运动知觉研究的知识演化路径。因此，依据聚类结果 cluster ID 及 Centrality 将国外关于运动知觉的知识群分成以下八类：

（1）知识群 C_0：猕猴类动物生物运动知觉相关机制研究。Vangeneugden 等人通过给猕猴呈现模糊的步行者点图，让其判断步行者的运动方向，结果发现恒河猴需要大量的训练才能使用与前后向有关的内在运动线索，并暗示人们需要谨慎地将人类对模糊生物运动感知能力推测到恒河猴的感知能力上。

（2）知识群 C_1：MT 区域与视运动知觉关系的相关研究。研究发现 MT（V5）区域神经元对视觉运动的方向具有选择性，可以通

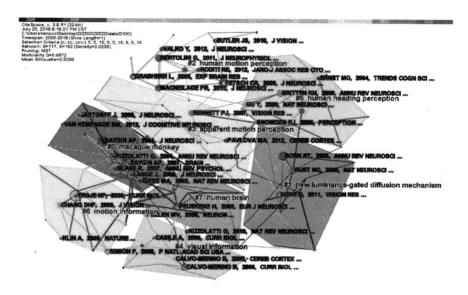

图 2-6　运动知觉主题文献共被引聚类知识网络图谱

过线性—非线性模型捕捉 MT 细胞的反应，该模型不作用于视觉刺激，而是作用于非线性 V1 细胞群的传入反应[①]。

（3）知识群 C_2：人类运动知觉中前庭器官与速度关系的相关研究。研究发现，自我运动方向的感知依赖于多个感觉线索的整合，尤其是来自视觉和前庭系统的。并且还发现猴子可以根据感觉信息的可靠性迅速重建视觉和前庭线索，这是非人类物种中的首次证明[②]。

（4）知识群 C_3：运动知觉中老龄化相关研究。研究发现，年龄较大的受试者（年龄 > 70 岁）对运动的敏感度明显较低，并且在识

① Rust Nicole C. et al. , "How MT Cells Analyze the Motion of Visual Patterns", *Nature Neuroscience*, Vol. 9, No. 11, October 2006, p. 1421.

② Fetsch Christopher R. et al. , "Dynamic Reweighting of Visual and Vestibular Cues During Self-Motion Perception", *Journal of Neuroscience*, Vol. 29, No. 49, December 2009, p. 15601.

别运动方向方面明显不太准确。[①]

（5）知识群 C_4：视觉信息与动作觉察关系的相关研究。相比较于跳舞者经常看到但未执行的相反性别的动作，跳舞者观察他们自身的技能项目移动时其前运动区、顶叶和小脑活动被激活的程度明显加大，故小脑是动作观察网络的一部分。[②]

（6）知识群 C_5：人类正面自我知觉机制相关研究。研究发现，人们依据感知信息的类型采用不同的组合和整合策略，且需要先前经验来解释感知信号。[③] 在环境中引导有效的运动是视觉系统最重要的功能之一，用于头部知觉的皮质基质主要包括颞上区（MST）和腹侧内侧区（VIP）。[④]

（7）知识群 C_6：运动刺激信息与生物运动知觉关系研究。研究发现，如果生物运动光点是倒置的，则人们的感知过程会受到强烈影响。观察者能够很容易地从关于人类和动物的杂乱无章的光点刺激中获取有关方向的刺激信息。[⑤]

（8）知识群 C_7：人脑生物运动知觉的特异性研究。人类观察者对人类自身运动表现出特有的视觉敏感性，相对于运动经验影响对动作的视觉分析，观察者对自身动作较为敏感。[⑥] 总之，在辨别人类

---

① Bennett Patrick J. et al. , "The Effects of Aging on Motion Detection and Direction Identification", *Vision Research*, Vol. 47, No. 6, March 2007, p. 799.

② Calvo-Merino Beatriz et al. , "Seeing or Doing? Influence of Visual and Motor Familiarity in Action Observation", *Current Biology*, Vol. 16, No. 19, October 2006, p. 1905.

③ Ernst Marc O. and Heinrich H. Bülthoff, "Merging the Senses into a Robust Percept", *Trends in Cognitive Sciences*, Vol. 8, No. 4, March 2004, p. 162.

④ Britten Kenneth H. , "Mechanisms of Self-Motion Perception", *Annu. Rev. Neurosci*, Vol. 31, No. 5, March 2008, p. 389.

⑤ Troje Nikolaus F. and Cord Westhoff, "The Inversion Effect in Biological Motion Perception: Evidence for a 'Life Detector'?", *Current Biology*, Vol. 16, No. 8, April 2006, p. 821.

⑥ Loula Fani et al. , "Recognizing People from Their Movement", *Journal of Experimental Psychology: Human Perception and Performance*, Vol. 31, No. 1, March 2005, p. 210.

动作信息时，运动与视觉经验均对视觉敏感性产生影响。

表 2 - 2　　　国外运动知觉各知识群聚类高中心性文献信息表（中心性 > 0.10）

知识群	作者姓名	文献标题信息	来源期刊	年份	中心性	被引（次）
C_0	Saygin	生物运动知觉所需大脑皮质优势颞叶区及前运动区	*Brain*	2007	0.36	56
	Blake	人类运动知觉	*Annual Review of Psychology*	2007	0.37	52
	Lange	生物运动知觉模型：来自构形线索的依据	*Journal of Neuroscience*	2006	0.28	31
	Saygin	光点生物运动知觉激活人类前运动皮质	*Journal of Neuroscience*	2004	0.11	41
	Rizzolatti	镜像神经元系统	*Annual Review of Neuroscience*	2004	0.40	24
C_1	Burr	运动心理物理学：1985—2010	*Vision Research*	2011	0.11	27
	Rust	MT 细胞如何分析视觉模式运动	*Nature Neuroscience*	2006	0.38	23
	Betts	视运动加工过程中老化可以减少中心 – 外周干扰	*Neuron*	2005	0.11	20
	Born	视觉区域 MT 的结构与功能	*Annual Review of Neuroscience*	2005	0.12	39
	Tadin	中心 – 外周对抗中视运动加工的知觉结果	*Nature*	2003	0.11	12
C_2	Bertolini	速度存储对健康人体前庭自我运动知觉的贡献	*Journal of Neurophysiology*	2011	0.27	26
	Macneilage	头部与整体坐标中前庭方向辨别与线性加速敏感性	*Journal of Neuroscience*	2010	0.20	25
	Fetsch	自我运动知觉过程中视觉和前庭线索的动态再加权	*Journal of Neuroscience*	2009	0.13	42
C_3	Gazzola	所有测试对象中动作的观察与执行共享运动和体感体素：对未平滑的 fMRI 数据进行单被试分析	*Cerebral Cortex*	2009	0.13	18

续表

知识群	作者姓名	文献标题信息	来源期刊	年份	中心性	被引（次）
	Bennett	老龄化对动作感应与方向辨别的影响	*Vision Research*	2007	0.15	23
C_4	Calvo-merino	看到什么？动作觉察中视觉与技能熟悉度的影响	*Current Biology*	2006	0.15	25
	Vanrie	生物运动知觉：人类光点动作的刺激集合	*Behavior Research Methods*	2004	0.11	10
C_5	Britten	自我运动知觉的机制	*Annual Review of Neuroscience*	2008	0.20	30
	Ernst	把感官融入强大的感知中	*Trendsin Cognitive Sciences*	2004	0.10	24
	Huk	人类 MT 与 MST 区域的视网膜和功能细分	*Journal of Neuroscience*	2002	0.46	11
C_6	Simion	新生婴儿的生物运动倾向	*Proceedings of the National Academy of Sciences of the United States of America*	2008	0.13	26
	Troje	生物运动知觉反转效应：来自生命探测器的证据？	*Current Biology*	2006	0.17	48
C_7	Loula	从人们的运动中识别他们	*Journal of Experimenta Psychology-human Perception and Performance*	2005	0.12	13
	Peuskens	处理生物运动的区域特异性	*European Journal of Neuroscience*	2005	0.45	27
	Battelli	顶叶患者的生物运动知觉	*Neuropsychologia*	2003	0.45	9

六　运动知觉研究热点及演化趋势分析结果

从高频关键词共现图谱（见图 2 - 7）来看，聚类结果中模块值（简称 Q 值）为 0.40 > 0.30，平均轮廓值（Silhouette，简称 S 值）为 0.61 > 0.50，说明图谱划分出来的社团结构是显著的以及聚类是合理的。① 依据聚类结果中关键词中心性与 cluster ID，以及三种标签词算法（TF＊IDF、对数似然率和互信息），将国外关于运动知觉的相关研究热点归纳成以下六个方面。

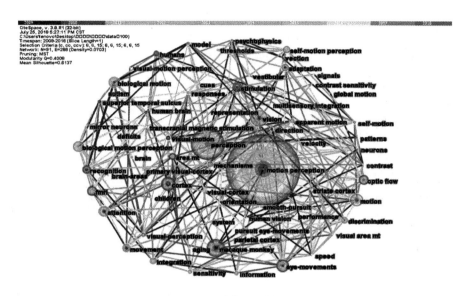

图2-7　运动知觉高频关键词共现图谱

（1）人类生物运动知觉及内在神经机制研究。该聚类高频关键词主要有生物运动知觉、神经机制、fMRI、人类、辨别、颞上沟、TMS及视觉感知等。研究发现，生物运动知觉过程所涉及的脑区②主要包括梭状回（Fusiform gyrus，FG）、舌回（Lingual gyrus，LG）、颞中区（Middle temporal area，MT＋/V5）和颞上沟（Superior temporal sulcus，STS）。当光点刺激与自我中心坐标对齐时，对生物运动和面部的知觉效果最好。③

① 陈悦等：《引文空间分析原理与应用：CiteSpace实用指南》，科学出版社2014年版，第25页。

② 陈婷婷等：《生物运动知觉的神经基础》，《应用心理学》2011年第3期。

③ Chang Dorita H. F. et al.，"Frames of Reference for Biological Motion and Face Perception" *Journal of Vision*，Vol. 10，No. 6，June 2010，p. 1.

（2）视知觉辨别机制及模型研究。该聚类高频关键词主要有对比、模型、辨别、运动知觉、视力、机制及灵敏度等。研究发现，人们可以通过不同的视觉皮层层级的处理来获得场景感知组织与分割。关于人物—范围分割与注意选择的动作探测神经网络模型，并依据视觉皮层功能结构原理，发现背侧通路检测初始运动与运动边界，腹侧通路负责编码边界范围内的视觉形状。[1]

（3）猕猴视觉皮层 MT 区域神经元整合研究。该聚类高频关键词主要有 MT 区域、整合、猕猴、神经元、速度及视觉区域等。研究发现，由于皮质神经元的功能退化，在正常老化期间，人类或动物准确感知物体方向与速度的能力下降。采用体内单细胞记录技术，发现老年猕猴脑内关于运动方向选择的 MT 细胞比例要少于年轻猕猴，即 MT 和 V1（纹状皮层）细胞的功能下降可造成老年灵长类动物视运动知觉能力的下降。[2]

（4）自我运动知觉中全身光流刺激的多感官整合研究。该聚类高频关键词主要有光流、自我运动知觉、全身、前庭及多感官整合等。研究发现，均匀振荡会增强视觉模式的刚性，随后被知觉为更刚性的视觉模式会产生更强的自我运动知觉。[3] 此外，研究发现通过视觉与前庭的协同作用来控制代偿性眼球运动，并且表明线性矢量对大的感觉冲突具有很强的影响作用。[4]

---

[1]　Raudies Florian and Heiko Neumann, "A Neural Model of the Temporal Dynamics of Figure-Ground Segregation in Motion Perception", *Neural Networks*, Vol. 23, No. 2, October 2010, p. 160.

[2]　Liang Zhen et al., "Aging Affects the Direction Selectivity of MT Cells in Rhesus Monkeys", *Neurobiology of Aging*, Vol. 31, No. 11, August 2010, p. 863.

[3]　Nakamura Shinji, "Additional Oscillation Can Facilitate Visually Induced Self-Motion Perception: The Effects of Its Coherence and Amplitude Gradient", *Perception*, Vol. 39, No. 3, January 2010, p. 320.

[4]　Kim Juno and Stephen Palmisano, "Visually Mediated Eye Movements Regulate the Capture of Optic Flow in Self-Motion Perception", *Experimental Brain Research*, Vol. 202, No. 2, January 2010, p. 355.

（5）老年人视运动知觉反应的皮质变化及促进研究。该聚类高频关键词主要有老龄化、皮质、反应、促进及视觉运动等。研究发现，当中心和周围的物体朝向同一个方向移动或者相反的移动时，老年人通常会认为较近的物体移动速度更快，且老年人对物体速度判断的准确性较低。总之，皮质区 MT 功能的变化与年龄有关。① 同时，研究还发现，年长者在判断直立行走与倒立行走光点刺激的方向时表现出较低的正确率及较长的反应时，说明年长者较难在复杂的刺激情境中提取相关信息。②

（6）视运动知觉过程中的眼动研究。该聚类高频关键词主要有眼球运动、方向、平滑移动及视运动知觉等。研究发现，年长者在一系列刺激速度下的判断准确性较低，而在较快的眼动速度下精确性较低，且对于反射性眼球运动而言，准确度下降得更陡峭，并且震动与速度无关。总之，刻意和弯曲的眼球运动不具有共同的非直线性或共同的噪声源。③

总之，目前国外关于运动知觉的研究主要集中在生物运动知觉、视知觉辨别机制、MT 脑区神经元作用机制、老年人视运动知觉及视运动知觉的眼动现象等方面。从研究热点演进趋势视图（见图 2-8）中可以看出，生物运动知觉、自我运动知觉、视知觉、运动知觉等关键词率先出现，随后出现视运动知觉。从近期研究热点来看，学者们已经开始关注关于儿童视运动知觉的神经机制以及运动知觉的多重整合研究等。运动知觉是知觉当中一个非常重要的概念，人们的日常生活离不开良好的运动知觉能力，运动员的良好运动表现

---

① Norman J. Farley et al. , "Modulatory Effects of Binocular Disparity and Aging Upon the Perception of Speed", *Vision Research*, Vol. 50, No. 1, January 2010, p. 65.

② Pilz Karin S. et al. , "Effects of Aging on Biological Motion Discrimination", *Vision Research*, Vol. 50, No. 2, January 2009, p. 211.

③ Kolarik Andrew J. et al. , "Precision and Accuracy of Ocular Following: Influence of Age and Type of Eye Movement", *Experimental Brain Research*, Vol. 201, No. 2, October 2010, p. 271.

离不开合理的运动知觉能力等。从上述期刊载文量来看，关于运动知觉的期刊中视觉杂志发文量最多。可见，人们研究运动知觉更多在强调视运动知觉，主要是因为个体对外界物体运动的感知主要依靠视觉（人类认识世界 80% 的信息来自于视觉），故本书中的研究也主要关注视运动知觉领域。

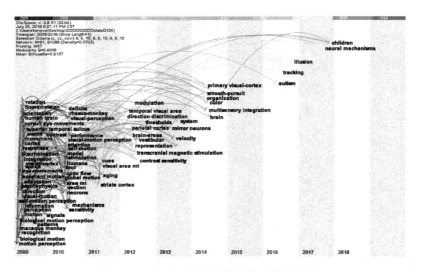

图 2 - 8 运动知觉研究热点演进趋势视图

第三节 视运动知觉的分类

一 视运动知觉的分类依据

目前，关于视运动知觉尚没有一个完整的分类，不过从对运动知觉的关键词研究热点来看，近十年来国外的学者们对运动知觉的研究主要集中在生物运动知觉、速度知觉、协同方向知觉等领域，进行相关的神经机制研究。有学者①采用协同运动知觉研究范式来研

---

① Koldewyn Kami et al. , "The Psychophysics of Visual Motion and Global Form Processing in Autism", *Brain*, Vol. 133, No. 2, February 2010, p. 599.

究自闭症患者视运动知觉与整体形式处理的心理物理学特征，故其间接说明协同运动知觉是视运动知觉的一个重要组成部分。有学者在其研究中提到"视觉速度知觉"一词，人类对视运动刺激的速度与方向的感知过程会受到除物理运动以外属性的影响。[1] 有学者采用随机运动点速度作为视觉材料用来评价个体对于点的加速与减速的速度感知变化情况。[2] 由此可见，运动速度知觉也是视运动知觉的一个重要成分之一。

　　有学者认为视觉系统最重要的功能之一就是避免诸如碰撞等一些危险情况，而在碰撞过程中会涉及有机体的深度运动知觉能力。[3] 韦晓娜等人[4]在研究网球运动专长对深度运动知觉影响的脑机制研究中提到球类运动员在手动拦截、操作物体到目标位置以及预测运动物体深度的任务中会运用到自己的深度运动知觉能力。因此，这说明深度运动知觉能力也是视运动知觉中的一项重要能力。有学者于1973 年率先采用人体运动光点刺激来研究视运动知觉机制，并提出生物运动知觉的概念。[5] 有学者提出生物运动知觉是视觉系统中感知人类复杂运动模式的一种强大能力[6]，说明生物运动知觉也是视运动知觉的重要组成成分。此外，李开云等人在研究自闭症谱系障碍者的视运动知觉中提到个体视运动知觉主要包括二阶运动、协同运动、

　　① Stocker Alan A. and Eero P. Simoncelli, "Noise Characteristics and Prior Expectations in Human Visual Speed Perception", *Nature Neuroscience*, Vol. 9, No. 4, March 2006, p. 578.

　　② Schlack Anja et al., "Speed Perception During Acceleration and Deceleration", *Journal of Vision*, Vol. 8, No. 8, June 2008, p. 1.

　　③ Imura Tomoko et al., "Asymmetry in the Perception of Motion in Depth Induced by Moving Cast Shadows", *Journal of Vision*, Vol. 8, No. 13, October 2008, p. 1.

　　④ 韦晓娜等：《网球运动专长对深度运动知觉影响的 ERP 研究》，《心理学报》2017 年第 11 期。

　　⑤ Johansson Gunnar, "Visual Perception of Biological Motion and a Model for its Analysis", *Perception & Psychophysics*, Vol. 14, No. 2, June 1973, p. 201.

　　⑥ Lange Joachim and Markus Lappe, "A Model of Biological Motion Perception from Configural form Cues", *Journal of Neuroscience*, Vol. 26, No. 11, March 2006, p. 2894.

生物运动及运动速度知觉等。①

综上所述，结合知识图谱分析结果与前人研究基础，本书中将视运动知觉分为协同运动知觉（Coherent Motion Perception）、生物运动知觉（Biological Motion Perception）、深度运动知觉（Motion-in-depth Perception）以及运动速度知觉（Speed Perception）共四个部分，并进一步探究急性心理应激对视运动知觉的影响及其内在脑电信号的变化机制。下面将分别从协同运动知觉、生物运动知觉、运动速度知觉以及深度运动知觉四个维度进行概念、研究范式及研究现状方面的探讨。

二　协同运动知觉

（一）协同运动知觉的概念

协同性运动（Coherent Motion）是指运动的点或客体之间相互独立，没有相同的运动规律，但其中一定数量客体的运动存在知觉特性中的"共同命运"原则。② 该原则是指有着相同的运动方向，具有知觉整体性的特点。当这些共同命运的点达到一定的数量后，被试则会察觉这些点会朝着同一个方向运动。共同命运的点占全部散点的比例称为协同性或协同性水平（Level of Coherent），假如 100 个散点的运动方向都是随机模式，则这些点的协同性水平为 0。如果 100 个点中有 50 个点的运动方向是一致的，则协同性为 50%。一般可通过被试按键判断点刺激的运动方向（向左、向右、向上或向下）作为判断被试对协同性水平感受力的途径。感受力大小与协同性阈值大小成反比，即当被试感受力越高，则只需要较少的点（共同命

---

① 李开云等：《自闭症谱系障碍者的视运动知觉》，《心理科学进展》2018 年第 5 期。

② Newsome W. T. and Pare E. B. , "A Selective Impairment of Motion Perception Following Lesions of the Middle Temporal Visual Area (MT)", *Journal of Neuroscience*, Vol. 8, No. 6, June 1988, p. 2201.

运）就能判断出协同运动的方向。① 协同运动知觉能力是评价个体整体—局部运动知觉能力的重要指标之一。② 覆盖视野速度和方向敏感的运动探测器协同反馈物体的运动，进而定义物体的形式，如通过相对于背景的运动物体来显示位移的协同性。

协同运动知觉在计算机学与神经生物学层面上解析成两个加工处理阶段③：（1）检测环境中瞬时局部运动信号阶段，该加工处理过程发生在大脑早期视觉区域（主要视觉区域为 V1 和颞区中部，hMT +）；（2）将这些信号的时空信息整合到整体知觉或决策变量中，该加工过程发生在顶叶皮质中。该通路是灵长类动物大脑中功能最强的通路之一。

（二）协同运动知觉的研究范式

20 世纪 70 年代，布拉迪克（Braddick）最早运用点的运动的方式来评价个体协同运动能力，要求被试在一定比例的随机点运动中判断一群协同运动的点的运动方向（向左或向右），称为 Random Dot Kinematogram（RDK），可以通过改变协同运动点数量与随机运动点数量的占比来调整 RDK 任务的难度。④ 随后，有学者采用类似 RDK 任务的 Global Dot Motion Task（简称 GDM 任务）来测量个体的协同运动知觉能力⑤。在 GDM 任务中，所有运动的点之间间隔较短

① 胡奂：《运动形式对方向和形状一致性侦测的影响》，硕士学位论文，浙江理工大学，2013 年。

② Robertson Caroline E. et al. , "Global Motion Perception Deficits in Autism are Reflected as Early as Primary Visual Cortex", *Brain*, Vol. 137, No. 9, July 2014, p. 2588.

③ Gold Joshua I. and Michael N. Shadlen, "The Neural Basis of Decision Making", *Annual Review of Neuroscience*, Vol. 30, No. 1, July 2007, p. 535; Heekeren H. R. et al. , "A General Mechanism for Perceptual Decision-Making in the Human Brain", *Nature*, Vol. 431, No. 7010, October 2004, p. 859.

④ Braddick Oliver, "A Short-Range Process in Apparent Motion", *Vision Research*, Vol. 14, No. 7, March 1974, p. 519.

⑤ Newsome W. T. and Pare E. B. , "A Selective Impairment of Motion Perception Following Lesions of the Middle Temporal Visual Area (MT)", *Journal of Neuroscience*, Vol. 8, No. 6, June 1988, p. 2201.

的距离，每个点显示时间为 20—30 微秒，之后它会消失并被另一个随机放置的点替换。同时，设计者可以以相邻点的固定空间与时间偏移来重新绘制一定比例的点，这些嵌入随机运动点中的点集具有相同的运动方向，见图 2 – 9。左边图为所有的点做随机运动（协同性水平为 0）中间图为 50% 的点为相同运动方向（向上）。右边图为100% 的点都具有相同的运动方向（向上）。

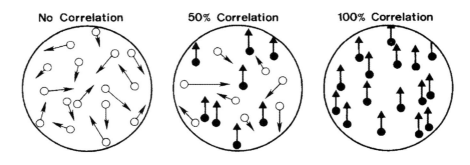

图 2 – 9　RDK 范式的具体示意图

有学者采用 ERP 技术方法研究遗忘性轻度认知障碍患者对光流感知的选择性损伤时[1]，在 RDK 任务范式中水平光流（左右移动）的基础上增加了点由内向外或由外向内的任务（见图 2 – 10），图中在黑色背景（视角，$50 \times 48°$；亮度，$0.1 cd/m^2$）上呈现协同运动与随机运动点共有 400 个（视角，$0.2 \times 0.2°$；亮度，$48 cd/m^2$），点的移动速度为 $5.0°/s$，视觉刺激呈现 750ms，刺激间隔为 1500ms。

（三）协同运动知觉的电生理学研究

研究发现，阿尔兹海默症（AD）病人在协同运动任务中早期 ERP 成分 P1（100ms）与 N1（130ms）之间没有显著性差异，相比较于正常人，AD 患者在协同运动知觉任务中 N170 与 P200 的峰潜伏

————————

　　[1]　Yamasaki Takao et al.，"Selective Impairment of Optic Flow Perception in Amnestic Mild Cognitive Impairment: Evidence from Event-Related Potentials"，*Journal of Alzheimer's Disease*，Vol. 28，No. 3，February 2012，p. 695.

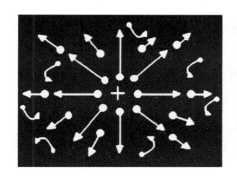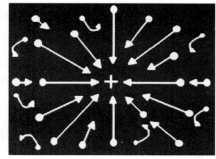

图 2 - 10　向内与向外运动的 RDK 范式示意图

期较长，说明与协同运动知觉有关的 ERP 成分为 P200 与 N170。[1]
有学者在研究自闭症患者协同与生物运动知觉的神经关系时发现
协同运动加工与"背侧"区域 MT +/V5 有关，"背侧"区域血流
不足（MT +/V5 功能异常）可能说明协同运动加工过程异常。[2]
有学者采用三种水平的协同运动任务（10%、25% 和 40%）测试
了 9 名患有阅读障碍青少年的协同运动知觉能力，结果发现早期
ERP 成分（P1，N1，P2）或晚期 ERP 成分（P3）峰波幅与峰潜
伏期之间差异不显著。[3] 有学者采用脑电图（EEG）来分析与检查
重度大麻使用者与正常人群在协同运动知觉任务中伽马振荡，结
果发现相比较于非协同运动与静态任务，两组被试均在协同运动
知觉任务中在 40Hz—59Hz 伽马范围内产生了神经活动的强烈增
加，以及相比较于正常人群，大麻组被试在协同任务条件下显示

---

① Yamasaki Takao et al. , "Selective Impairment of Optic Flow Perception in Amnestic Mild Cognitive Impairment: Evidence from Event-Related Potentials", *Journal of Alzheimer's Disease*, Vol. 28, No. 3, February 2012, p. 695.

② Koldewyn Kami et al. , "Neural Correlates of Coherent and Biological Motion Perception in Autism", *Developmental Science*, Vol. 14, No. 5, June 2011, p. 1075.

③ Taroyan Naira A. et al. , "Neurophysiological and Behavioural Correlates of Coherent Motion Perception in Dyslexia", *Dyslexia*, Vol. 17, No. 3, July 2011, p. 282.

出诱发的伽马功率显著降低。[①] Krishnan 等人采用 RDK 任务范式研究发现相比较于非协同静态刺激任务，协同运动任务诱发了强烈的伽马振荡。[②] 有学者采用脑磁图（MEG）技术研究发现协同运动任务中伽马带活动在横向枕颞皮质（对应于视觉运动 MT 区域）中达到峰。[③] 可见，协同运动知觉任务中既存在早期成分，也存在晚期成分。

许多研究发现，协同运动知觉任务诱发的主要脑电成分为 N200，且 N200 成分会受到协同运动水平的影响，即更高水平的协同运动任务诱发出更高水平的峰波幅与峰潜伏期。[④] 有学者采用协同点运动来评价巨细胞—背侧流的完整性或阅读困难者的这条通路是如何受影响的。[⑤] 可见，巨细胞—背侧流通路在协同运动知觉过程中起着重要作用。此外，有学者[⑥]采用 ERP 技术研究发现被试在协同运动知觉任务中会在枕区中出现潜伏期 300ms 左右的一个负成分，如同前期研究中有关协同运动知觉诱发的 N2 成分。可见，协同性知觉任务中枕叶区域存在一个潜伏期 300ms 左右的 N2 成分。

---

① Skosnik Patrick D. et al. , "Disrupted Gamma-Band Neural Oscillations During Coherent Motion Perception in Heavy Cannabis Users", *Neuropsychopharmacology*, Vol. 39, No. 13, July 2014, p. 3087.

② Krishnan Giri P. et al. , "Relationship Between Steady-State and Induced Gamma Activity to Motion", *Neuroreport*, Vol. 16, No. 6, April 2005, p. 625.

③ Siegel Markus et al. , "High-Frequency Activity in Human Visual Cortex is Modulated by Visual Motion Strength", *Cerebral Cortex*, Vol. 17, No. 3, March 2007, p. 732.

④ Patzwahl Dieter R. and Johannes M. Zanker, "Mechanisms of Human Motion Perception: Combining Evidence from Evoked Potentials, Behavioural Performance and Computational Modelling", *European Journal of Neuroscience*, Vol. 12, No. 1, October 2000, p. 273.

⑤ Gori Simone et al. , "Multiple Causal Links Between Magnocellular-Dorsal Pathway Deficit and Developmental Dyslexia", *Cerebral Cortex*, Vol. 26, No. 11, October 2015, p. 1.

⑥ Manning Catherine et al. , "Neural Dynamics Underlying Coherent Motion Perception in Children and Adults", *Developmental Cognitive Neuroscience*, Vol. 38, No. 5, June 2019, p. 1.

三　生物运动知觉

（一）　生物运动知觉的概念

生物运动（Biological Motion）指的是生物体（人类和动物）在空间上的整体性移动行为，如步行、奔跑等。[①] 在实验室环境下，生物运动是指采用光点序列刺激来研究生物运动轨迹及轮廓的特定运动模式，采用的是知觉整体性中共同命运的原则，可用来研究走路跑步及打球等各种动作。例如，在人体几个重要关节设置 10 个光点，这 10 个光点可以展现出人体的姿势动作特征等社会信息。

生物运动知觉是视运动知觉的重要组成部分。在视知觉加工过程中，生物运动知觉过程具备不需要有意识参与的自动化加工过程。研究发现，当要求被试不关注生物运动刺激时，生物运动光点序列也能得到大脑的内在加工，进而影响行为表现。生物运动知觉是指人们通过生物体在空间上整体性运动（身体姿势）与局部运动（手部、头、眼睛等的运动）来获取生物光点序列的动作特征、情绪特点及动作意图等相关的信息。前期研究发现生物运动知觉会受到主观因素（如意图、情绪及认知方式等）与客观因素（如客体位置、刺激物的大小与分辨率、颜色及性别等）双重因素的影响。

（二）　生物运动加工特异性

人类对客观物体的识别主要包括两个不同的语义概念系统：生物与非生物。生物与非生物的区分在幼儿早期就已经基本形成。3月龄的婴儿已经可以在知觉上将非生物的位移与人的位移区分开来。生物体运动与非生物体的机械运动不同，生物体运动和变化的力量来源为生物体内部，而非生物体的位移要靠外力的作用。生物体的运动可以为人们提供丰富的社会信息，如身份信息、情绪状态、性别等，以便有效处理复杂的社会信息。在人类的进化过程中，人类

---

① 蒋毅、王莉：《生物运动加工特异性：整体结构和局部运动的作用》，《心理科学进展》2011 年第 3 期。

视觉系统渐渐地获取了对生物体运动不同于其他物体的加工能力。关于生物运动加工的研究渐渐成为认知神经科学的研究热点，学者们尝试通过外显行为研究与电生理层面等手段来研究人类对生物运动加工的特点。

（三）生物运动知觉的研究范式

当人们在环境中运动时，物体投射到视网膜上的图像也会发生移动，这种由观察者自身运动引起的视网膜图像变化称为光流（Optical Flow）。① 光流信息加工是有机体判断自身运动与察觉外在环境变化所依靠的基本依据，是个体大脑视运动知觉的一个重要方面。20 世纪 70 年代，有学者提出采用光点序列图（Point-light Display）来研究人们对生物运动的识别能力。他通过在人体关节处贴上信号标记来记录人体在运动过程中各关节的运动轨迹，进而形成了光点运动序列（详见图 2 – 11），该光点序列只保留了人体轮廓与运动特征。② 后续研究发现，人们能够从光点运动序列中判断出人物的情绪状态、身份特征及性别类型等。人类的生物运动知觉能力具有相对稳定性，当改变光点清晰度或对比度，或者将改变光点运动中人物的朝向与视角③，或者将光点刺激放置于杂乱的干扰点中④，人们均能对生物运动光点有较好的识别能力。可见，光点运动序列由此成为一种非常有效的研究生物运动知觉的常用工具。

人们生物运动知觉判断主要依据生物光点刺激在运动过程中所展现出的形状信息与运动信息。研究发现，当生物光点刺激动态呈

---

① Gibson James J. , *The Perception of the Visual World*, Boston: Houghton Mifflin, 1950, p. 45.

② Johansson Gunnar, "Visual Perception of Biological Motion and a Model for its Analysis", *Perception & Psychophysics*, Vol. 14, No. 2, June 1973, p. 201.

③ Kuhlmann Simone et al. , "Perception of Limited-Lifetime Biological Motion from Different Viewpoints", *Journal of Vision*, Vol. 9, No. 10, September 2009, p. 1.

④ Thurman Steven M. and Emily D. Grossman, "Temporal 'Bubbles' Reveal Key Features for Point-Light Biological Motion Perception", *Journal of Vision*, Vol. 8, No. 3, March 2008, p. 1.

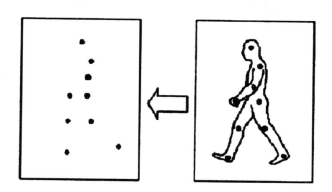

图2-11　生物运动光点序列（PLD）

现时，人们能够快速察觉，而当光点刺激静态呈现时，人们察觉生物运动的速度会下降。[①] 当不提供精确的形状信息情形下，被试识别生物运动的主要依据来源于运动信息，若运动信息减少或屏蔽部分光点信息，被试则依靠形状信息辨别出身体姿势等社会信息。

（四）生物运动知觉的理论模型

1. 层级神经模型

该模型主要观点为[②]大脑在处理生物运动知觉信息时主要通过两种途径：其一，形状通路，该通路上的神经元将视觉神经传入的身体形状原型储存为快照序列；其二，运动通路，该通路上的神经元将视觉神经传入的身体运动信息编码为复杂光流序列。两条途径的神经元按照层级加工模式加工处理生物运动光点刺激的形状信息与光流信息，层级加工模式的神经基础是形状通路与运动通路的神经特征觉察器。生物运动光点刺激的形状或光流特征越复杂，则需要更高水平的特征觉察器。可见，依据层级神经模型，生物运动知觉

---

① Thirkettle Martin et al. ,"Contributions of Form, Motion and Task to Biological Motion Perception", *Journal of Vision*, Vol. 9, No. 3, March 2009, p. 1.

② Giese Martin A. and Tomaso Poggio, "Neural Mechanisms for the Recognition of Biological Movements", *Nature Reviews Neuroscience*, Vol. 4, No. 3, March 2003, p. 179.

过程是由两条平行的加工通路（形状通路与运动通路）处理完成。形状通路增加了视觉系统辨识物体形状与颜色的理论解释，生物运动的形状与颜色识别主要通过身体的快照序列途径。此外，运动通路增加了视觉系统辨识物体运动特点与空间位置的理论解释，重视光流模式在生物运动知觉过程的重要性。

2. 改进型层级神经模型

有学者研究发现颞上沟（STS）与生物运动刺激呈现的动作信息有关，后部颞下回（ITG）与生物体的体形轮廓有关系，内侧颞叶（hMT/V5 +）与生物体的复杂运动模式有关系[1]。因此，他们在层级神经模型的基础上进行了修改，修改后的模型认为大脑处理生物运动信息时主要通过以下途径：hMT/V5 + 先对复杂运动模式的信息进行编码处理，随后将复杂模式信息通过背腹侧两条通路传递出去。其中，背侧通路负责将复杂运动模式中的动作信息传递到颞上沟进行时间的整合处理，而腹侧通路负责将形状轮廓信息传递到后部颞下回进行空间的整合处理，详见图 2 – 12。从图中可以看出，在暗示性运动中，后部颞下回（ITG）一方面将形状信息进一步反馈到内侧颞叶上，然后再传递给 STS 进行动作信息的分析。另一方面将整合的时间变化信息直接传递给 STS 区域。总之，层级神经模型强调 STS 是视觉处理的终点，而改良后的层级神经模型认为右后部 STS 可能是视觉信息传入负责社会认知网络的较大 STS 区域的入口点，也可能是较大皮质网络的起点。它主要涉及负责动作觉察的额叶中的运动与前运动区域。

3. 模板匹配模型

该模型主要观点为[2]生物运动知觉过程包括光点刺激整体形状的静态识别与光点刺激整体形状和运动的动态整合两个阶段。静态分

---

[1] Peuskens H. et al. , "Specificity of Regions Processing Biological Motion", *European Journal of Neuroscience*, Vol. 21, No. 10, May 2005, p. 2864.

[2] Lange Joachim and Markus Lappe, "A Model of Biological Motion Perception from Configural form Cues", *Journal of Neuroscience*, Vol. 26, No. 11, March 2006, p. 2894.

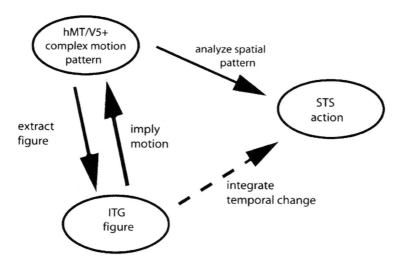

图 2 – 12　STS、ITG 和 hMT/V5 + 之间的功能性连接示意图

析识别过程主要由腹侧通路上梭状回（FG）来完成，动态整合过程主要由颞上沟（STS）来完成。该模型认为大脑表征不同身体姿势的神经元与腹侧通路上高级脑区的神经元有相似之处，即静态分析过程独立于觉察客体的位置与大小。不过，静态分析过程中未能分析生物运动光点刺激中身体姿势的时空特点。因此，动作整合阶段则完成身体姿势的时空特点分析。在此阶段中，STS 中的神经元将光点位置信息与人体形状模板进行一一匹配，则这些匹配信息进一步按照时间顺序整合成人体运动的雏形，进而完成生物运动知觉过程。

（五）生物运动知觉的电生理学研究

生物运动知觉过程所涉及的脑区主要包括梭状回（Fusiform gyrus，FG）、舌回（Lingual gyrus，LG）、颞中区（Middle temporal area，MT +/V5）和颞上沟（Superior temporal sulcus，STS）。[①]

———————————

① 陈婷婷等：《生物运动知觉的神经基础》，《应用心理学》2011 年第 3 期。

　　在视觉神经脑区上，颞上沟（STS）是外侧裂下方的第一个脑沟，将颞中回和颞上回分开。STS 对应于 Brodmann 区（BA）的 22区和 38 区，详见图 2 - 13。研究发现，STS 是生物运动知觉的关键脑区。学者们发现 STS 局部损伤患者对生物运动刺激的觉察能力要显著好于非生物运动刺激。[1] 当 STS 部位发生损伤时，患者会出现生物运动知觉障碍。[2] fMRI 研究发现，当被试觉察生物运动刺激时，STS 相关区域的大脑皮层均被激活。[3] 当让被试判断生物运动刺激"光点图"中头部、上肢和嘴巴等部位时，各个部位的判断均激活了 STS 相关区域。[4] ERPs 研究发现，生物运动刺激（规则光点人物运动与非规则光点人物运动）在右侧枕颞区诱发出了 N200 和 N240 成分，其中 N240 成分定位于 STS。[5] 进一步研究发现，直立行走光点刺激比倒立行走光点刺激与随机光点刺激诱发出的负波波幅更大（180ms 与 330ms）。其中，180ms 的负波成分被认为是生物运动刺激的早成分（关于视觉注意过程的脑区），反映生物运动光点的突出刺激效应。330ms 的负波成分被认为是反映生物运动刺激信息的具体识别过程（定位于脑内右 STS 和右

　　① Schenk Thomas and Josef Zihl, "Visual Motion Perception After Brain Damage: I. Deficits in Global Motion Perception", *Neuropsychologia*, Vol. 35, No. 9, August 1997, p. 1289.

　　② Saygin Ayse Pinar, "Superior Temporal and Premotor Brain Areas Necessary for Biological Motion Perception", *Brain*, Vol. 130, No. 9, September 2007, p. 2452.

　　③ Pelphrey Kevin A. et al., "Brain Activity Evoked by the Perception of Human Walking: Controlling for Meaningful Coherent Motion", *Journal of Neuroscience*, Vol. 23, No. 17, July 2003, p. 6819.

　　④ Pelphrey Kevin A. et al., "Functional Anatomy of Biological Motion Perception in Posterior Temporal Cortex: an Fmri Study of Eye, Mouth and Hand Movements", *Cerebral Cortex*, Vol. 15, No. 12, December 2005, p. 1866.

　　⑤ Hirai Masahiro and Kazuo Hiraki, "An Event-Related Potentials Study of Biological Motion Perception in Human Infants", *Cognitive Brain Research*, Vol. 22, No. 2, September 2005, p. 301.

梭状回）。①

此外，研究还发现 STS 主要负责两个方面的认知加工过程：前 STS（aSTS）负责言语加工过程（言语性），后 STS（pSTS）负责面孔表情与生物运动光点刺激的识别加工过程（社会性）②。学者们采用 fMRI 技术研究发现标准的生物运动光点刺激与非标准的生物运动光点刺激均能激活 pSTS，而且标准的生物运动刺激在 pSTS 中激活程度更强。可见，pSTS 主要是负责加工处理运动的人体轮廓信息的脑区③。那么，除了生物运动信息与非生物运动信息刺激影响知觉外，让被试判断光点刺激的整体轮廓形状、局部形状、运动复杂程度以及运动类型能否激活 pSTS 区域吗？学者们发现，相比较于整体运动，局部运动的判断并未激活 pSTS 区域，判断运动类型激活了 pSTS 区域，且运动类型越复杂，pSTS 激活程度越强，或许复杂的任务需要调动被试更多的认知资源。④ 总之，pSTS 是生物运动知觉过程的主要脑区，在生物运动刺激的觉察与识别过程中起着重要作用。

另一个与生物运动知觉有关的脑区是梭状回（FG），梭状回位于枕颞回的上方与海马旁回的下方，即 Brodmann 区（BA）的 37 区，FG 的解剖结构包括 FFA（fusiform face area）与 FBA（fusiform body area）。⑤ 采用 fMRI 技术研究发现，相比于打乱的生物运动光点

① Jokisch Daniel et al. , "Structural Encoding and Recognition of Biological Motion：Evidence From Event-Related Potentials and Source Analysis", *Behavioural Brain Research*, Vol. 157, No. 2, August 2005, p. 195.

② Grossman Emily D. et al. , "FMR-Adaptation Reveals Invariant Coding of Biological Motion on Human STS", *Frontiers in Human Neuroscience*, Vol. 4, No. 1, March 2010, p. 1.

③ Pyles John A. et al. , "Visual Perception and Neural Correlates of Novel 'Biological Motion'", *Vision Research*, Vol. 47, No. 21, September 2007, p. 2786.

④ Jastorff Jan and Guy A. Orban, "Human Functional Magnetic Resonance Imaging Reveals Separation and Integration of Shape and Motion Cues in Biological Motion Processing", *Journal of Neuroscience*, Vol. 29, No. 22, June 2009, p. 7315.

⑤ Peelen Marius V. et al. , "Differential Development of Selectivity for Faces and Bodies in the Fusiform Gyrus", *Developmental Science*, Vol. 12, No. 6, October 2009, p. 16.

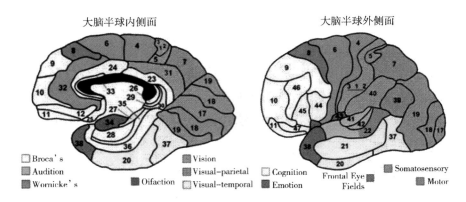

图 2 - 13　布鲁德曼大脑皮层分区示意图

刺激，正常被试在判断规整的生物运动光点刺激时 FG 激活程度更大。[①] 不论将规整的光点运动刺激在屏幕中央呈现还是在屏幕边缘呈现，大脑左右两侧半球的 FG 区域均被激活，且左半球 FG 对屏幕右侧的光点刺激激活程度大，而右半球 FG 对屏幕左侧的光点刺激激活程度大，即表现出对侧效应。[②] 可见，FG 也是生物运动知觉过程的主要脑区，在加工与编码生物刺激的运动方向方面起着重要作用。此外，研究发现，pSTS 主要负责光点刺激的运动信息的分析与加工，而 FG 主要负责加工处理与人类身体有关的视觉刺激信息[③]，其中，FBA 为知觉分析躯体各部位的脑区，而 FFA 主要是将躯体各部位的刺激信息整合成一个整体。[④] 可见，FFA 是加工社会性信息的主

---

① Vaina Lucia M. et al. , "Functional Neuroanatomy of Biological Motion Perception in Humans", *Biological Sciences*, Vol. 98, No. 20, September 2001, p. 11656.

② Michels Lars et al. , "Brain Activity for Peripheral Biological Motion in the Posterior Superior Temporal Gyrus and the Fusiform Gyrus: Dependence on Visual Hemifield and View Orientation", *Neuroimage*, Vol. 45, No. 1, March 2009, p. 151.

③ Kontaris Ioannis et al. , "Dissociation of Extrastriate Body and Biological-Motion Selective Areas by Manipulation of Visual-Motor Congruency", *Neuropsychologia*, Vol. 47, No. 14, December 2009, p. 3118.

④ Taylor John C. et al. , "Functional MRI analysis of Body and Body Part Representations in the Extrastriate and Fusiform Body Areas", *Journal of Neurophysiology*, Vol. 98, No. 3, September 2007, p. 1626.

要脑区，主要作用是从零散的光点运动刺激中整合出一个完整的生物运动。总之，FFA 和 FBA 也是生物运动知觉的主要脑区，可作为区分生物运动刺激与非生物运动刺激的脑区。

　　第三个与生物运动知觉有关的脑区为舌回（LG），对应于 Brodmann 区的 17、18 区，LG 位于颞叶和枕叶的中下部。解剖结构上 LG 位于侧副沟后部与踞状沟之间，舌回前侧靠近颞叶幕的表面，并与海马旁回有连接，舌回后部靠近枕极。舌回在视觉加工与单词加工方面起着重要作用。Vaina 等人最早提出 LG 参与生物运动知觉过程，被试在规整的生物运动光点刺激和打乱的生物运动光点刺激中判断人体运动方向和性别类型，结果发现被试在两种情况下均表现出了 LG 的激活，说明 LG 参与了生物运动知觉的过程。[1] 相比较于打乱的光点运动刺激，完整的光点运动刺激（由 21 个运动光点构成的上下跳动的人物）在 LG 位置上激活程度更强。[2] 采用 PET 与 fMRI 技术研究发现 LG 参与了生物运动知觉的高级加工过程，主要负责从光点运动刺激中提取生物信息，而且提取过程表现出一种无意识现象。[3] 此外，LG 有选择性地对生物运动刺激信息进行加工与输入。研究发现，相比于电脑模拟的光点运动刺激，取自人体各关节节点的自然生物运动刺激在 LG 位置上的激活程度更强。[4] 针对不同的生物运动刺激呈现方式，研究发现相比较于言语描述的生物运动刺激，

①　Vaina Lucia M. et al.，"Functional Neuroanatomy of Biological Motion Perception in Humans"，*Biological Sciences*，Vol. 98，No. 20，September 2001，p. 11656.

②　Servos Philip et al.，"The Neural Substrates of Biological Motion Perception: an Fmri Study"，*Cerebral Cortex*，Vol. 12，No. 7，July 2002，p. 772.

③　Ptito Maurice et al.，"Separate Neural Pathways for Contour and Biological-Motion Cues in Motion-Defined Animal Shapes"，*Neuroimage*，Vol. 12，No. 7，June 2003，p. 246. Slotnick Scott D. et al.，"The Nature of Memory Related Activity in Early Visual Areas" *Neuropsychologia*，Vol. 44，No. 14，August 2006，p. 2874.

④　Mar Raymond A. et al.，"Detecting Agency from the Biological Motion of Veridical Vs Animated Agents"，*Social Cognitive & Affective Neuroscience*，Vol. 2，No. 3，September 2007，p. 199.

走或跳光点序列刺激呈现条件下大脑两半球的 LG 均被激活，故刺激呈现方式也会影响到 LG 区域是否能够被激活。[①] 可见，颞上沟（STS）对视听觉等感觉通道的刺激输入较为敏感，而舌回（LG）对刺激输入的通道具有选择性。[②]

第四个与生物运动知觉有关的脑区是颞中区（MT + ／V5），位于 Brodmann 区的 21 区，在判断运动方向与速度方面起着重要作用。研究发现人类的视觉加工系统对生物运动知觉过程主要是通过形状路径（四个阶段：局部方向觉察、恒定的条形觉察、快照神经元及运动模式神经元）与运动路径（四个阶段：局部运动觉察、局部光流觉察、光流模式神经元、运动模式神经元）来完成，且发现 MT +在生物运动知觉早期过程中起作用。研究者采用 fMRI 技术研究发现当要求被试识别生物运动光点刺激中存在何种运动行为时，MT + 与STS 区域均被激活。[③] 此外，相比较于正常被试，自闭症病人在识别生物运动刺激时其 MT + 区域的激活程度出现下降的现象[④]。

四　运动速度知觉

（一）运动速度知觉的概念

速度知觉（Speed Perception）对于人们在环境中安全活动至关重要，是人们与环境安全互动的基础，它是视运动知觉中的一个重要组成部分。许多研究表明人们感知到的速度随着刺激对比度的变

① Santi Andrea et al. , "Perceiving Biological Motion: Dissociating Visible Speech from Walking", *Journal of Cognitive Neuroscience*, Vol. 15, No. 6, August 2003, p. 800.

② Saygin Ayse Pinar et al. , "In the Footsteps of Biological Motion and Multisensory Perception: Judgments of Audiovisual Temporal Relations are Enhanced for Upright Walkers", *Psychological Science*, Vol. 19, No. 5, May 2008, p. 469.

③ Peuskens H. et al. , "Specificity of Regions Processing Biological Motion", *European Journal of Neuroscience*, Vol. 21, No. 10, May 2005, p. 2864.

④ Herrington John D. et al. , "The Role of MT + ／V5 During Biological Motion Perception in Asperger Syndrome: an fMRi Study", *Research in Autism Spectrum Disorders*, Vol. 1, No. 1, January 2007, p. 14.

化而变化，这对于人们的正常活动具有重要的意义（例如在雾中驾驶）。速度知觉也属于运动知觉，是指个体对运动物体速度大小的判断，也是视知觉和时间知觉共同作用的结果，速度知觉对驾驶、行走、跑步等项目具有重要作用。① 人类对速度的知觉可以划分为快速系统与慢速运动系统，且这一划分得到了心理物理学与临床研究者的证据支持。影响速度知觉的额外刺激变量是刺激的对比度，当与高对比度标准物匹配时，低对比度的刺激似乎移动得更慢。②

运动刺激的对比度会影响人们对物体运动速度的知觉判断，研究发现，在同等低速情况下，人们会认为低对比度刺激的移动速度要慢于高对比度刺激。然而，随着速度的增加，这种效应会逐渐变小，且在同等高速情况下，人们会认为低对比度的刺激移动速度要快于高对比度刺激。③ 有学者提出可以使用贝叶斯框架来解释这种效应，其中在低对比度下感知速度的降低是由于先前假设物体静止或缓慢移动而产生的。④ 有学者研究发现对于高对比度与低对比度刺激的相对速度辨别阈值可以用来预测在一定速度下感知速度偏差的大小。⑤ 不过，有学者认为这个模型没有考虑到在刺激物较高速度下，当对比度降低时人们所观察到的知觉速度逐渐增加，故他们认为对比度对速度知觉的影响是由于视觉处理的速度与对比度的不可分离

---

① 王长生等：《运动时间知觉研究现状及其展望》，《北京体育大学学报》2007年第6期。

② Gegenfurtner Karl R. and Michael J. Hawken, "Perceived Velocity of Luminance, Chromatic and Non-Fourier Stimuli: Influence of Contrast and Temporal Frequency", *Vision Research*, Vol. 36, No. 9, May 1996, p. 1281.

③ Thompson Peter, "Perceived Rate of Movement Depends on Contrast", *Vision Research*, Vol. 22, No. 3, March 1982, p. 377.

④ Weiss Yair et al., "Motion Illusions as Optimal Percepts", *Nature Neuroscience*, Vol. 5, No. 6, May 2002, p. 598.

⑤ Stocker Alan A. and Eero P. Simoncelli, "Noise Characteristics and Prior Expectations in Human Visual Speed Perception", *Nature Neuroscience*, Vol. 9, No. 4, March 2006, p. 578.

性而产生的。① 随后继续验证了一个简单的比率模型，在这个模型中，速度被估算为两个生理上似乎合理的输出比率。② Hammett 等人进一步支持了该比率模型，他们证明了比率模型可用来预测作为光栅亮度函数的知觉速度的变化。③ 此外，研究发现低对比度速度从低到高的交叉估计的速度随亮度的变化而变化。④

人类视觉速度知觉包括两个部分⑤：一部分是运动信息，通过采用视频每帧中相对运动的先验概率分布计算得来；另一部分是来自背景运动中的知觉干扰。速度知觉过程中存在调节机制，研究发现时间频率调谐机制对速度知觉过程产生影响⑥：对于低于 3.2°/s 的速度，速度知觉仅取决于刺激的速度，如果刺激物的物理速度相同，即使空间频率不同，速度也会被知觉为相同；对于高于 3.2°/s 的速度，速度知觉受时间频率的影响，如果刺激的空间疲劳高于其他刺激，即使物理速度相同，速度也会被知觉为更快。图 2 - 14 为速度知觉的图解模型。从该图中可以看到速度调节机制（STMs）和时间频率调节机制（TFTMs）在人类视觉的速度

① Thompson Peter et al. , "Speed Can Go Up as Well as Down at Low Contrast: Implications for Models of Motion Perception", *Vision Research*, Vol. 46, No. 6, March 2006, p. 782.

② Hammett Stephen T. et al. , "A Ratio Model of Perceived Speed in the Human Visual System", *Proceedings of the Royal Society B: Biological Sciences*, Vol. 272, No. 1579, September 2005, p. 2351.

③ Hammett Stephen T. et al. , "Perceptual Distortions of Speed at Low Luminance: Evidence Inconsistent with a Bayesian Account of Speed Encoding", *Vision Research*, Vol. 47, No. 4, February 2007, p. 564.

④ Hassan Omar and Stephen T. Hammett, "Perceptual Biases are Inconsistent with Bayesian Encoding of Speed in the Human Visual System", *Journal of Vision*, Vol. 15, No. 2, February 2015, p. 9.

⑤ Zhou Shiyu et al. , "Blind Video Quality Assessment Based on Human Visual Speed Perception and Nature Scene Statistic", *International Conference on Signal and Information Processing, Networking and Computers*, December 2017, p. 365.

⑥ Shen Haoming et al. , "Speed-Tuned Mechanism and Speed Perception in Human Vision", *Systems and Computers in Japan*, Vol. 36, No. 13, October 2005, p. 1.

知觉中起作用。STMs 与 TFTMs 二者进行整合，依据整合大小的比率来感知速度。

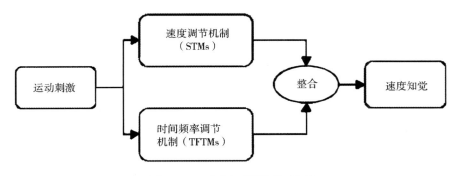

图 2 - 14　速度知觉的图解模型

（二）运动速度知觉的研究范式

关于运动速度知觉的研究范式，不同的学者从刺激的对比度、速度的方向（扩展、旋转及线性）及速度的大小（匀速、匀加速及匀减速）等方面来研究人们的运动速度知觉能力，主要采用光点运动以及模拟真实驾驶场景来考察速度知觉变化情况。从先前研究资料发现，由于光点运动简单、便捷，大多数研究采用光点运动来衡量速度知觉的大小，包括光点的扩张运动、旋转运动及线性运动，以及光点直线向左、向右、向下和向上运动。

光点的扩展运动可见图 2 - 15，刺激是随机生成的扩展点图案。运动的方向和速度由从每个点开始的箭头的方向和长度表示。箭头的矢量大小代表速度的大小，可见中心的点的运动速度较小，而外周的点运动速度较大。[①] 屏幕的两边均出现光点刺激，被试必须尽快判断哪一边更快，其中左侧的光点速度是恒定的，而右侧的光点刺激速度可由主试操纵。

---

① Hietanen Markus A. et al. , "Differential Changes in Human Perception of Speed Due to Motion Adaptation", *Journal of vision*, Vol. 8, No. 11, August 2008, p. 1.

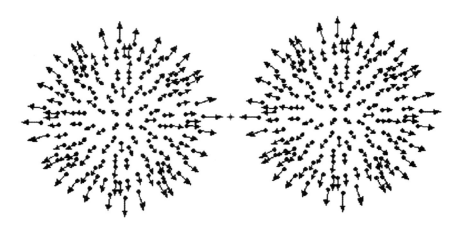

图 2 - 15   光点的扩展运动示意图

研究发现，当人们比较具有相同速度的随机点图案时，扩展运动图案中的点看起来移动得更快。[1] 这种速度错觉可能与复杂运动模式引起的皮质细胞群体反应特征不同有关联。曲率假说认为相比较于点的扩展运动，点的旋转运动中各个点的轨迹是直的，但这些点刺激的空间整合可能导致人们对弯曲点路径的知觉，知觉弯曲点的路径可能会导致点位移减小的感觉，故主观上认为点的运行速度降低。从图 2 - 16 中可以看出，光点运动存在三种形式：扩张、旋转及线性运动。此外，还包括收缩（未显示），每个箭头是一个运动矢量，表示构成这些模式的各个点的速度。上边三个光点运动都是恒定速度（后边加 NG 表示），下边三个光点运动存在速度梯度，即中心慢四周快（可从矢量箭头看出）。

（三）运动速度知觉的电生理学研究

在视力正常的人中，运动区 V5/MT + （Visual area 5/Middle Temporal comlpex）与视觉运动的感知有密切联系，并且不同类型的

---

① Geesaman Bard J. and Ning Qian, "The Effect of Complex Motion Pattern on Speed Perception", *Vision Research*, Vol. 38, No. 9, November 1998, p. 1223.

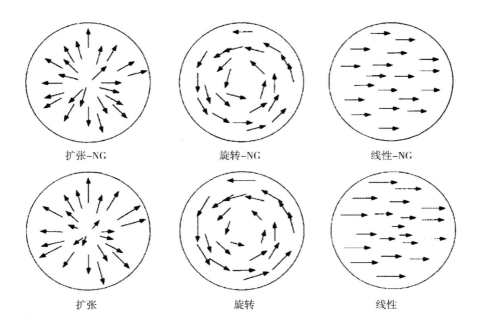

扩张-NG　　　　　　　旋转-NG　　　　　　　线性-NG

扩张　　　　　　　　旋转　　　　　　　　线性

图 2 - 16　速度知觉的三种光点运动示意图

视觉运动刺激（环形运动、棋盘形运动、平移运动等）以及不同视野的运动刺激（外周视野 vs 中心视野、同侧视野 vs 对侧视野）激活 V5/MT + 内的不同区域。研究发现，运动区 V5/MT + 是速度知觉的重要皮质区。[①] Shen Haoming 等人采用猴子作为研究对象，发现大脑中的中颞区域（MT）负责加工与判断物体的心理物理速度。MT 区域包含速度调节的运动敏感神经元，它们直接参与速度知觉过程。运动的速度与方向是由单独的通道 V1 区域（初级视觉皮层）到 MT 区域（中间过程），再到 MST（内侧上颞区域）中所提取，且与视觉早期阶段的其他属性（如空间频率）相分离。[②] 研究发现，大脑

---

① Mc Keefry Declan J. et al. , "Induced deficits in speed perception by transcranial magnetic stimulation of human cortical areas V5/MT + and V3A", *Journal of Neuroscience*, Vol. 28, No. 27, July 2008, p. 6848.

② Shen Haoming et al. , "Speed-Tuned Mechanism and Speed Perception in Human Vision", *Systems and Computers in Japan*, Vol. 36, No. 13, October 2005, p. 1.

中存在两个系统来分别处理快速与慢速运动知觉过程，V1 区域损坏的患者无法有意识地感知速度低于 6°/s 的运动刺激。[①] 而中颞区域（MT）病变的患者无法感知速度超过 6°/s 的运动刺激，表明慢速与快速运动系统存在于大脑的不同区域。[②] 总之，运动速度知觉的脑区活动主要在 V5/MT +，它是负责加工物体速度大小的主要脑区。

五　深度运动知觉

（一）深度运动知觉的概念

深度运动知觉（Perception of Motion in Depth 或者 Motion-in-Depth Perception）属于运动知觉的范畴，有机体可以通过视觉、听觉或动觉来感受物体的深度大小，且以视觉为主。视觉深度运动知觉是指人脑对直接作用于视觉感受器的深度运动客体在空间特征和时间特征的直接反映。深度运动知觉与深度知觉之间存在紧密的联系，深度知觉是人对物体远近距离的知觉，深度知觉线索依靠单眼线索或双眼线索来提供，大脑对各种客观线索与有机体内部活动进行整合分析，进一步推断出物体远近距离的知觉。[③] 知觉物体距离的线索主要包括单眼线索（遮挡、线条透视、空气透视、明暗和阴影、运动视差、结构级差、相对大小、相对位置）、生理线索（水晶体调节、双眼视轴辅合）及双眼视差。运动是绝对的，静止是相对的，即我们周围的物体均处于绝对运动状态，当周围的物体发生运动时，人们需对运动物体的深度距离进行判断，以免对自己造成伤害。在日常生活中更常见的是深度运动知觉，如判断乒乓球飞来的过程、街上汽车向自己接近的过程等。因此，深度运动知觉不仅涉及物体的空间特征，还具有时间与空间相结合的特征。

---

① Barbur John L. et al., "Conscious Visual Perception Without V1", *Brain*, Vol. 116, No. 6, December 1993, p. 1293.

② Zihl Josef et al., "Selective Disturbance of Movement Vision After Bilateral Brain Damage", *Brain*, Vol. 106, No. 2, June 1983, p. 313.

③ 叶奕乾等：《普通心理学》，华中师范大学出版社 2016 年版，第 87 页。

深度运动过程的研究是视运动知觉研究中一个非常重要的课题。碰撞过程是深度运动知觉过程中最一般的表现形式。① 在深度运动知觉过程中，人们需要判断靠近的物体与自身的距离是否在安全距离以外，以便做出合理的避让或相应迎接动作。在这一过程中，人们需要精确计算靠近物体何时越过安全距离，也就是要快速计算出碰撞的时间，因为这关系到是否会对观察者身体造成伤害或使观察者准确地做出相应动作完成运动表现。碰撞时间（Time-to-Collision，TTC）是指从人们察觉朝向自己运动的物体开始到物体碰到观察者额状面瞬间结束的时间区间②。换一句话说就是从某一时刻起，到物体与观察者发生实际碰撞所剩余的时间。有学者描述了物体出现到发生碰撞这一过程的详细流程图（图2-17），该流程主要包括：首

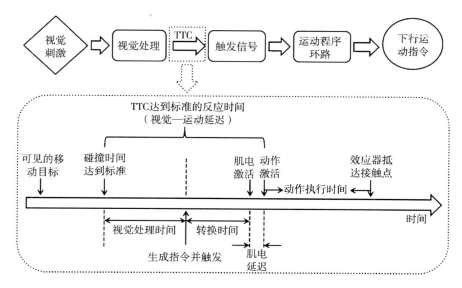

图2-17 碰撞时间（TTC）的具体流程

① 王玲、尧德中：《深度运动知觉的 ERP 时空分析——大小因素对认知的影响》，《生物医学工程学杂志》2009 年第 2 期。

② Heuer Herbert, "Estimates of Time to Contact Based on Changing Size and Changing Target Vergence", *Perception*, Vol. 22, No. 5, May 1993, p. 549.

先，运动目标出现在视网膜上；其次，信息经过识别、编码与整合，大脑对整合结果进行分析处理，让神经信号从感觉神经元传递到运动神经元，进而诱发肌电信号（EMG），紧接着出现肌电延迟（EMD）；最后，执行动作程序，完成碰撞动作。①

（二）深度运动知觉的研究范式

深度运动知觉的研究范式主要包括有碰撞范式（估计球碰撞某一截面的时间）与无碰撞范式（球的靠近或远离）。其中，有碰撞范式中研究者主要关注运动的物体何时发生碰撞以便精确拦截时间，无碰撞范式中研究者主要关注运动的物体本身的深度知觉，两者具体包括的研究范式见表2－3。

表2－3 深度运动知觉研究范式汇总

范式类型	范式名称	具体任务及判断指标
有碰撞范式②	预测运动任务范式	观察者需要对运动目标到达指定位置的瞬间做出按键反应，或者抵达指定地点之前某一位置消失，观察者需要预测其消失后何时抵达指定地点
	拦截任务范式	观察者估算运动朝向自己碰撞的时间并做出拦截动作
	相关判断任务范式	判断两个同时运动的物体中哪个先抵达目的地
无碰撞范式	平面光流运动范式③	观察者需要在平面上移动的不同尺寸正方形中找出其中一个正方形的阴影是远离还是靠近
	物体放大或缩小范式④	圆环、圆球或棋盘格朝向观察者（放大）或远离观察者（缩小），观察者需要快速对靠近与远离做出反应

① Marinovic Welber et al. , "Preparation and Inhibition of Interceptive Actions", *Experimental Brain Research*, Vol. 174, No. 4, June 2009, p. 311.

② Tresilian J. R. , "Perceptual and Cognitive Processes in Time-To-Contact Estimation: Analysis of Prediction-Motion and Relative Judgment Tasks", *Perception & Psychophysics*, Vol. 57, No. 2, January 1995, p. 231.

③ Imura Tomoko et al. , "Asymmetry in the Perception of Motion in Depth Induced by Moving Cast Shadows", *Journal of Vision*, Vol. 8, No. 13, October 2008, p. 1.

④ Shirai Nobu and Masami K. Yamaguchi, "Asymmetry in the Perception of motion-In-Depth", *Vision Research*, Vol. 44, No. 10, May 2004, p. 1003.

续表

范式类型	范式名称	具体任务及判断指标
无碰撞范式	随机点运动范式①	观察者需要在一系列随机光点中判断光点是向内（扩张）还是向外（收缩）的

（三）深度运动知觉的电生理学研究

国内外学者对深度运动知觉的不同层面均进行了相关电生理学研究，主要包括两个方面：有碰撞的深度运动知觉与无碰撞的深度运动知觉。一方面，国内学者王玲与尧德中采用 ERP 技术研究连续运动球体向观察者逐渐逼近的深度运动知觉过程，结果发现，深度运动知觉过程的 ERP 成分主要有：N220（与深度运动知觉关系最密切）、P300、P140，且这些成分主要出现在枕叶、枕顶区、额叶及枕颞区，其中在较快或较大物体的深度运动知觉过程中，N220 与 P300 的潜伏期显著缩短，P140、N220 及 P300 的峰波幅显著增加。② 随后，王玲与尧德中采用 ERP 技术研究了运动方向对深度运动知觉的影响，结果发现球体靠近与远离均会对深度运动知觉产生明显的影响，并且枕颞区、枕顶区等区域均被激活，相比较于球体远离运动，球体靠近运动任务更侧重于深度运动知觉过程（枕顶区），故靠近运动任务比较适合用来进行深度运动知觉的研究任务。③ 韦晓娜等人④采用 ERP 技术研究网球运动专长对深度运动知觉影响，结果发现网球新手在球体靠近时 P1 成分的潜伏期要长于球体远离时，网球专家在球体靠近时 P2 成分的潜伏期要长

---

① Ptito Maurice et al. , "Cortical Representation of Inward and Outward Radial Motion in Man", *Neuroimage*, Vol. 14, No. 6, May 2001, p. 1409.

② 王玲、尧德中：《深度运动知觉的 ERP 时空分析——大小因素对认知的影响》，《生物医学工程学杂志》2009 年第 2 期。

③ 王玲、尧德中：《运动方向对深度运动知觉的影响——ERP 研究》，《电子科技大学学报》2009 年第 4 期。

④ 韦晓娜等：《网球运动专长对深度运动知觉影响的 ERP 研究》，《心理学报》2017 年第 11 期。

于球体远离时，并得出枕区 P2 成分可用来评价个体的深度运动知觉能力。

另一方面，国外学者采用 ERP 技术研究个体似动任务下深度运动知觉能力，结果发现右侧顶区与后顶区的 ERP 负波可以用来区分平面扩张运动与深度似动。[1] 有学者采用光点刺激运动模拟深度运动，结果发现与深度运动知觉有关的脑区主要有六个：枕极、左侧梭状回、右侧梭状回、右侧枕上皮层、左侧顶上皮质层、右侧顶上皮质层。[2] Field 等人采用 fMRI 技术研究碰撞时间判断过程中大脑所激活的区域，被试需要判断初始大小与距离不同的球体靠近时哪个更先碰到自己，结果发现 MT + 区域、左外侧枕回、顶—额中叶感觉运动区均被激活[3]。有研究发现当物体靠近人体时会诱发大脑丘脑核与丘脑上丘区域的激活，且发现前脑岛与碰撞判断过程有关。[4] 有学者采用 ERP 技术研究发现相比较于靠近被试的中性图片刺激，不断靠近被试的威胁性图片诱发的脑电成分包括枕顶区 P1、枕额区 N1、EPN 及 LPP[5]。总之，从国内外关于深度运动知觉的电生理学研究中，可以发现不同的学者从情绪状态、运动方向与速度、物体大小以及 ERP 与 fMRI 等技术手段来研究个体的深度运动知觉现象，为后续研究深度运动知觉提供一定程度的科学依据。

---

① Kobayashi Yuji et al. , "Perception of Apparent Motion in Depth: A High-Density Electrical Mapping Study in Humans", *Neuroscience letters*, Vol. 354, No. 2, January 2004, p. 115.

② Lamberty Kathrin et al. , "The Temporal Pattern of Motion in Depth Perception Derived from ERPs in Humans", *Neuroscience letters*, Vol. 439, No. 2, May 2008, p. 198.

③ Field David T. and John P. Wann, "Perceiving Time to Collision Activates the Sensorimotor Cortex", *Current Biology*, Vol. 15, No. 5, March 2005, p. 453.

④ Billington Jac et al. , "Neural Processing of Imminent Collision in Humans", *Proceedings of the Royal Society B: Biological Sciences*, Vol. 278, No. 1711, October 2010, p. 1476.

⑤ Vagnoni Eleonora et al. , "Threat Modulates Neural Responses to Looming Visual Stimuli", *European Journal of Neuroscience*, Vol. 42, No. 5, June 2015, p. 2190.

　　本小节主要探究了视运动知觉的分类，结合视运动知觉的国内外研究动态以及前期研究基础，将视运动知觉分成协同运动知觉、生物运动知觉、运动速度知觉以及深度运动知觉。不同的视运动知觉其研究范式与电生理基础均具有一定的差异，例如协同运动知觉的 RDK 范式、生物运动知觉的 PLD 范式、运动速度知觉的扩展运动以及深度运动知觉的有碰撞范式和无碰撞范式等，这为本书中研究范式的选取奠定了一定的理论基础。

第 三 章

急性心理应激与视运动知觉的关系

在日常生活中，有因为适度应激而完成了一个较困难动作取得成功的学生，也有因为过度紧张而造成动作失败的运动员。这些现象无不与外在环境对人的刺激有关，归根结底取决于个体的应激反应大小。也就是说，不同应激状态下人们表现出不同的认知与行为，有积极的也有消极的，这取决于应激源的特点以及个体的身心状态。研究发现，适度的应激反应有利于人们行为表现的发挥，而过度的应激反应会导致认知功能及行为表现受到抑制。本章主要探究急性心理应激反应的物质基础以及急性心理应激与个体知觉加工过程的理论基础与研究现状，为后续研究提供一定的科学依据。

第一节　急性心理应激反应的物质基础

在探究急性心理应激与视运动知觉的关系之前，应先理解急性心理应激反应的物质基础。急性心理应激反应是有机体通过认识、评价而察觉到应激源的威胁时引起的心理、生理机能改变的反应过程。在该反应过程中，虽然中枢系统参与了维持体内平衡和对应激反应的组织协调，而某些结构则可能在这些协调机制中起了重要作用。应激反应路径可以分为短环路（Short Loop）和长环路（Long Loop）两类①。短环路建立在脊髓反应基础上，也称为脊髓应激反应；长环路是指高级的中枢系统，如下丘脑神经内分泌、边缘叶系统和大脑皮质等，称为脊髓前应激反应。影响认知与行为的输出系统主要包括神经和神经内分泌。自主或非自主的应激反应都起自脑干或脊髓神经元。神经内分泌通路主要由下丘脑发起，通过 HPA 轴在应激反应中起作用。

一　中枢自主系统

中枢自主神经系统主要是指节前神经元细胞群组成应激反应效应器环的输出通路，位于脊髓和髓质的胆碱能神经元的激活可以发生在所有影响交感或副交感神经输出的应激反应中。副交感神经节前神经元位于延髓和骶髓。在延髓，它们形成明显的细胞群。交感神经节前神经元在胸髓的侧角背形成纵向细胞线，称为中间外侧细胞柱。两种节前神经元接收的信号均经过两条组织严密的投射：短环路和长环路神经元。

在神经信号传导过程中，感觉信号一般直接到达节前细胞，但大多数输入信号需要经孤束核感觉神经元进行传递。长环路的上行环除了传至迷走神经背核的信号外，从孤束核发出的感觉信号均到达脑干、下丘脑和边缘叶区域，最终形成长环路的上行环。短环路的输入纤维输送信号至中间外侧细胞柱内的脊髓交感神经节前神经元，这些纤维起自侧角的节前细胞并经由侧角的神经元传递。从功能的角度来看，含有生命必需胺类物质的神经元可被看作中枢自主神经系统的一部分。

二　中枢胺类系统

中枢胺类系统主要包括去甲肾上腺素能、肾上腺素能和 5 – 羟色

---

① 蒋春雷：《应激医学》，上海科学技术出版社 2021 年版，第 40 页。

胺（5-HT）神经元，它们均参与中枢应激反应过程。[1] 脑干儿茶酚胺类神经元同接收来自孤束核的内脏感觉信号类似，它可以直接接收来自脊髓和三叉神经的躯体感觉信号。三种中枢胺类系统的活动均具有应激特异性：一些应激源可以快速有效地激活它们，而其他应激源则只能对其产生微弱的影响。

（一）去甲肾上腺素能神经元

下丘脑和边缘叶系统的去甲肾上腺素能神经终端，主要来源于腹外侧和背中侧的延髓神经元。此外，蓝斑的去甲肾上腺素能细胞也在中枢系统应激反应中起作用。损伤脑干儿茶酚胺细胞群或它们的上行纤维会阻滞或下调 HPA 轴的应激性改变。一些应激刺激可以通过躯体或内脏感受器，以及丘脑脊髓网络系统，将应激信号传至蓝斑神经元并显著增加其活力。大脑皮质、小脑和基底神经节是这些神经元的主要靶器官，但它们也参与对下丘脑、脊髓的去甲肾上腺素能神经的支配。总之，蓝斑参与执行向前脑区域的应激信号传导，以及对应激反应的组织，其去甲肾上腺素能纤维支配包括皮质、边缘叶、下丘脑结构的整个前脑。

（二）肾上腺素能神经元

肾上腺素能神经元在腹外侧髓质的中间部分。一组独立的 C1 神经细胞群上行投射到下丘脑的神经内分泌系统，而其他神经细胞投射至脊髓，使位于中、外侧细胞柱的交感神经节前神经元受支配。上行的神经纤维加入到腹部的去甲肾上腺素能神经束。肾上腺素能神经元在背中脊髓明显，它们的突触于腹部去甲肾上腺素能神经束联合参与肾上腺素对下丘脑和边缘叶的神经调节。[2]

（三）5-羟色胺能神经元

5-羟色胺能神经元主要位于低位脑干和下丘脑腹侧核。背侧

---

[1] 齐铭铭等：《急性心理性应激诱发的神经内分泌反应及其影响因素》，《心理科学进展》2011 年第 9 期。

[2] 赵颖佳、王桂云：《应激相关激素对视网膜脉络膜的作用》，《中国老年学杂志》2013 年第 20 期。

核、中脑和线状缝核投射到下丘脑和边缘叶区域，背中侧 5 – 羟色胺能神经元参与对腺垂体的神经支配。位于中缝大核和中缝苍白核的 5 – 羟色胺能神经元投射到脊髓。研究发现，5 – 羟色胺能神经元对一些应激刺激反应比较敏感。

三　非儿茶酚胺能神经元

1. 延髓（Medulla Oblongata）：延髓腹侧髓质含有应激敏感的络氨酸羟化酶负责调控的神经元，它们位于网状核侧面和三叉神经周核。在背中髓质，孤束核神经元是对迷走神经和舌咽部初始输入信号的主要接收者，这些神经元将内脏感觉信号输送至中枢神经系统。位于背中髓质的细胞投射至脊髓的背侧角和中、外侧细胞柱，它们可能不接受直接的伤害感觉信号等信息。

2. 脑桥（Pons）：脑桥臂旁核的神经元起中转站的作用，受上下两条路调节。臂旁核直接接收来自脊髓和三叉神经脊束核的神经元信号，侧面主要传递从孤束核输入前脑的内脏感觉信号。

3. 中脑（Mesencephalon）：中脑导水管周围灰质的细胞柱与认知行为、自主神经和抗伤害性的改变有关。许多研究发现中枢灰质通过髓质抑制疼痛，中脑中的四叠体和膝状体可能参与对特殊应激刺激的反应，如听觉的和视觉的。

4. 丘脑（Thalamus）：对哺乳动物而言，丘脑中线和内部薄层丘脑核参与了伤害感受机制。伤害感受信号传递至边缘叶皮质区，这些神经元影响个体对应激刺激的行为反应。其他丘脑感觉神经元（腹后侧丘脑神经元）通过脊髓丘系、三叉丘系、内侧丘系接收伤害感受信号，并传递到中枢神经系统，以起到区分、识别感觉信号的作用。

5. 边缘系统（Limbic System）：许多个体的应激反应行为中枢受到边缘系统的组织与协调，同时皮质和皮质下的边缘叶结构均参与应激反应的组织。边缘叶区域接收来自脑干和脊髓、内脏和躯体感受神经元的信号，并向脑干和脊髓自主节前神经元投射信号。边缘叶同时也影响下丘脑—垂体系统的神经内分泌活动。

　　总之，心理应激对认知行为的神经中枢主要位于中枢神经系统，它是应激反应的调控中心，有机体对大多数应激源的感受都包含有认知的因素。例如，昏迷患者对大多数应激源包括许多躯体损伤的刺激也可不出现应激反应，这说明中枢神经系统特别是中枢神经系统的皮质高级部位在应激反应中起调控整合的作用。与应激最密切的中枢神经系统包括边缘系统的皮质、杏仁体、海马、下丘脑和脑桥的蓝斑等结构。在心理应激状态下，这些部位可出现活跃的神经传导、神经递质和神经内分泌的变化，并出现相应的功能改变。当应激状态发生时，有机体内蓝斑区及其投射区（下丘脑、海马、杏仁体）去甲肾上腺素神经元激活和反应性增高，去甲肾上腺素升高，有机体就会出现紧张、害怕、焦虑或愤怒等消极情绪体验。本节的主要内容有助于加深人们对参与急性心理应激反应的物质基础的认识。

第二节　急性心理应激与视运动知觉的理论基础

　　为了更加深入地了解心理应激如何影响人们认知过程与行为反应，了解如何才能使人们在应激状态下表现出更合理的行为反应，帮助人们更好地认清应激状态时身心反应的原因，鼓励人们能够积极地利用心理应激产生的积极作用来促进自己的行为表现，心理学家们提出了诸多复杂的、多因素的理论假说和模型，希望通过这些理论假说和模型来寻找应激行为背后的原因及其形成机制。

一　认知资源占用学说

　　卡尼曼（Kahneman）于 1973 年在《注意与努力》一书中提出了资源限制理论（Resource Limitation Theory），首次提出"资源"这一概念，资源限制理论的基本假设是完成每一项任务都需要运用心理资源，操作几项任务可以共用心理资源，但人的心理资源总量是有限的，这些加工过程产生一定数量的输出，人在操作几项任务时依据特定数量的资源和输出在质量上的变化，将资源分配给这些任务的操作①。只要同时进行的两项任务所需要的资源之和不超过人的心理资源的总量，那么同时操作这两项任务是可能的。可见，卡尼曼将认知资源看作是用于人们消耗的意志努力，认为认知任务与动作任务一样，两者任务的完成都需要消耗一定程度的努力，其主要核心观点是个体的认知资源有限，人们在特定时间内只能对有限资源进行分配。认知资源的本质是将个体可用于完成认知任务时的注意看作是一种有限的资源，且个体可将有限的资源投入到相对重要的认知任务中去②。研究表明，在无意识条件下，认知资源可以调节知觉的优势效应，而在有意识条件下认知资源则不能够调节该效应，说明占用认知资源会抑制分析加工过程③。该理论从人类认知资源有限出发，个体需要投入一定的认知资源来应对压力应激刺激，而运动知觉任务中又需要较多认知资源才能完成，因此心理应激对视运动知觉任务可能产生一定影响。

二　倒"U"形假说

倒"U"形假说（Inverted "U" Shape Hypothesis）来源于最初的 Yerkes-Dodson 定律，是用来解释唤醒水平与操作绩效之间关系的著名理论假设之一。该假说的主要观点是当个体处在较低的唤醒水平时，其任务表现较差，随着个体的唤醒水平升高，其操作任务表现逐步提高，直至达到最好的操作表现，但当唤醒水平进一步升高

---

①　Kahneman Daniel and Amos Tversky, "Prospect Theory: an Analysis of Decision Under Risk", *Econometrica*, Vol. 47, No. 2, February 1979, p. 263.

②　王甦、汪安圣：《认知心理学》，北京大学出版社 2006 年版，第 10 页。

③　于婷婷等：《不同意识水平下认知资源对直觉优势效应的调节》，《心理学报》2018 年第 6 期。

时，其操作任务表现不仅没随之提高，反而会逐渐下降①。换句话说就是过高或过低的唤醒水平均不利于完成操作任务，只有在中等强度的唤醒水平下，个体的操作任务绩效才最好。唤醒水平与操作任务表现之间的这种关系不仅会受到个体的技能水平、操作任务难度等因素的影响，同时不同任务难度、不同运动项目可能要求个体的最佳唤醒水平也不尽相同。倒"U"形假说认为血液中肾上腺素可能与遗忘有关，且与记忆增强有一定的关系②。可见，应激水平过高或过低都会对个体的操作任务表现产生不利的影响，只有依据刺激任务的难度及项目特点、被试特征等因素找到合理的应激水平才能促使人们产生最佳的操作任务表现。

三　逆变理论

该理论是关于动机、情绪和人格的一种理论，在心理学研究领域中已被广泛运用。③ 逆变理论（Inverter Theory）重视人类行为的易变性、复杂性和矛盾性，它认为人们依据自身动机状态会在不同的心理状态之间进行频繁的逆变。逆变理论中有一个核心概念就是"元动机状态"，它决定个体的情绪体验，影响后续的活动动机，它源于个体的心愿或价值观等基本的心理活动。逆变理论认为个体的元动机状态包括以下四个方面：有目的的与超目的的、掌握的与同情心的、否定论的与从众的、自我中心的与非自我中心的。其中，关于唤醒的逆变理论模型主要强调"有目的的与超目的的"这一元动机核心成分，有目的的元动机状态强调活动目的的实现超过了活动本身的意义，而超目的的元动机状态更强调活动的价值是从活动

---

① 季浏等：《体育运动心理学导论》，北京体育大学出版社2007年版，第163页。

② Baldi Elisabetta and Bucherelli Corrado, "Theinverted 'U-Shaped' Dose-Effect Relationships in Learning and Memory: Modulation of Arousal and Consolidation", *Nonlinearity in Biology*, *Toxicology*, *Medicine*, Vol. 3, No. 1, January 2005, p. 9.

③ Apter Michael J., "Reversal Theory: The Dynamics of Motivation, Emotion and Personality", *Oneworld Publications*, 2007, p. 22.

本身中获得乐趣。逆变理论认为无论个体处在高唤醒还是低唤醒状态时，个体的愉悦感都是由元动机状态决定的。在应激状态下，个体在较高唤醒状态时是焦虑的，在低唤醒状态时是放松的，而在放松状态下，个体在高唤醒情况下是兴奋的，在低唤醒情况下是厌倦的。总之，该理论认为个体在高低应激唤醒条件下的行为表现（包括心理状态）都是由元动机状态来监督、控制与实施的。

四　双竞争理论模型

双竞争理论模型（Dual Competition Theory Model）主要观点为个体的认知资源是有限的，认知加工与情绪刺激加工是同时进行时，它们会对有限的认知资源进行竞争。[1] 若认知操作任务比较简单，情绪加工过程会占用认知加工的资源，造成认知加工过程的资源消耗较少，以便留给更多的认知资源处理情绪刺激材料。因此，情绪加工过程会使得一些认知资源脱离认知加工过程，进而降低认知任务的操作表现。若认知操作任务比较复杂，占用过多认知资源时，则情绪加工过程就会受到认知资源较少的影响，目标导向的反应控制过程会抑制情绪加工过程。[2] 研究发现，低负荷工作记忆诱发的 P300 峰波幅显著大于高负荷工作记忆，在 0 – back 任务中，急性应激诱发的 P300 峰波幅显著大于控制组，这表明急性应激对工作记忆的影响主要受工作记忆负荷调节，进一步支持了应激过程与认知加工过程存在双竞争的理论解释。[3] 该模型也为本研究提供了一定程度的理论基础。

---

① Pessoa Luiz, "How Do Emotion and Motivation Direct Executive Control?", *Trends in Cognitive Sciences*, Vol. 13, No. 4, March 2009, p. 160.

② Legrain Valéry et al., "Shielding Cognition from Nociception with Working Memory", *Cortex*, Vol. 49, No. 7, September 2012, p. 1922.

③ 张禹等：《急性应激对工作记忆的影响受工作记忆负荷调节：来自电生理的证据》，《心理科学》2015 年第 1 期。

五　神经运动干扰理论

神经运动干扰理论（Neuromotor Noise Theory）由 Arend 与 Gerard 提出，其主要观点包括：（1）人类的认知活动及其相应的脑部活动具有不同程度的神经运动干扰的特点；（2）该理论将神经运动干扰与资源竞争假说联系起来，是干扰在信息处理系统时间与空间上的传播；（3）干扰不一定暗示任务绩效下降，这与耶克斯—多得森定律相似，即在任务执行过程中找到一个最佳信噪比。① 影响认知活动的神经运动干扰水平的因素主要包括感觉刺激、运动准备、努力机制、药物及时间。研究发现，增加的处理要求（如双任务范式）导致神经运动干扰水平的增加，并因此降低系统中的信噪比。在更高水平的压力和相应的神经运动干扰下，可以提高动作输出的整体速度来抑制神经运动干扰成分。

有学者通过四个实验来探讨压力与任务表现之间的关系，验证神经运动干扰理论模型，将数字书写任务、图形瞄准任务与认知压力、物理压力两两组合成四个实验：字母书写与辅助算术任务（认知压力）、数字书写与听觉干扰任务（物理压力）、图形瞄准与辅助算术任务（认知压力）和图形瞄准与听觉干扰任务（物理压力），结果发现中等压力条件（重复计数）会造成笔的轴向压力升高，而对计时测量没有影响，物理压力对 RT 和 MT（动作反应时）有积极影响，对任务表现没有产生消弱作用。在任务执行期间，大声的听觉刺激导致动作反应时的增加以及笔轴向压力水平的增加，RT 与 MT 对认知压力具有差异敏感性，增加笔压可以减少神经运动干扰对运动表现产生负面影响。总之，该理论从神经运动的角度来探讨应激压力对操作任务表现的影响，物理层面的干扰会对个体任务表现

---

① Van Gemmert et al. , "Stress, Neuromotor Noise, And Human Performance: A Theoretical Perspective", *Journal of Experimental Psychology: Human Perception and Performance*, Vol. 23, No. 5, May 1997, p. 1299.

产生一定程度的影响。

　　本小节主要探究了心理应激与行为表现之间的理论假说和模型，主要包括认知资源占用学说、倒"U"形假说、逆变理论、双竞争理论模型、神经运动干扰理论等，不同的理论从不同视角解释了应激反应产生的机制。认知资源占用学说和双竞争理论模型从人的认知资源是有限的视角出发，倒"U"形假说则从中等强度唤醒水平出发，逆变理论从元动机状态视角出发，神经运动干扰理论从神经活动的内在干扰视角出发，系统科学地解释了不同应激反应产生的内在机制问题，为后续研究奠定了一定的理论基础。

第三节　急性心理应激影响知觉
加工的研究基础

　　国内外有许多学者探究了心理应激与认知功能之间的关系，诸多研究发现急性心理应激会通过增加有机体神经内分泌的反应来影响依赖于额叶皮层的知觉加工过程。额叶皮层会参与一些认知加工的过程，故知觉加工过程也会受到急性心理应激的影响。前期研究中尚没有研究直接探究急性心理应激对视运动知觉的影响，但存在急性心理应激对知觉加工过程的影响方面的相关研究，主要包括急性心理应激对注意、记忆、视觉搜索、执行功能、反应抑制以及任务转化等影响的研究。视运动知觉作为知觉加工能力的重要组成部分，下面将从心理应激对知觉加工影响的理论解释与急性心理应激影响知觉加工的两极性展开论证。

一　心理应激影响知觉加工的理论解释
　　急性心理应激属于情绪状态领域研究的范畴，而关于情绪对个体认知过程产生的影响的研究有许多，诸如情绪刺激可以影响认知与感知过程，如注意力①、视觉搜索②、空间信息处理③、记忆④以及低水平的对比灵敏度⑤等。郭小艳与王振宏通过文献梳理发现积极情绪能够激活一般的行为倾向，对知觉过程具有启动和扩展效应，能够建设个体的资源，撤销消极情绪产生的激活水平，能够促进组织绩效。⑥ 罗跃嘉等人研究发现威胁性视觉提示对其后的视觉加工具有调节作用，高焦虑个体对这一类型的刺激投入更多的视觉加工资源，而且威胁性刺激对注意的影响可以跨通道进行，威胁性的视觉刺激可以影响触觉注意。⑦ 可见，诸多研究发现情绪对个体的认知产生了积极或消极作用。

因此，结合前人研究结果与认知资源占用学说以及双竞争理论模型认为情绪与认知加工同时进行的时候，它们会对有限的认知资源进行竞争，即情绪加工会占用部分认知资源，留给认知加工过程的资源就会相应减少。⑧ 这表明情绪状态与认知过程之间存在正向或

----

① Fenske Mark J. and John D. Eastwood, "Modulation of Focused Attention by Faces Expressing Emotion: Evidence From Flanker Tasks", *Emotion*, Vol. 3, No. 4, December 2003, p. 327.

② Öhman Arne et al., "The Face in the Crowd Revisited: A Threat Advantage with Schematic Stimuli", *Journal of Personality and Social Psychology*, Vol. 80, No. 3, March 2001, p. 381.

③ Crawford L. Elizabeth and John T. Cacioppo, "Learning Where to Look for Danger: Integrating Affective and Spatial Information", *Psychological Science*, Vol. 13, No. 5, September 2002, p. 449.

④ Bradley Margaret M. et al., "Remembering Pictures: Pleasure and Arousal in Memory", *Journal of Experimental Psychology: Learning, Memory, and Cognition*, Vol. 18, No. 2, March 1992, p. 379.

⑤ Phelps Elizabeth A. et al., "Emotion Facilitates Perception and Potentiates the Perceptual Benefits of Attention", *Psychological Science*, Vol. 17, No. 4, April 2006, p. 292.

⑥ 郭小艳、王振宏：《积极情绪的概念、功能与意义》，《心理科学进展》2007年第5期。

⑦ 罗跃嘉等：《情绪对认知加工的影响：事件相关脑电位系列研究》，《心理科学进展》2006年第4期。

⑧ Pessoa Luiz, "How Do Emotion and Motivation Direct Executive Control?", *Trends in Cognitive Sciences*, Vol. 13, No. 4, March 2009, p. 160.

负向关联。此外，许多研究发现影响视知觉的情感因素主要是基于个体的心理唤醒水平和个性特征，比如恐惧与焦虑。[①] 同时，急性心理应激通过 SAM 轴与 HPA 轴诱发有机体产生一系列生理与心理变化。如当有机体面临外在应激刺激时会激活下丘脑—垂体—肾上腺轴通路，诱发皮质醇分泌增加，过多的皮质醇会快速通过血脑屏障（Blood-Brain Barrier），与大脑中的海马、杏仁核及前额皮层相结合，进而影响有机体的认知功能。[②] 基于此，并结合双竞争理论模型以及倒 "U" 形假说等理论基础可以推测急性心理应激对个体的认知过程产生双向影响的效应。

二　急性心理应激的促进作用

急性心理应激促进知觉加工过程。一些研究主要从认知资源投入、反应抑制、任务转换、知觉速度、警觉性水平以及肾上腺素等方面探究了急性心理应激对认知过程的促进作用，即急性心理应激有利于这些认知过程的发生与发展，具体如下。

在认知资源方面，研究发现当个体应激反应越强烈，其感知到应激刺激任务的威胁程度就越大，进而会分配更多的认知资源到应激任务中去，以便提高完成威胁性应激刺激任务的可能性。[③] 在反应抑制（Inhibition of Reaction）方面，有学者研究发现急性心理应激对个体反应抑制（go/no-go）行为表现影响不显著，但对反应抑制的神经电位活动有影响，具体体现在 N2 峰波幅增加，P3 峰波幅降低，表明急性心理应激导致认知资源重新分配到抑制控制的神经子

---

①　Brendel Esther et al., "Emotional Effects on Time-To-Contact Judgments: Arousal, Threat, And Fear of Spiders Modulate the Effect of Pictorial Content", *Experimental Brain Research*, Vol. 232, No. 7, April 2014, p. 2337.

②　Smeets Tom, "Acute Stress Impairs Memory Retrieval Independent of Time of Day", *Psychoneuroendocrinology*, Vol. 36, No. 4, May 2011, p. 495.

③　Bourne Lyle E. Jr. and Rita A. Yaroush, *Stress and Cognition: A Cognitive Psychological Perspective*, California: Ames Research Center, 2003, p. 5.

过程中，增强了运动前区的反应抑制与反应冲突的监测，同时减少了随后处理的结束进程①；研究还发现，在 go/no-go 任务中，个体在应激条件下表现出 P2 波幅减小而 N2 波幅增加，说明人们在急性心理应激状态下可以通过减少早期选择性注意过程和增强认知控制过程来改变反应抑制过程。② 说明心理应激促进了认知资源的合理分配，增强了个体的反应抑制能力。

在任务转换方面，研究发现，在急性压力应激状态下，个体在执行功能任务中会增加注意资源来提高自己的工作记忆容量，进而改善任务转换中的操作绩效（Operational Performance）。③ 在知觉速度方面，有研究发现人们在恐惧状态下判断生物运动光点刺激移动速度要显著快于非恐惧状态，说明情绪对生物运动知觉具有影响作用④。在警觉性水平方面，前期研究发现，人们在压力应激刺激下警觉性水平以及感觉信息输入升高。⑤ 有研究发现个体在威胁情境下会出现紧张与焦虑反应、警觉性水平升高，进而增强了感觉输入以及早期感知觉的加工过程。⑥ 有研究发现恐惧情绪状态会降低被试对 TTC 的估计误差，提高了碰撞时间的估计精确性。⑦ 在肾上腺素方面，研究发现，有机体在面临应激情境时其身体中肾上腺素分泌会

---

① Dierolf Angelika Margarete et al. , "Influence of Acute Stress on Response Inhibition in Healthy Men: an ERP Study", *Psychophysiology*, Vol. 54, No. 5, May 2017, p. 684.

② Qi Mingming et al. , "Effect of Acute Psychological Stress on Response Inhibition: an Event-Related Potential Study", *Behavioural brain research*, Vol. 323, No. 1, January 2017, p. 32.

③ Lin Chin-Teng et al. , "The Influence of Acute Stress on Brain Dynamics During Task Switching Activities", *IEEE Access*, Vol. 6, No. 1, January 2018, p. 3249.

④ Niederhut Dillon, Emotion and the Perception of Biological Motion, Williamsburg, VA, M. D. dissertation, College of William and Mary, 2009.

⑤ Shackman Alexander J. et al. , "Stress Potentiates Early and Attenuates Late Stages of Visual Processing", *Journal of Neuroscience*, Vol. 31, No. 3, January 2011, p. 1156.

⑥ Phelps Elizabeth A. et al. , "Emotion Facilitates Perception and Potentiates the Perceptual Benefits of Attention", *Psychological science*, Vol. 17, No. 4, April 2006, p. 292.

⑦ Brendel Esther et al. , "Emotional Effects on Time-To-Contact Judgments: Arousal, Threat, And Fear of Spiders Modulate the Effect of Pictorial Content", *Experimental Brain Research*, Vol. 232, No. 7, April 2014, p. 2337.

增加，若采用药物切断肾上腺素的分泌，人们对目标刺激物的注意力会减弱，若在正常人身上注射肾上腺素则其对目标刺激物的注意能力会得到相应提升。① 总之，从这些研究中可以发现急性心理应激增加了认知资源投入、加速了任务转换过程以及提高了反应抑制能力、知觉加工速度和追踪目标刺激物的注意能力等。

三　急性心理应激的抑制作用

急性心理应激削弱知觉加工过程。另一些研究主要从执行控制、记忆、注意、知觉加工效率以及听觉抑制等方面发现了急性心理应激对认知加工过程具有削弱作用。

在执行控制（Executive Control）方面，有学者发现当被试处在高应激状态下时，其在执行控制任务中表现出较低的认知灵活性。② 在记忆方面，赵改等人通过 TSST 测验、记忆和心理韧性测验来探究急性心理应激对大学生记忆效果的影响，结果发现相对于非应激组，应激组大学生的整体记忆成绩更差，且应激组中的高应激反应者的记忆成绩比低应激反应者的记忆成绩更差。③ 此外，张禹等人研究发现急性应激对工作记忆的影响受工作记忆负荷调节，表现为低负荷工作记忆条件下急性应激对工作记忆产生了干扰效应，即应激会损害认知任务，支持了双竞争理论模型。④

在注意研究领域，研究发现高应激状态下被试在双任务范式下

---

① Schwabe Lars et al. , "Stress-Induced Enhancement of Response Inhibition Depends on Mineralocorticoid Receptor Activation", *Psychoneuroendocrinology*, Vol. 38, No. 10, October 2013, p. 2319.

② Plessow Franziska et al. , "Inflexibly Focused Under Stress: Acute Psychosocial Stress Increases Shielding of Action Goals at the Expense of Reduced Cognitive Flexibility with Increasing Time Lag to the Stressor", *Journal of Cognitive Neuroscience*, Vol. 23, No, 11, November 2011, p. 3218.

③ 赵改等：《急性心理应激影响记忆效果：心理韧性的调节作用》，《心理科学》2018 年第 2 期。

④ 张禹等：《急性应激对工作记忆的影响受工作记忆负荷调节：来自电生理的证据》，《心理科学》2015 年第 1 期。

不能很好地依据任务要求分配注意及认知资源。[1] 有研究采用 TSST 任务诱发被试的急性心理应激状态并完成注意转换任务，发现应激条件下被试的任务反应时显著长于控制组，即应激状态削弱了个体的注意转换能力[2]。有研究发现急性心理应激状态对个体的注意能力具有削弱作用，且这种削弱作用会持续半小时左右。[3] 在知觉加工效率方面，有研究发现有机体在时间压力下其注意范围变得狭窄，造成知觉加工效率较低，表现为反应速度较快而正确率较低的现象。[4] 有研究发现个体在应激条件下知觉加工速度升高而准确性下降。可见，高应激状态对注意广度、注意资源分配以及知觉加工的准确性均存在消极的作用，但对知觉的反应速度有提升的作用。[5]

在听觉抑制方面，有研究发现急性心理应激对有机体听觉抑制能力具有削弱效应，表现为应激条件下 P50 与 N100 成分的波幅值出现显著减小。[6] 此外，有研究采用 ERP 技术研究发现运动速度与威胁性图片对被试的碰撞时间产生影响，即威胁性图片破坏了感觉运

---

① Plessow Franziska et al. , "Better Not to Deal with Two Tasks at the Same Time When Stressed? Acute Psychosocial Stress Reduces Task Shielding in Dual-Task Performance", *Cognitive*, *Affective*, *& Behavioral Neuroscience*, Vol. 12, No. 3, June 2012, p. 557.

② Plessow Franziska et al. , "Inflexibly Focused Under Stress: Acute Psychosocial Stress Increases Shielding of Action Goals at the Expense of Reduced Cognitive Flexibility with Increasing Time Lag to the Stressor", *Journal of Cognitive Neuroscience*, Vol. 23, No. 11, November 2011, p. 3218.

③ Olver James S. et al. , "Impairments of Spatial Working Memory and Attention Following Acute Psychosocial Stress", *Stress and Health*, Vol. 31, No. 2, January 2014, p. 115.

④ Dambacher Michael and Ronald Hübner, "Time Pressure Affects the Efficiency of Perceptual Processing in Decisions Under Conflict", *Psychological Research*, Vol. 79, No. 1, February 2014, p. 83.

⑤ Bertsch Katja et al. , "Exogenous Cortisol Facilitates Responses to Social Threat Under High Provocation", *Hormones and Behavior*, Vol. 59, No. 4, April 2011, p. 428.

⑥ White Patricia M. et al. , "Gender and Suppression of Mid-Latency Erp Components During Stress", *Psychophysiology*, Vol. 42, No. 6, December 2005, p. 720.

动区域的同步性，同时发现深度运动知觉的脑电成分包括 P1、N1、EPN 及 LPP。[1] 总之，从这些研究中可以看出急性心理应激降低了认知灵活性、记忆效果以及知觉加工深度，削弱了注意转换能力与听觉抑制能力等。

四 急性心理应激影响知觉加工的两极性

急性心理应激对有机体知觉加工过程既具有促进作用也具有削弱作用。正如有学者采用 Meta 分析方法对急性心理应激与执行功能的关系进行了研究，结果发现急性心理应激降低了工作记忆表现与认知灵活性，但增强了反应抑制能力。[2] 从前述研究来看，研究者从不同的角度探讨了急性心理应激与认知过程之间的关系，由于应激水平、应激源、应激诱发方式、被试的心理承受能力及人格特点、认知任务等因素的不同，急性心理应激对个体认知过程会产生促进或抑制的效应，比如高应激水平会削弱认知功能，心理承受能力低的被试在应激压力下认知任务表现也会受到负面影响，应激诱发任务如 TSST 或者 MIST 任务产生的效应也会存在差异等。

五 当前研究存在的问题

急性心理应激对个体的认知过程具有不同程度的影响作用。有研究发现急性心理应激对个体反应抑制（go/no-go）行为表现影响不显著，但对反应抑制的神经电位活动有影响，具体体现在 N2 峰波幅增加，P3 峰波幅降低，表明急性心理应激导致认知资源重新分配到抑制控制的神经子过程中，增强了运动前区的反应抑制与反应冲

---

① Vagnoni Eleonora et al. , "Threat Modulates Neural Responses to Looming Visual Stimuli", *European Journal of Neuroscience*, Vol. 42, No. 5, June 2015, p. 2190.

② Shields Grant S. et al. , "The Effects of Acute Stress on Core Executive Functions: A Meta-Analysis and Comparison with Cortisol", *Neuroscience and Biobehavioral Reviews*, Vol. 68, No. 9, September 2016, p. 651.

突的监测，同时减少了随后处理的结束进程。① 研究发现，在急性压
力应激状态下，个体在执行功能任务中会增加注意资源来提高自己的
工作记忆容量，进而改善任务转换的操作绩效。② 有学者采用 Meta 分
析方法对急性心理应激与执行功能关系进行了研究，结果发现急性心
理应激降低了工作记忆表现与认知灵活性，但增强了反应抑制能力。③
有研究发现压力应激过程与知觉过程二者共同占用相同的注意力资
源。④ 张禹等人研究发现急性应激对工作记忆的影响受工作记忆负荷
调节，支持了双竞争理论模型。⑤ 可见，学者们研究发现急性心理应
激对认知过程影响既存在某些方面的促进作用也存在一定程度的抑制
作用，这可能与应激强度和应激情境等因素有一定程度的关系。

　　综合前期研究基础与相关理论假说来看，急性心理应激对个体
的视运动知觉会产生一定程度的影响。同时前期研究中尚未有研究
探究急性心理应激对视运动知觉及其各成分影响的内在机制问题。
基于此，本研究采用 ERP 技术以及 Mini-Meta 分析的方法探究了急
性心理应激对视运动知觉影响的特征与变化机制。进一步揭示急性
心理应激对协同运动知觉、生物运动知觉、运动速度知觉以及深度
运动知觉的影响及其内在神经机制，有利于全面探析视运动知觉各
成分的加工过程及其影响因素。因此，探究急性心理应激是如何影
响视运动知觉加工过程的，以及这种影响效应是否在脑电生理学层

---

① Dierolf Angelika Margarete et al. , "Influence of Acute Stress on Response Inhibition in Healthy Men: an ERP Study", *Psychophysiology*, Vol. 54, No. 5, May 2017, p. 684.

② Lin Chin-Teng et al. , "The Influence of Acute Stress on Brain Dynamics During Task Switching Activities", *IEEE Access*, Vol. 6, No. 1, January 2018, p. 3249.

③ Shields Grant S. et al. , "The Effects of Acute Stress on Core Executive Functions: A Meta-Analysis and Comparison with Cortisol", *Neuroscience and Biobehavioral Reviews*, Vol. 68, No. 9, September 2016, p. 651.

④ Sato Hirotsune et al. , "The Effects of Acute Stress and Perceptual Load on Distractor Interference", *Quarterly Journal of Experimental Psychology*, Vol. 65, No. 4, April 2012, p. 617.

⑤ 张禹等：《急性应激对工作记忆的影响受工作记忆负荷调节：来自电生理的证据》，《心理科学》2015 年第 1 期。

面有所展现，是本研究拟解答的关键科学问题。

　　总之，急性心理应激普遍存在于人们的日常生活中，并且视运动知觉也在个体的知觉过程中占据着重要地位。不过，由于研究视角或者研究情境不同，急性心理应激对知觉过程的影响作用尚存在一定程度的差异。因此，基于认知资源占用学说①、双竞争理论模型②、神经运动干扰理论③等理论基础，探究急性心理应激对视运动知觉影响的内在机制与规律具有一定程度的必要性。首先，本研究采用改良后的 MIST 任务作为急性心理应激的诱发手段，并检验其有效性。其次，本研究试图探析有机体在急性心理应激条件下视运动知觉过程的行为变化特点及大脑内部电位活动变化的基本情况，包括协同运动知觉、生物运动知觉、运动速度知觉以及深度运动知觉之间的差异变化特点。最后，采用 Mini-Meta 分析探究急性心理应激对视运动知觉影响的合并效应量大小，以增强研究结果的说服力与可靠性。

―――――――――

　　①　Kahneman Daniel and Amos Tversky, "Prospect Theory: an Analysis of Decision Under Risk", *Econometrica*, Vol. 47, No. 2, February 1979, p. 263.

　　②　Pessoa Luiz, "How Do Emotion and Motivation Direct Executive Control?", *Trends in Cognitive Sciences*, Vol. 13, No. 4, March 2009, p. 160.

　　③　Van Gemmert et al. , "Stress, Neuromotor Noise, And Human Performance: A Theoretical Perspective", *Journal of Experimental Psychology: Human Perception and Performance*, Vol. 23, No. 5, May 1997, p. 1299.

第 四 章

研究目标、方案及研究意义

通过对文献资料的梳理，可以发现目前尚没有研究探究急性心理应激对视运动知觉影响的内在机制，以及急性心理应激对视运动知觉各维度之间影响的内在差异特点。因此，基于前述章节，结合视运动知觉各维度的特征以及 ERP 技术手段的特点，本章节主要介绍研究的路线、目标与拟解决的关键科学问题，进一步提出急性心理应激影响视运动知觉的具体研究方案和研究假设等。研究路线可以为研究指明方向，并提供整个研究的基本过程。明确的研究方案可以更好地把握研究关键环节，统筹规划研究进程，保证研究具有可操作性。基于相关理论基础与前期研究基础，提出本研究的基本假设，可为研究确定方向与具体目标，同时也为处理与分析数据提供方向。

第一节　研究路线与研究目标

一　研究路线

本研究基于急性心理应激与视运动知觉的相关理论假说以及前期研究基础提出研究构想及研究主题，具体的研究思路如下。

首先，笔者通过文献梳理、专家咨询以及借鉴相关理论基础，并结合前期研究基础与理论假说来构建本研究的设想及确定研究主题，即急性心理应激对视运动知觉影响的机制研究。同时采用 Cite-Space Ⅲ 软件对运动知觉这个主题的研究热点、研究现状及研究趋势等文献背景进行知识图谱分析，结合前人研究结果进一步确定视运动知觉的分类，为后续研究奠定基础。

其次，确定本研究主题后，笔者将研究分为六个子研究。第五章为急性心理应激刺激源的设计与有效性检验研究，研究采用乘法估算任务（改良后的 MIST 范式）作为急性心理应激诱发手段，并从主观问卷评分层面、客观生理指标层面以及行为指标层面等来检验改良后的 MIST 任务范式的实验室应激诱发效果，为第六章至第九章的急性心理应激诱发提供刺激材料。

再次，在第五章的基础上，笔者采用 ERP 技术分别从视运动知觉的四个角度来探究急性心理应激状态下个体在协同运动知觉（第六章）、生物运动知觉（第七章）、运动速度知觉（第八章）以及深度运动知觉（第九章）任务上的行为学和内在脑电活动变化规律与特点，进一步探析急性心理应激对视运动知觉影响的电生理学机制。

最后，为进一步探清急性心理应激对视运动知觉影响的整体效应量，采用 Mini-Meta 分析方法对第六章至第九章得出的急性心理应激对视运动知觉影响的行为学与脑电数据进行合并分析（第十章）。同时，比较分析急性心理应激对视运动知觉各维度影响的效应机制及各自之间的效应差异特点，找出视运动知觉各维度之间的共性与个性（第十一章）。具体的研究路线见图 4 - 1。

二 研究目标

本研究采用高时间分辨率的脑电/事件相关电位（EEG/ERP）技术，分别揭示急性心理应激对协同运动知觉、生物运动知觉、运动速度知觉以及深度运动知觉四个层面所产生的影响及相应的脑电生理机制。同时，采用 Mini-Meta 分析的方法对视运动知觉及其各层面的影响效应大小进行深度分析。本研究的实施将达到以下目标。

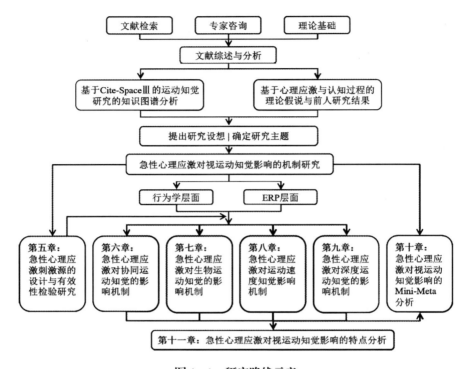

图4-1   研究路线示意

1. 比较心理应激与非心理应激状态下个体对不同协同率、不同协同方向运动物体知觉上的差异特点，并探究其内在脑机制。

2. 比较心理应激与非心理应激状态下个体对局部生物运动、整体生物运动以及正立、倒立生物运动知觉上的差异情况，并探究倒置效应背后的内在脑机制差异原因。

3. 比较心理应激与非心理应激状态下个体对不同运动速度物体的知觉差异及其内在脑机制变化特点。

4. 比较心理应激与非心理应激状态下个体对深度运动的物体最终碰撞时间上的知觉变化差异规律，并探究其脑机制，进一步丰富碰撞时间估计影响因素理论，并拓展其在体育运动中的应用。

5. 采用荟萃分析（Mini-Meta Analysis）的方法分析急性心理应

激对视运动知觉各维度的影响效应及整体效应，并探究视运动知觉各维度之间的影响效应差异特点，既丰富了心理应激研究领域，又扩展了视运动知觉的研究广度。

第二节　研究方案

本研究结合行为实验与 ERP 技术，通过六个研究来系统探究急性心理应激对视运动知觉四个维度的影响及其相应内在作用机制，六个研究的具体研究方案如下。

一　急性心理应激刺激源的设计与有效性检验研究

（一）研究目的

本研究主要采用齐（Qi）等人[1]对 MIST 改良后的急性心理应激诱发范式，并在此基础上，对反应界面进行适当优化，如时间进度采用红色进度条的形式而非黑色圆点，以增加被试的紧张感。结合研究实际以及齐等人的研究基础，主要考察应激刺激通过 SAM 轴诱发的应激效果。同时采用美国 Mind-Ware 多通道生理信号记录仪以及相关测量问卷等测量手段考察用于诱发的改良后的 MIST 任务（不可控性与社会威胁评价等）的有效性，通过采集心电信号作为急性心理应激诱发效果的电生理指标，通过让被试填写情绪状态评价量表及状态特质焦虑量表作为应激的外显检验指标，为后续研究奠定基础。

（二）研究被试

采用贝克抑郁量表[2]招募在校大学生被试 20 名（男 10 名，女

---

① Qi Mingming et al. , "Subjective Stress, Salivary Cortisol, And Electrophysiological Responses to Psychological Stress", *Frontiers in Psychology*, Vol. 7, No. 229, February 2016, p. 1.

② Beck A. T. , *Jama the Journal of the American Medical Association*, Pennsylvania: University of Pennsylvania Press, 1967, p. 10.

10 名），保证该 20 名被试均不处于抑郁状态。同时采用情绪状态评价量表①与状态—特质焦虑量表②保证所有被试情绪及焦虑都处于基线状态。所有被试均为右利手，且视力或矫正视力均正常。

（三）研究设计

依据改良后的 MIST 范式③设置乘法估算任务，通过控制刺激呈现时间将心算任务分成应激条件和控制条件。应激条件：心算任务呈现时间 1500ms，反应界面呈现平均反应时间进程，反应结束时呈现社会评价威胁反馈界面，包括反应错误与正确，以及与其他人平均反应时（依据以往研究，在 500—600ms 之间随机）比较。控制条件：心算任务呈现时间 6000ms，无反馈信息。该实验为单因素被试内设计，自变量（Independent Variable）为心算任务呈现时间：应激条件与控制条件。因变量（Dependent Variable）为被试反应时（Reaction Time）、正确率（Accuracy）、状态焦虑、抑郁水平、情绪状态及心率变化等指标。

（四）研究材料及工具

1. 320 个乘法心算题目，如 4. 78 × 2. 16 等，被试需要判断所乘结果与 10 的关系。

2. 三个量表用于筛选与评价被试：贝克抑郁量表、情绪状态评价量表（基于 MASA 量表）、状态—特质焦虑量表（STAI）。

3. 美国 MindWare 多通道生理信号记录仪。

4. E – prime 2. 0 编程软件。

（五）研究假设

依据以往研究经验，改良后的 MIST 范式能够有效诱发有机体的

① 漆昌柱等：《运动员心理唤醒量表的修订与信效度检验》，《武汉体育学院学报》2007 年第 6 期。

② Spielberger C. D. , "State-Trait Anxiety Inventory（Form Y）", *Anxiety*, Vol. 19, 1983, p. 367.

③ Yang Juan et al. , "The Time Course of Psychological Stress as Revealed by Event-Related Potentials", *Neuroscience Letters*, Vol. 530, No. 1, November 2012, p. 1.

急性心理应激反应，具体表现在估算反应时减少且正确率降低、状态焦虑水平及心率水平均增加。

二　急性心理应激对协同运动知觉的影响机制

（一）研究目的

研究发现，个体协同运动知觉能力的影响因素主要包括自闭症患病程度、年龄、智力、认知风格（Cognitive Style）、刺激特征（刺激类型、呈现时间）等，故本研究在研究过程中要排除这些潜在额外变量的影响。基于前人研究结果以及应激与认知表现的相关理论基础，笔者采用第五章中验证的急性心理应激诱发材料，探究有机体在不同应激条件下其对不同协同性水平以及不同协同方向运动物体的知觉判断能力的行为学变化规律，并进一步采用 ERP 技术揭示应激条件下协同运动知觉过程背后相应脑区的 ERP 成分变化规律。

（二）研究被试

采用贝克抑郁量表[①]与情绪状态评价量表[②]选取 20 名在校大学生，保证该 20 名大学生不处于抑郁状态且心理唤醒水平处于基线状态。同时，采用镶嵌图形测验[③]保证该 20 名被试场认知方式得分处于同一基线水平。采用 UCLA 孤独量表[④]保证所选被试均不处于孤独状态，避免相关额外变量对实验结果的影响。所有被试均为右利手，且视力或矫正视力均为正常状态。

---

① Beck A. T. , *Jama the Journal of the American Medical Association*, Pennsylvania：University of Pennsylvania Press，1967，p. 10.

② 漆昌柱等：《运动员心理唤醒量表的修订与信效度检验》，《武汉体育学院学报》2007 年第 6 期。

③ 邓铸、曾晓尤：《场依存性认知方式对问题表征及表征转换的影响》，《心理科学》2008 年第 4 期。

④ Russell Daniel W. , "Ucla Loneliness Scale（Version 3）：Reliability，Validity，And Factor Structure"，*Journal of Personality Assessment*，Vol. 66，No. 1，January 1996，p. 20.

（三）研究设计

该研究为两因素被试内实验设计，自变量为应激水平 2（应激条件与控制条件）×协同性水平 3（50%、75%、100%），其中为提升被试的自我卷入程度增加协同性水平为 0% 的刺激材料，两个自变量均为组内变量。因变量为被试反应时（刺激呈现到被试按键反应）、反应正确率、ERP 相关成分（P1、P2 以及 N2）的峰波幅值（Peak Amplitude）与峰潜伏期（Peak Latency）以及晚期正成分（Late Positive Potential，LPP）的平均波幅值。

（四）研究材料及工具

1. 急性心理应激诱发参照改良后的 MIST 任务范式[1]，为 320 个乘法心算题目，如 4.78×2.16 等，被试需要判断所乘结果与 10 的关系。

2. 四个相关量表用于筛选与评价被试：贝克抑郁量表[2]、情绪状态评价量表[3]、UCLA 孤独量表[4]、镶嵌图形测验[5]。

3. 协同运动刺激材料：采用协同运动知觉的 RDK 范式[6]，协同运动方向为水平流动（向左或向右），其中随机点与协同运动点的比

---

① Dedovic Katarina et al.，"The Montreal Imaging Stress Task：Using Functional Imaging to Investigate the Effects of Perceiving and Processing Psychosocial Stress in the Human Brain"，*J Psychiatry Neurosci*，Vol. 30，No. 5，September 2005，p. 319.

② Beck A. T.，*Jama the Journal of the American Medical Association*，Pennsylvania：University of Pennsylvania Press，1967，p. 10.

③ 漆昌柱等：《运动员心理唤醒量表的修订与信效度检验》，《武汉体育学院学报》2007 年第 6 期。

④ Russell Daniel W.，"Ucla Loneliness Scale（Version 3）：Reliability，Validity，And Factor Structure"，*Journal of Personality Assessment*，Vol. 66，No. 1，January 1996，p. 20.

⑤ 邓铸、曾晓尤：《场依存性认知方式对问题表征及表征转换的影响》，《心理科学》2008 年第 4 期。

⑥ Newsome W. T. and Pare E. B.，"A Selective Impairment of Motion Perception Following Lesions of the Middle Temporal Visual Area（MT）"，*Journal of Neuroscience*，Vol. 8，No. 6，June 1988，p. 2201.

例分别为 0%、50%、75%、100%，随机点与协同运动点的数量总计 100 个。

4. 采用 E‐prime 2.0 编程软件及德国 Brain Products 公司生产的 64 导联事件相关电位记录仪来记录脑电信号，采用 BrainVision Analyzer 2 软件对脑电数据进行离线分析处理。

（五）研究假设

依据相关理论基础与前期研究结果，急性心理应激影响协同运动知觉的操作任务表现，且相比较于控制条件，被试在应激条件下协同运动方向判断中反应时减少、正确率较低，P1、P2 以及 N2 峰潜伏期降低、峰波幅增加，且随着协同性水平的逐渐升高，被试的反应时逐渐缩短、正确率逐渐升高。

三　急性心理应激对生物运动知觉的影响机制

（一）研究目的

采用 ERP 技术考察有机体在应激条件与控制条件下生物运动刺激脑区的 P1、P2 以及 N330 等成分的变化机制，具体探讨人们对正立运动与倒立运动、整体运动与局部运动的生物运动光点刺激的知觉判断过程背后的脑机制特征，并探察生物运动的倒置效应（Inverted Effect）在整体运动与局部运动上的差异机制问题。

（二）研究被试

采用贝克抑郁量表①与情绪状态评价量表②选取 20 名在校大学生，保证该 20 名大学生不处于抑郁状态且心理唤醒水平处于基线状态。同时，采用镶嵌图形测验③保证该 20 名被试场认知方式得分处

---

① Beck A. T.，*Jama the Journal of the American Medical Association*，Pennsylvania：University of Pennsylvania Press，1967，p. 10.

② 漆昌柱等：《运动员心理唤醒量表的修订与信效度检验》，《武汉体育学院学报》2007 年第 6 期。

③ 邓铸、曾晓尤：《场依存性认知方式对问题表征及表征转换的影响》，《心理科学》2008 年第 4 期。

于同一基线水平。采用 UCLA 孤独量表①保证所选被试均不处于孤独状态，避免相关额外变量对实验结果的影响。所有被试均为右利手，且视力或矫正视力均正常。

（三）研究设计

该研究为三因素被试内实验设计，自变量为应激水平 2（应激条件与控制条件）×运动特点 2（直立行走与倒立行走）×空间特征 2（整体运动与局部运动），三个自变量均为组内变量。因变量为被试反应时（刺激呈现到被试按键反应）、反应正确率、ERP 相关成分（P1、P2 以及 N330）的峰波幅与峰潜伏期以及晚期正成分 LPP 的平均波幅值。

（四）研究材料及工具

1. 急性心理应激诱发方式主要参照改良后的 MIST 任务范式②，具体为 320 个乘法心算题目，如 2.16×4.78 等，被试需要判断该相乘结果与 10 的关系。

2. 四个相关量表用于筛选与评价被试：贝克抑郁量表、情绪状态评价量表、UCLA 孤独量表、镶嵌图形测验。

3. 生物运动知觉刺激材料：借鉴金（Kim）等人③与索科洛夫（Sokolov）等人④研究生物运动知觉的范式，生物运动知觉目标刺激材料是一个光点动画，包括整体生物运动知觉与局部生物运动

---

① Russell Daniel W., "Ucla Loneliness Scale (Version 3): Reliability, Validity, And Factor Structure", *Journal of Personality Assessment*, Vol. 66, No. 1, January 1996, p. 20.

② Dedovic Katarina et al., "The Montreal Imaging Stress Task: Using Functional Imaging to Investigate the Effects of Perceiving and Processing Psychosocial Stress in the Human Brain", *J Psychiatry Neurosci*, Vol. 30, No. 5, September 2005, p. 319.

③ Kim Jejoong et al., "Deficient Biological Motion Perception in Schizophrenia: Results from a Motion Noise Paradigm", *Frontiers in Psychology*, Vol. 4, No. 1, July 2013, p. 1.

④ Sokolov Arseny A. et al., "Recovery of Biological Motion Perception and Network Plasticity After Cerebellar Tumor Removal", *Cortex*, Vol. 59, No. 10, October 2014, p. 146.

知觉。整体生物运动知觉由 12 个点构成，主要包括头部与身体的主要关节，模拟人体向左或向右行走的动作。选取小腿部（脚部光点加膝关节光点）作为局部运动刺激的光点刺激，共 4 个光点。

4. 采用 E-prime 2.0 编程软件及德国 Brain Products 公司生产的 64 导联事件相关电位记录仪来记录脑电信号，采用 BrainVision Analyzer 2 软件对脑电数据进行离线分析处理。

（五）研究假设

依据相关理论基础与前期研究结果，急性心理应激影响生物运动知觉的操作任务表现，且相比较于控制条件，应激条件下生物运动辨别反应时减少、正确率较低，P1、P2 以及 N330 峰潜伏期降低、峰波幅增加，且出现生物运动知觉的倒置效应以及整体生物运动判断反应时小于局部生物运动。

四　急性心理应激对运动速度知觉的影响机制

（一）研究目的

本研究基于前人研究基础与相关理论假说，采用不同点的移动速度作为运动速度知觉判断任务、以第五章中验证的乘法估算任务作为急性心理应激诱发手段并采用 ERP 相关技术探讨人们在不同应激状态下对匀速、匀加速和匀减速任务下其速度知觉判断的行为学指标与脑电生理数据的变化机制。

（二）研究被试

采用贝克抑郁量表[1]与情绪状态评价量表[2]选取 20 名在校大学生，保证该 20 名大学生不处于抑郁状态且心理唤醒水平处于基线状

---

[1] Beck A. T. , *Jama the Journal of the American Medical Association*, Pennsylvania：University of Pennsylvania Press，1967，p. 10.

[2] 漆昌柱等：《运动员心理唤醒量表的修订与信效度检验》，《武汉体育学院学报》2007 年第 6 期。

态。同时，采用镶嵌图形测验①保证该 20 名被试场认知方式得分处于同一基线水平，避免相关额外变量对实验结果的影响。所有被试均为右利手，且视力或矫正视力均正常。

（三）研究设计

该研究为两因素被试内实验设计，自变量为应激水平 2（应激条件与控制条件）×运动速度类型 3（匀加速、匀速、匀减速），两个自变量均为组内变量。因变量为被试反应时（刺激呈现到被试按键反应）、反应正确率、ERP 相关成分（P1、N2）的峰波幅与峰潜伏期以及晚期负慢波（Late Negative Slow Wave，SW）的平均波幅值。

（四）研究材料及工具

1. 急性心理应激诱发方式主要参照改良后的 MIST 任务范式②，具体为 320 个乘法心算题目，如 4.78×2.16 等，被试的任务是需要判断所乘结果与 10 的关系。

2. 三个相关量表用于筛选与评价被试：贝克抑郁量表③、情绪状态评价量表④、镶嵌图形测验⑤。

3. 运动速度知觉刺激材料：采用运动速度知觉的范式⑥，运动速度知觉的刺激材料是由从中心向四周扩散的散点组成的。散点的颜

---

① 邓铸、曾晓尤：《场依存性认知方式对问题表征及表征转换的影响》，《心理科学》2008 年第 4 期。

② Dedovic Katarina et al.，"The Montreal Imaging Stress Task：Using Functional Imaging to Investigate the Effects of Perceiving and Processing Psychosocial Stress in the Human Brain"，*J Psychiatry Neurosci*，Vol. 30，No. 5，September 2005，p. 319.

③ Beck A. T.，*Jama the Journal of the American Medical Association*，Pennsylvania：University of Pennsylvania Press，1967，p. 10.

④ 漆昌柱等：《运动员心理唤醒量表的修订与信效度检验》，《武汉体育学院学报》2007 年第 6 期。

⑤ 邓铸、曾晓尤：《场依存性认知方式对问题表征及表征转换的影响》，《心理科学》2008 年第 4 期。

⑥ Hietanen Markus A. et al.，"Differential Changes in Human Perception of Speed Due to Motion Adaptation"，*Journal of vision*，Vol. 8，No. 11，August 2008，p. 1.

色为白色，散点的大小为 100（x 轴）×100（y 轴），背景为黑色，点的飞行方向有 12 个，各个方向之间的夹角为 30°。点移动速度分为三种情况：匀加速条件下，点出现的初始速度为 0°/s，加速度为 0.03°/s^2；匀减速条件下，点的初始速度为匀加速条件下点从边界消失的速度（即 0.06°/s），加速度为 −0.03°/s^2；匀速条件下，点的恒定速度为匀加速条件下点出现到点从边界消失之间的平均速度（0.03°/s）。

4. 采用 E – prime 2.0 编程软件及德国 Brain Products 公司生产的 64 导联事件相关电位记录仪来记录脑电信号，采用 BrainVision Analyzer 2 软件对脑电数据进行离线分析处理。

（五）研究假设

依据相关理论基础与前期研究结果，急性心理应激影响运动速度知觉的操作任务表现，且相比较于控制条件，被试在应激条件下匀速、匀加速和匀减速运动知觉判别反应时减少、正确率较低，且 P1、N2 峰潜伏期降低、峰波幅增加。

五　急性心理应激对深度运动知觉的影响机制

（一）研究目的

采用第五章中验证的乘法估算任务作为急性心理应激诱发手段，探究人们在应激条件与控制条件下其深度运动知觉（TTC1：剩余碰撞时间为 400ms 与 TTC2：剩余碰撞时间为 800ms）的行为学变化差异机制，并采用事件相关电位技术考察人们在急性心理应激状态下对不同剩余碰撞时间估计的脑电成分（P1、N1、SW 慢波）变化的内在机制。

（二）研究被试

采用贝克抑郁量表[1]与情绪状态评价量表[2]选取 20 名在校大学

---

[1] Beck A. T. , *Jama the Journal of the American Medical Association*, Pennsylvania：University of Pennsylvania Press, 1967, p. 10.

[2] 漆昌柱等：《运动员心理唤醒量表的修订与信效度检验》，《武汉体育学院学报》2007 年第 6 期。

生，保证该 20 名大学生不处于抑郁状态且心理唤醒水平处于基线状态。同时，采用镶嵌图形测验①保证该 20 名被试场认知方式得分处于同一基线水平，避免相关额外变量对实验结果的影响。所有被试均为右利手，且视力或矫正视力均正常。

（三）研究设计

该研究为两因素被试内实验设计，自变量为应激水平 2（应激条件与控制条件）×实际剩余碰撞时间 2（TTC1、TTC2），两个自变量均为组内变量。因变量为剩余碰撞时间估计值（从深度运动刺激视频呈现到被试按键判断碰撞瞬间的反应时间）和误差值（估计碰撞瞬间与实际碰撞瞬间的时间误差）、ERP 早成分（P1、N1）的峰波幅与峰潜伏期以及 SW 慢波的平均波幅。

（四）研究材料及工具

1. 急性心理应激诱发方式主要参照改良后的 MIST 任务范式②，具体为 320 个乘法心算题目，如 4.78×2.16 等，被试的任务是需要判断所乘结果与 10 的关系。

2. 三个相关量表用于筛选与评价被试，具体包括贝克抑郁量表、情绪状态评价量表、镶嵌图形测验。

3. 深度运动知觉刺激材料：采用深度运动知觉的范式③，深度运动的刺激物为一个 3D 球体，碰撞参照物为两条平行于屏幕的竖直轴且长度相等的黑色线段构成的面，两条黑色线段中点到屏幕中心的距离相等。

---

① 邓铸、曾晓尤：《场依存性认知方式对问题表征及表征转换的影响》，《心理科学》2008 年第 4 期。

② Dedovic Katarina et al.，"The Montreal Imaging Stress Task：Using Functional Imaging to Investigate the Effects of Perceiving and Processing Psychosocial Stress in the Human Brain"，*J Psychiatry Neurosci*，Vol. 30，No. 5，September 2005，p. 319.

③ Billington Jac et al.，"Neural Processing of Imminent Collision in Humans"，*Proceedings of the Royal Society B：Biological Sciences*，Vol. 278，No. 1711，October 2010，p. 1476.

TTC1：剩余碰撞时间为 400ms，在该条件下球体以初始视角 1.64°（在屏幕上的直径为 2 厘米）匀速扩大，直到 1400ms 时球的边界触碰到碰撞参照物（两条黑线），碰撞时球的视角为 8.50°（在屏幕上的直径为 10.4 厘米），两条黑线之间的距离为视角 8.50°（等于球碰撞时的直径）。

TTC2：剩余碰撞时间为 800ms，在该条件下球的运动方向、速度与初始视角与 TTC1 一致，碰撞时球的视角为 10.44°（在屏幕上的直径为 12.8cm），两条黑线之间的距离为视角 10.44°（等于球碰撞时的直径）。

4. 采用 E－prime 2.0 编程软件及德国 Brain Products 公司生产的 64 导联事件相关电位记录仪来记录脑电信号，采用 BrainVision Analyzer 2 软件对脑电数据进行离线分析处理。

（五）研究假设

依据相关理论基础与前期研究结果，急性心理应激影响深度运动知觉的操作任务表现，且相比较于控制条件，应激条件下被试剩余碰撞时间估计值与误差值均减小，P1、N1 成分的峰潜伏期降低、峰波幅增加，以及 SW 慢波的平均波幅较大；相比较于 TTC1 条件下，TTC2 条件下剩余碰撞时间（Residual Time-to-Collision）估计值较大、误差值（Error Value）较小。

六 急性心理应激对视运动知觉影响的 Mini-Meta 分析

（一）研究目的

采用 Mini-Meta 分析方法对第六章至第九章中的四个研究得到的行为学与脑电数据进行荟萃分析，考察急性心理应激对协同运动知觉、生物运动知觉、深度运动知觉、运动速度知觉以及视运动知觉的整体影响效果大小，旨在进一步探究急性心理应激对视运动知觉各维度影响的效应差异并找出这种差异背后的原因。

（二）研究方法

Meta 分析也称为元分析，它是一种成熟的统计技术，可以综合两项或者多项研究结果，增加相应研究的说服力。① 一篇典型的行为研究论文对一种普遍现象进行了多项研究，这些研究仅仅是孤立地进行分析。由于这些研究具有普遍现象，故这种做法效率低下，只有进行单篇论文元分析（Single-Paper Meta-analysis，SPM）才能获得重要的效果②。随后，有学者提出了 Mini-Meta 分析的概念③，Mini-Meta 分析被称之为微型—元分析，旨在针对合并几项研究而进行元分析。故笔者在第十章中采用 CMA2.0 软件并且依据 Mini-Meta 分析方法对第六章至第九章的行为学与脑电研究结果进行合并元分析。

（三）预期结果

依据前期研究结果，本研究通过 Mini-Meta 分析可以预期得出急性心理应激对人们在协同运动知觉、生物运动知觉、深度运动知觉以及运动速度知觉均有一定程度的影响作用，且影响作用为中等强度，即急性心理应激对视运动知觉的行为学与脑电成分方面均有中等程度的影响效应。

第三节　研究意义与研究问题

一　研究意义
（一）理论意义

首先，研究为心理应激与视运动知觉表现的关系提供实证支

---

① Donnellan M. Brent et al. , "On the Association Between Loneliness and Bathing Habits: Nine Replications of Bargh and Shalev (2012) Study 1", *Emotion*, Vol. 15, No. 1, February 2015, p. 109.

② McShane Blakeley B. and Ulf Böckenholt, "Single-Paper Meta-Analysis: Benefits for Study Summary, Theory Testing, And Replicability", *Journal of Consumer Research*, Vol. 43, No. 6, April 2017, p. 1048.

③ Goh Jin X. et al. , "Mini Meta-Analysis of Your Own Studies: Some Arguments on Why and a Primer on How", *Social and Personality Psychology Compass*, Vol. 19, No. 10, October 2016, p. 535.

持。视运动知觉在日常生活中占据着重要地位，比如行走时对周围运动物体的判别及对运动人群的识别等都具有重要的作用。而在急性心理应激压力下，人们不仅需要快速对外在刺激进行视觉搜索，同时还需要整合现有认知资源作出应对反应。故有机体会付出更多的注意或认知资源来应对外在应激刺激源，而视运动知觉处理过程可能会由于认知资源的冲突而影响其操作表现。因此，采用事件相关电位技术探究急性心理应激对视运动知觉影响的行为学指标变化与脑电成分的改变，不仅丰富了急性心理应激相关研究领域，同时还丰富了视运动知觉的研究内容，同时也为探索压力应激与认知之间的关系提供相关实证研究支持，故具有一定的理论价值与意义。

其次，该研究依据知识图谱分析结果与以往研究结果[1]，将视运动知觉分为协同运动知觉、生物运动知觉、运动速度知觉以及深度运动知觉四个维度，具有重要的理论意义。前期研究中关于视运动知觉的种类并不明确，不同的学者提出了不同的观点。故该研究不仅可为后续关于视运动知觉的研究提供重要的理论参考依据，同时也进一步丰富了视运动知觉的研究范畴与研究广度。

最后，通过将急性心理应激的研究方法引入到视运动知觉的研究领域，不仅可以验证改良后的 MIST 范式诱发急性心理应激的效果，以及扩展了急性心理应激的研究领域与研究适用性，还能够丰富影响视运动知觉的主体因素。视运动知觉除了受到刺激物本身的影响，还会受到识别运动刺激的个体情绪特点的影响。该研究分别探究心理应激对视运动知觉四个维度的影响机制，可以进一步拓展影响视运动知觉的主体因素，同时也能够加深人们对视运动知觉内在特点的认识。

---

① 李开云等：《自闭症谱系障碍者的视运动知觉》，《心理科学进展》2018 年第5 期。

（二）现实意义

一方面，通过探究急性心理应激对视运动知觉的影响，进一步查找急性心理应激的适应性表现，尝试改变人们认为急性心理应激往往是"有害的"这一常识。同时研究也能够让人们在急性心理应激状态下对其在知觉加工过程中可能会表现出更好的适应性状态。

另一方面，通过事件相关电位技术探究急性心理应激对视运动知觉各维度的影响效果及内在机制特点，让人们在日常生活中能够从科学层面看待由急性心理应激而造成的知觉表现差异。本研究还可以进一步加深人们对应激在人类知觉加工过程中的作用和价值的认识，以便能够让人们在日常生活中依据知觉刺激的运动场景做出适时的情绪调整，达到最佳的知觉—情绪—行为状态。

二 拟解决的关键科学问题

基于认知资源占用学说、倒"U"形假说等相关理论以及急性心理应激与知觉加工之间的前期研究基础，并依据主要研究内容，本研究提出以下几个方面的拟解决关键科学问题。

首先，急性心理应激对协同运动知觉、生物运动知觉、运动速度知觉与深度运动知觉内在过程是否产生影响？这种影响背后的脑机制是什么？

其次，急性心理应激对视运动知觉各维度之间的影响是否存在行为学与脑机制层面的差异？这些差异背后的原因有哪些？

最后，急性心理应激对视运动知觉过程的影响效应大小是小效应、中等效应还是大效应？这种效应的背后是否存在行为学与脑机制层面的差异？

第 五 章

急性心理应激刺激源的
设计与有效性检验

虽然急性心理应激在日常生活中无处不在，但实验室研究中却需要采用特殊的方法来诱发被试的急性心理应激状态。通过文献资料的整理，发现急性心理应激的诱发方式主要包括 TSST 任务、MIST 任务和改良后的 MIST 任务、情绪片段诱发方式以及社会评价冷压力测试等。这些方法主要是通过口头演讲、心算任务、情绪片段以及外部环境调节来诱发人们的心理应激反应。结合脑电实验对时间的精确定位要求，本章主要验证改良后的 MIST 任务的有效性。

第一节　引言

凡是能够引起应激反应的各种因素都可称为应激源。应激源涉及比较广泛，种类多。依据应激源的性质可以将其分为机械性（如创伤等）、物理性（如高温、噪声等）、化学性（如化学污染、药物等）、生物性（如寄生虫、毒素等）、心理性/社会性（如人际关系、家庭变故等）五大类。一般将应激源分为躯体性应激源与心理性应激源两大类。其中，心理性应激源是指来自人们大脑的紧张性信息，如心理冲突与挫折、不祥的预感、不切实际的期望、与工作责任有关的压力和紧张。相比较于躯体性应激源，心理性应激源直接来自人的大脑，常常是外在刺激物作用的结果。心理应激或心因性应激是指真实的或者想象的威胁、思维或情感在体内引起的反应。可见，关于应激源的种类有许多，在研究中可以采用不同的场景与方法来诱发个体的急性心理应激状态，以方便在研究中进行合理使用。

关于急性心理应激的诱发方式有许多，如 TSST 测试采用口头运算与公众演讲作为应激刺激源[1]，MIST 任务采用不同难度的数学运算项目作为应激诱发源[2]，有学者在 MIST 范式的基础上，将心算任务的加减乘除改为难度不等的乘法运算作为急性心理应激的诱发刺激源[3]。总结起来，TSST 范式无法探知被试对应激刺激反应的精确时间定位，MIST 任务将应激刺激源与反馈等界面放在一个界面呈现，无法将被试对应激刺激反应与反馈信息的神经活动进行有效区分，而改良后的 MIST 范式将应激刺激与反馈信息分开呈现，在一定程度上能够有效分析被试对应激刺激反应的脑内时程变化机制，但难以排除任务难度与疲劳效应对诱发效果的影响。随后，齐等人[4]在杨（Yang）等人[5]的基础上又对 MIST 任务范式进行了改良，采用程序化的、带有社会性评价威胁且不可控的乘法估算作业（如 4.78 ×

---

① Kirschbaum C. et al. , "The 'Trier Social Stress Test' —A Tool for Investigating Psychobiological Stress Responses in a Laboratory Setting", *Neuropsychobiology*, Vol. 28, No. 1, January 1993, p. 76.

② Dedovic Katarina et al. , "The Montreal Imaging Stress Task: Using Functional Imaging to Investigate the Effects of Perceiving and Processing Psychosocial Stress in the Human Brain", *J Psychiatry Neurosci*, Vol. 30, No. 5, September 2005, p. 319.

③ Yang Juan et al. , "The Time Course of Psychological Stress as Revealed by Event-Related Potentials", *Neuroscience Letters*, Vol. 530, No. 1, November 2012, p. 1.

④ Qi Mingming et al. , "Subjective Stress, Salivary Cortisol, And Electrophysiological Responses to Psychological Stress", *Frontiers in Psychology*, Vol. 7, No. 229, February 2016, p. 1.

⑤ Yang Juan et al. , "The Time Course of Psychological Stress as Revealed by Event-Related Potentials", *Neuroscience Letters*, Vol. 530, No. 1, November 2012, p. 1.

2.16 是大于 10 还是小于 10) 作为应激刺激源, 在该任务中, 应激
条件与控制条件采用同一套乘法估算题目, 应激条件与控制条件实
验之间进行适当休息, 应激条件下增加负反馈 (社会性评价威胁)。
总之, 该乘法估算任务中主要包括两种急性心理应激情境: 不可控
性 (应激条件下呈现时间很短) 与社会性评价威胁 (负反馈)。

梳理 MIST 任务的相关研究, 可以发现 MIST 任务是通过心算题
目的时间压力来让被试产生对心算任务的不可控性, 还通过将个人
用时与他人平均用时相比较来诱发社会性评价威胁压力。[①] Meta 分
析发现应激诱发任务中的不可控性和社会评价威胁是急性心理应激
反应的关键因素, 且包含这两种因素的诱发任务同时也能够诱发较
多的皮质醇和儿茶酚胺等激素的产生。本章主要采用改良后的 MIST
任务作为的急性心理应激诱发的范式, 即将刺激呈现和反馈界面分
离开来, 且应激与非应激条件的心算题目相同。

在 MIST 范式的基础上, 本研究的改良点主要存在以下几个方
面: (1)应激和非应激条件下的心算题目一致, 即保证两种条件下的
刺激形式相同; (2)进一步增加时间压力感, 增加非应激条件下心算
任务的呈现时间, 缩短应激条件下心算任务的呈现时间; (3)在应激
条件与非应激条件中间设置休息阶段, 防止两种实验条件之间的相
互干扰; (4)在心算题目后增加社会性评价威胁的反馈界面, 反馈内
容为其反应时与其他大多数人的平均反应时比较结果; (5)对反应界
面进行适当优化, 如时间进度采用红色进度条的形式而非黑色圆点,
以增加被试的紧张感与压力感。总之, 改良后的 MIST 任务范式包括
不可控制性和社会评价威胁两大因素的急性心理应激情境。

研究发现, 急性心理应激刺激可以通过两条途径来诱发有机体
产生应激反应: 交感神经—肾上腺髓质轴 (SAM 轴) 与下丘脑—垂

---

① Pruessner Jens C. et al. , "Deactivation of the Limbic System During Acute Psycho-social Stress: Evidence from Positron Emission Tomography and Functional Magnetic Resonance Imaging Studies", *Biological Psychiatry*, Vol. 63, No. 2, January 2008, p. 234.

体—肾上腺轴（HPA 轴），应激刺激通过 SAM 轴诱发的应激效果可以通过心率快慢来进行检验，应激刺激通过 HPA 轴诱发的应激效果可以通过唾液皮质醇来检验其效果。本研究结合研究实际以及齐等人[1]的研究基础，主要考察应激刺激通过 SAM 轴诱发的应激效果。由于个体的抑郁状态与情绪状态会影响应激诱发的效果，故采用贝克抑郁量表与情绪状态评价量表保证所有被试情绪状态处于基线水平。因此，研究采用美国 MindWare 多通道生理信号记录仪以及相关问卷等测量手段考察用于诱发急性应激的乘法估算任务（不可控与社会威胁评价等）的有效性，通过采集心算任务过程中的心电信号（Electrocardiosignal）作为急性心理应激的电生理指标，通过让被试填写情绪状态评价量表及状态特质焦虑量表作为应激的外显检验指标。

第二节　研究方法及流程

一　实验设计

依据改良后的 MIST 范式[2]设置乘法估算任务，通过控制刺激呈现时间将心算任务分成应激条件和控制条件。应激条件：心算任务呈现时间 1500ms，反应界面呈现平均反应时间进程，反应结束时呈现社会评价威胁反馈界面。控制条件：心算任务呈现时间 6000ms，无反馈信息。该实验为单因素被试内设计，自变量为应激水平，包括应激条件与控制条件。因变量为被试反应时、正确率、状态焦虑、抑郁水平、情绪状态及心率变化等指标。

---

①　Qi Mingming et al. , "Subjective Stress, Salivary Cortisol, And Electrophysiological Responses to Psychological Stress", *Frontiers in Psychology*, Vol. 7, No. 229, February 2016, p. 1.

②　Yang Juan et al. , "The Time Course of Psychological Stress as Revealed by Event-Related Potentials", *Neuroscience Letters*, Vol. 530, No. 1, November 2012, p. 1.

二　实验被试

招募在校大学生被试 23 名，采用贝克抑郁量表对所有被试进行筛查，保证该 23 名被试均不处于抑郁状态。同时采用情绪状态评价量表与状态焦虑量表保证所有被试情绪及焦虑都处于基线状态。所有被试均为右利手，且视力或矫正视力均正常。每名被试均没参加过类似实验，且在正式实验前签署被试知情同意书，实验结束后获得一定的报酬。由于一名被试在应激条件实验结束前实验程序临时中断未产生行为学数据，故将其剔除。最终纳入数据分析的被试有 22 名（男 12 名，女 10 名），平均年龄 18.73 岁。

三　实验材料及设备

（一）应激刺激源

320 个乘法心算题目：如 4.78×2.16 等，被试需要判断所乘结果是大于 10 还是小于 10。320 个心算题目分别包括个位数为 1 与 8 相乘（25 个）、1 与 7 相乘（37 个）、1 与 6 相乘（42 个）、1 与 5 相乘（48 个）、1 与 4 相乘（5 个）、2 与 4 相乘（66 个）、2 与 3 相乘（85 个）、3 与 3 相乘（12 个），基本包含了所有两个百分位数相乘接近于 10。相乘结果小于 10 主要集中在 9.5 左右，相乘结果大于 10 主要集中在 10.5 左右。

（二）量表工具

1. 贝克抑郁量表（Beck，1967）：该量表共包括 21 个"症状—态度类型"题目，每一题目代表一个类别，大于 14 分说明其有中度抑郁的情况。[①] 该量表内部一致性系数为 0.93。

2. 情绪状态评价量表（基于 MASA 量表）：MASA 量表由漆昌

---

① Beck A. T. , *Jama the Journal of the American Medical Association*，Pennsylvania：University of Pennsylvania Press，1967，p. 10.

柱等人编制①，毋嫘等人对其进行修订而成②。MASA 共有 18 道测试题目：12 道题测试心理唤醒方向（6 道题测试正性心理唤醒与 6 道题测试负性心理唤醒），6 道题测试心理唤醒强度。该 12 道题采用 5 点里克特评分方式，从一点也不到非常强烈，计 1—5 分。心理唤醒强度量表采用语义差异量表，分为正向条目与负向条目，各为 1—7 分。

3. 状态—特质焦虑量表（STAI）：该量表由 Spielberger 编制，共包括 40 个题目，前 20 项为状态焦虑量表（S‐AI），用于评定应激情况下的状态焦虑，后 20 项为特质焦虑量表（T‐AI），用于评定人们经常的情绪体验。③ 本研究采用该量表中的状态分量表测量被试完成心算任务后的心理焦虑水平。

（三）实验设备

1. 美国 MindWare 多通道生理记录仪：结合氯化银电极贴片来采集被试的心电信号。在 Biolab 中选择 ECG 通道，采样率为 500Hz，采集被试的心率变异性指标 HR（次/分），在 MindWare HRV 3.1 软件中选取频域指标 LF/HF（低频高频比，代表交感神经与迷走神经活性的平衡状态）进行分析，同时选取时域指标 SDNN（指 NN 间隔的标准偏差，反映整体心率变异性的大小）、rMSSD（指连续 NN 间隔的均方根，表示心率变异性中快变化成分）、pNN50（指前一个间隔相差超过 50 毫秒的 NN 间隔占 NN 区间的分数，表示副交感神经的活性大小）进行分析。

2. E‐prime 2.0 编程软件：该软件是认知心理学领域中常用的刺激呈现软件。

---

① 漆昌柱等：《运动员心理唤醒量表的修订与信效度检验》，《武汉体育学院学报》2007 年第 6 期。

② 毋嫘等：《高焦虑个体对负性情绪信息的注意移除发生困难》，《心理科学》2017 年第 2 期。

③ Spielberger C. D. , "State-Trait Anxiety Inventory（Form Y）", *Anxiety*, Vol. 19, 1983, p. 367.

四　实验的具体流程

1. 被试进入实验室后，先填写被试知情同意书、贝克抑郁量表（BDI）、情绪状态评价量表（MASA）以及状态—特质焦虑量表（STAI）中的分量表，并通过 BDI 问卷检查被试是否抑郁，再决定其是否能参加实验。

2. 贴氯化银电极片，接地电极贴在受试者右侧最下根肋骨上，正极放在受试者左侧最下根肋骨上，负极贴在受试者右侧锁骨上。

3. 开始实验之前，被试先闭上眼睛表象电脑屏幕上呈现的放松图片两分钟以调整心率，放松之后开始阅读指导语并开始练习实验，练习实验结束后开始正式实验，练习实验与正式实验材料不同。研究为增加应激条件下诱发的急性应激效果，笔者在指导语中告诉被试其正确率与所得报酬存在一定的关系。

4. 由于实验采用组内设计，故采用 ABBA 平衡设计方式消除顺序带来的误差影响，即应激条件与控制条件在被试间进行平衡设计，且两种条件转换之间被试需要休息 10 分钟，以避免前一种条件对后一种条件的干扰。

5. 控制条件与应激条件结束时均让被试填写 MASA 量表与 STAI 量表中的分量表，即被试在实验前、实验中、实验后共填写了三次 MASA 量表与 STAI 量表。

6. 被试在实验过程中，在 Biolab 软件中进行手动输入 Mark，即 F1—F8。

整个实验过程需用时 60 分钟，在实验过程中，被试需要距离显示屏幕 70cm，刺激材料均在 E-prime 2.0 中呈现，应激条件正式实验与控制条件正式实验分别包括 320 个 trial，具体流程图详见图 5-1。在该图中，可以看到先呈现一个红色加号（500ms），接着呈现乘法估算任务及时间进度条（应激条件为 1.5s，控制条件为 6s），接着呈现 200ms 实验缓冲空屏，紧接着呈现反馈界面（1000ms），应激条件下反馈界面包括回答正确或回答错误，以及被试真实反应时与其他人的平均反应时（参照以往研究，平均反应时定在 500—600ms 之间随机）进行比较结果，控制条件下反馈界面只呈现星号。最后，再呈现 300—500ms 的随机空屏（以消除被试的反应定势）。

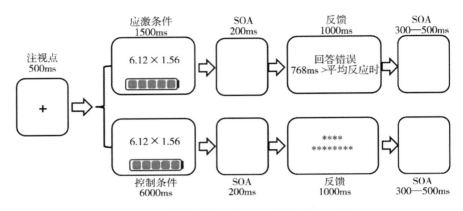

图 5 - 1　应激条件与控制条件实验任务示意图

第三节　研究结果

采用 Excel 和 SPSS 软件对所得的数据结果进行统计分析，主要包括对主观问卷所得到的结果（状态焦虑问卷和情绪评价量表）进行配对样本 t 检验，对改良后的 MIST 任务的反应时和正确率进行配对样本 t 检验，对心率变异性的结果进行配对样本 t 检验，通过这些分析以期验证改良后的 MIST 任务诱发急性心理应激的效果。

一　不同应激条件下被试主观问卷得分情况

首先，在贝克抑郁量表得分方面，有 3 名被试得分在 5—7 分之间，属于轻度抑郁，其他被试均不处于抑郁状态，考虑到轻度抑郁对实验结果影响可忽略不计，故 22 名被试均纳入结果分析部分。其次，采用 SPSS 17.0 软件对实验前、控制条件实验后以及应激条件实验后所获取的情绪评价量表及状态焦虑量表得分进行配对样本 t 检验，结果发现：一方面，在情绪状态评价量表方面，正性心理唤醒：应激条件（13.86 ± 5.29）显著低于实验前（17.05 ± 4.49），$t = 3.32$，$p = 0.003 < 0.01$，详见图 5 – 2。实验前、应激条件后以及控制条件后在负性心理唤醒得分、心理唤醒强度得分上各自之间均不存在显著性差异（$p > 0.05$）。另一方面，在状态焦虑量表方面，被试在应激条件实验后的状态焦虑得分（43.36 ± 11.70）显著大于实验前的得分（37.50 ± 7.03），$t = -2.95$，$p = 0.008 < 0.01$，详见图 5 – 2；被试在控制条件下的状态焦虑得分与实验前的得分差异不显著，$t = -1.96$，$p > 0.05$。

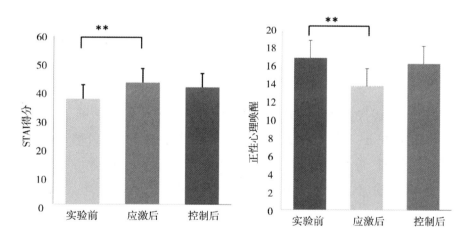

图 5 – 2　应激条件与控制条件下 STAI 得分（左图）和正性心理唤醒得分差异结果（误差线代表标准误）

二　不同应激条件下心算任务反应时与正确率结果

采用 SPSS 17.0 软件对 22 名被试在应激条件与控制条件下的反应时与正确率进行配对样本 t 检验分析。结果发现，在反应时方面，被试在应激条件下的反应时（963.70 ± 98.04，单位：ms）要显著短于控制条件下（2591.22 ± 935.71，单位：ms），$t = 8.44$，$p < 0.01$；在正确率方面，应激条件下的正确率（0.54 ± 0.04）显著小于控制

条件下（0.64 ±0.08），$t = 7.59$，$p < 0.01$，详见图 5 - 3。

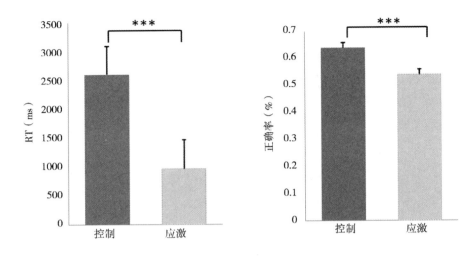

图 5 - 3　应激条件与控制条件下被试的反应时与正确率
差异结果（误差线代表标准误）

三　不同应激条件下心率变异性结果分析

采用 MindWare HRV 3.1 分析软件对所获取的 22 名被试的心电图各指标进行分析与提取，再采用 SPSS 17.0 软件对所得结果进行配对样本 t 检验。结果发现，在心率 HR（单位：次/分）方面，被试在应激条件下（81.49 ±10.69）显著大于控制条件（78.49 ±10.66），$t = 2.56$，$p = 0.02 < 0.05$，详见图 5 - 4。在频域指标方面，LF/HF：应激条件下（0.81 ±0.75）的低频高频比与控制条件下（0.99 ±0.86）没有差异，$t = -0.79$，$p = 0.44$。在时域指标方面，SDNN：应激条件下（59.01 ±35.00）的平均正常 N - N 间期标准差显著低于控制条件（77.91 ±52.58），$t = -2.29$，$p = 0.03 < 0.05$，详见图 5 - 4。rMSSD：应激条件下（59.19 ±55.07）的相邻 N - N 间期差的均方与控制条件（79.41 ±75.27）之间差异不显著，$t = -1.92$，$p = 0.07$。pNN50：应激条件下（14.46 ±13.77）的相邻 N - N 间期（相差大于50ms）占 N - N 间期总数的

百分比与控制条件（17.92±14.99）之间差异不显著，$t=-1.62$，
$p=0.12$。

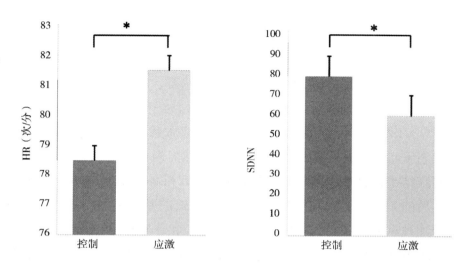

图5-4 应激条件与控制条件的心率变异性（左图）与
SDNN（右图）差异结果（误差线代表标准误）

第四节 讨论与小结

一 讨论

本实验在前人的研究基础上对急性心理应激诱发的 MIST 范式在整体流程上进行了优化，旨在增加被试在任务中的紧张感，进一步验证 MIST 范式是否能够有效诱发个体的应激反应。通过 MindWare 生理记录仪记录被试在 MIST 任务过程中的心率信号并对其进行时域与频域分析。从被试的主观情绪体验指标、客观心率指标及行为学指标中可以发现，此乘法心算任务（MIST 任务）可以有效地诱发有机体的急性心理应激反应。

（一）应激诱发的主观指标变化

在主观情绪体验指标方面，相比较于控制状态，被试在应激状

态下其情绪状态评价量表中正性情绪得分下降且焦虑程度升高，支持了研究假设。这与前人的研究结果基本一致，在口头报告方面，Kirschbaum 等人通过让被试在规定的时间内做连续减法运算，并增加负性反馈与评价，结果发现被试在急性心理应激状态下负性情绪体验与紧张焦虑水平显著增加。[1] 在乘法心算任务方面，有学者通过 MIST 任务范式诱发被试的急性心理应激状态，结果发现被试在应激状态下会体验到较高水平的紧张与焦虑感。[2] 齐等人[3]采用乘法估算任务（MIST 任务）诱发被试的急性心理应激状态，结果发现被试应激状态下状态焦虑升高以及负性情绪增加。两种心理应激诱发方式的研究结果都证明急性心理应激会诱发有机体的紧张与焦虑反应，改良后的 MIST 任务范式在这两种研究范式的基础上进行整合优化，为增加被试的自我卷入程度，增加了估算结果与 10 的比较。同时优化呈现界面与任务难度，结果使被试在 MIST 任务中体验到了较为明显的主观应激情绪反应。

（二）应激诱发的客观指标变化

在客观心率指标方面，相比较于控制状态，被试在应激状态下的平均心率增加且时域指标 SDNN 值降低，心率结果支持了研究假设。研究发现，在急性心理应激状态下可通过交感神经—肾上腺髓质轴（SAM 轴）来诱发有机体的心率变化，本研究主要测

① Kirschbaum C. et al. , "The 'Trier Social Stress Test' —A Tool for Investigating Psychobiological Stress Responses in a Laboratory Setting", *Neuropsychobiology*, Vol. 28, No. 1, January 1993, p. 76. Wang Jiongjiong et al. , "Perfusion Functional Mri Reveals Cerebral Blood Flow Pattern Under Psychological Stress", *Proceedings of the National Academy of Sciences*, Vol. 102, No. 49, November 2005, p. 17804.

② Dedovic Katarina et al. , "The Montreal Imaging Stress Task: Using Functional Imaging to Investigate the Effects of Perceiving and Processing Psychosocial Stress in the Human Brain", *J Psychiatry Neurosci*, Vol. 30, No. 5, September 2005, p. 319.

③ Qi Mingming et al. , "Subjective Stress, Salivary Cortisol, And Electrophysiological Responses to Psychological Stress", *Frontiers in Psychology*, Vol. 7, No. 229, February 2016, p. 1.

量了心率变异性、频域指标（LF/HF）以及时域指标（SDNN、rMSSD、pNN50）。一方面，被试在高时间压力与负性反馈的诱发作用下（应激状态）平均心率升高：研究发现，被试在因心算造成的高压力任务中表现出平均心率升高，其中发现男性与女性在高压力应激下表现出的心率变化之间差异不明显。[1] 齐铭铭[2]研究也发现被试在乘法估算任务中会表现出心率增加以及迷走神经活性降低。这些研究结果说明个体在心理应激状态下会出现心率增加的现象。

另外，急性应激促使有机体的迷走神经活性降低，主要可以通过时域指标 SDNN 值的降低来体现。当个体出现情绪激动、精神紧张时，机体自身的迷走神经活性会出现降低的现象。有研究发现人们在急性心理应激状态下边缘系统的相关活性降低，包括海马、下丘脑、中眶额叶皮质和前扣带皮层。[3] 有研究发现相比较于控制条件，被试应激条件下其平均正常 N－N 间期标准差降低，说明其迷走神经的活性降低。[4] 有研究发现较高的焦虑水平会降低有机体迷走神经的活性以及增加交感神经的兴奋程度，说明焦虑与个体的迷走神经和交感神经有关联。[5] 有研究发现高应

---

[1] Wang Jiongjiong et al. , "Perfusion Functional Mri Reveals Cerebral Blood Flow Pattern Under Psychological Stress", *Proceedings of the National Academy of Sciences*, Vol. 102, No. 49, November 2005, p. 17804. Wang Jiongjiong et al. , "Gender Difference in Neural Response to Psychological Stress", *Social Cognitive and Affective Neuroscience*, Vol. 2, No. 3, May 2007, p. 227.

[2] 齐铭铭：《急性心理性应激对注意加工过程的影响》，博士学位论文，西南大学，2017 年。

[3] Pruessner Jens C. et al. , "Deactivation of the Limbic System During Acute Psychosocial Stress: Evidence from Positron Emission Tomography and Functional Magnetic Resonance Imaging Studies", *Biological Psychiatry*, Vol. 63, No. 2, January 2008, p. 234.

[4] Landén Mikael et al. , "Heart Rate Variability in Premenstrual Dysphoric Disorder", *Psychoneuroendocrinology*, Vol. 29, No. 6, July 2004, p. 733.

[5] Friedman Bruce H. , "An Autonomic Flexibility-Neurovisceral Integration Model of Anxiety and Cardiac Vagal Tone", *Biological Psychology*, Vol. 74, No. 2, February 2007, p. 185.

激状态下有机体的迷走神经活性会降低，说明迷走神经活性与应激状态关系较为紧密。[①] 这些研究结果与本研究结果基本一致，应激水平下被试平均心率增加而迷走神经活性降低，说明在应激状态下个体的心理唤醒水平增加，并促使个体产生焦虑反应，进而引发有机体一系列生理反应，比如迷走神经与交感神经活性的变化。

（三）应激诱发的行为指标变化

在客观行为学指标方面，相比较于控制状态，被试在应激状态下的平均反应时与正确率均降低，与研究假设相符。研究发现，在时间压力下被试的注意范围会缩小，并促使有机体选择较为简易的认知加工方式，进而造成被试在任务决策中只能依靠较少的信息资源做出不完全准确的反应。[②] 有研究发现时间压力下个体的注意焦点缩小，进而影响有机体的知觉加工过程的效率，表现出速度快而正确率较低的现象。[③] 有研究发现有机体在应激状态下知觉加工的速度会加快，但是知觉加工的准确性会有所下降。[④] 齐等人研究发现人们在应激条件下乘法心算任务的反应时较短且正确率较低，这与本研究的结果基本一致。[⑤]

[①] Michels Karin B. et al. , "Recommendations for the Design and Analysis of Epigenome-Wide Association Studies", *Nature Methods*, Vol. 10, No. 10, September 2013, p. 949.

[②] Kowalski-Trakofler Kathleen M. et al. , "Judgment and Decision Making Under Stress: an Overview for Emergency Managers", *International Journal of Emergency Management*, Vol. 1, No. 3, January 2003, p. 278.

[③] Dambacher Michael and Ronald Hübner, "Time Pressure Affects the Efficiency of Perceptual Processing in Decisions Under Conflict", *Psychological Research*, Vol. 79, No. 1, February 2014, p. 83.

[④] Bertsch Katja et al. , "Exogenous Cortisol Facilitates Responses to Social Threat Under High Provocation", *Hormones and Behavior*, Vol. 59, No. 4, April 2011, p. 428.

[⑤] Qi Mingming et al. , "Subjective Stress, Salivary Cortisol, And Electrophysiological Responses to Psychological Stress", *Frontiers in Psychology*, Vol. 7, No. 229, February 2016, p. 1.

　　本验证实验中，在应激条件下由于时间压力、任务难度、报酬大小以及负反馈等会对被试造成较大的心理压力。在多重心理压力之下，被试可能会对心算任务分配较少的注意资源，进而导致其对乘法运算的题目信息摄入不全而导致正确率较低。此外，在高应激状态下，界面的快速呈现会潜移默化地加快被试的反应速度，进而也会导致正确率的下降，打破了速度与准确性之间的内在平衡。

　　（四）应激源的特点分析

　　急性心理应激源是那些能引起生理和心理正常状态失衡，并激起人在生理和心理上做出适应失衡的反应的环境事件与情境。应激源可以使人潜在的压力和失衡状态通过外界刺激变为现实，可以对人的生理和心理造成影响。本研究采用的改良后的 MIST 任务范式从社会评价威胁和不可控性两个层面来引发个体的应激反应，这些反应包括主观的、客观的行为变化等，例如心率的增加和迷走神经活性的降低。此外，研究发现应激意味着对生物体的生理平衡或心理健康的真实或感知的挑战。美国心理学会指出，一定时间内的适量应激是有益的，能产生积极的作用，可以提供驱动力和充足的精力来帮助人们度过如考试或在最后期限内高效率地完成工作这类困扰。从本研究结果来看，急性心理应激状态下个体的心算任务反应时有所缩短，且心率有所提升，这是一种正常有机体防御性反应变化结果。

　　虽然改良后的 MIST 任务从多个维度来诱发个体的急性心理应激反应，同时它也具有较好的时间可操控性，但关于应激水平的衡量却缺乏一定的科学标准。研究发现应激的程度很难进行量化。相同的外部应激事件或应激源发生于不同的个体、不同的心理资源、不同的应对机制以及不同的人生经历，可以产生不同的影响。目前尚无可以客观测量应激程度的金标准。对于是否应该使用生活质量评估问卷或采用皮质醇水平等作为生物学标志物，学术界一直存在争议。本研究从客观指标的变化结果来看，虽然应激条件下的心率大于非应激条件，以及应激条件的反应时缩短，但单从其数值大小难以判断应激诱发的强度大小。不过有学者认为作为应激的结果，压力的感知水平可能是最佳的研究变量。故参照以往的研究结果①，虽然急性心理应激诱发的强度无法衡量，但从主观报告的指标变化结果来看，采用九点评分的应激自我报告平均得分在4—5分，说明该改良后的 MIST 范式诱发的急性心理应激强度属于中等程度。这也符合倒"U"形假说的基本观点，即中等程度的心理唤醒水平有利于个体的行为表现。

　　总之，本章从主客观两个维度去评价急性心理应激的诱发效果，结果发现无论是在主观指标上还是客观指标上，改良后的 MIST 任务范式可以通过交感神经—肾上腺髓质轴（SAM 轴）来诱发有机体产生急性心理应激反应，进一步影响个体的心率水平、迷走神经活性以及反应时等行为表现。同时前期诸多研究也从 HPA 轴验证了改良后的 MIST 范式能够有效诱发个体的急性心理应激反应②。本研究在前人的研究基础上，对乘法估算的任务难度及呈现方式上均进行了适度的改良，以便能够有效地诱发有机体产生应激反应。这也为后续关于急性心理应激对视运动知觉影响的机制研究奠定一定的基础。也就是说，改良后的 MIST 范式不仅可以诱发个体的急性心理应激反应，同时还具备 ERP 研究需要的时间可操控性，符合脑电研究的基本需求。

二　小结
通过对实验条件的控制，可以发现人们在乘法估算任务中心率

① Qi Mingming et al., "Subjective Stress, Salivary Cortisol, And Electrophysiological Responses to Psychological Stress", *Frontiers in Psychology*, Vol. 7, No. 229, February 2016, p. 1.

② Qi Mingming and Heming Gao, "Acute Psychological Stress Promotes General Alertness and Attentional Control Processes: An ERP Study", *Psychophysiology*, Vol. 57, No. 4, January 2020, p. 1.

会有所升高，从 SAM 轴来看，被试在应激条件下的交感神经活性比控制条件下要高了；且平均正常 N – N 间期标准差（SDNN）降低说明人们在应激条件下其迷走神经活性有所降低。可见，改良后的乘法估算任务（MIST 任务）成功地通过 SAM 轴促使个体自主神经被激活，故该任务可以作为急性心理应激的诱发刺激源。

第 六 章

急性心理应激对协同
运动知觉的影响机制

　　在之前章节的研究基础上，协同运动知觉作为视运动知觉的第一个分类，本章主要是采用双任务范式探究急性心理应激对协同运动知觉加工过程的影响及其机制。通过乘法估算任务来诱发急性心理应激状态，应用随机点运动图（RDK）任务范式来评价协同运动知觉能力的大小。结果发现随着协同性水平的增加，被试的反应时逐渐缩短且正确率逐渐升高，即协同性水平对协同运动知觉加工具有积极效应，注意效率更高。此外，急性心理应激对协同运动知觉任务反应过程产生了影响，具体体现现在：在急性心理应激状态下，人们在协同运动知觉任务中对刺激信息加工速度加快、注意控制能力增强以及在协同运动知觉加工早期阶段注意资源投入较早。

第一节　引言

　　急性心理应激在日常生活中无处不在，它是指不可控制且不可预期的外在环境要求短时间内超出了身体的调节能力时，有机体做出的一种非特异性反应。① 由于急性心理应激是有机体短时内接受超出身体承受范围的外在刺激，它具有持续时间短、无躯体明显痛苦以及强度大等特点。前期研究发现急性心理应激会增加人们的警觉性和感官信息输入。② 研究还发现在高强度心理唤醒状态下，人们对生物运动知觉任务的反应时间较短。③ 在神经水平上，急性应激通过增加多巴胺，去甲肾上腺素和糖皮质激素介导的信号传导来影响依赖前额叶皮层（Prefrontal Cortex）的认知功能。④ 一些研究表明，应激会削弱需要前额叶皮层（PFC）参与的任务绩效，而依赖于基底神经节回路的行为习惯方式则得以保留或增强。⑤ 在一些简单的刺激任务中，或者当认知负荷（Cognitive Load）不过度时，急性心理应激倾向于促进个体的认知功能。⑥ 协同运动知觉作为认知功能领域中的一个重要组成部分，同时也是评价个体整体—局部运动知觉能力的重要指标之一。⑦

协同性运动是指运动的点或客体之间相互独立，没有相同的运

① Koolhaas J. M. et al. , "Stress Revisited: A Critical Evaluation of the Stress Concept", *Neuroscience & Biobehavioral Reviews*, Vol. 35, No. 5, April 2011, p. 1291.

② Shackman Alexander J. et al. , "Stress Potentiates Early and Attenuates Late Stages of Visual Processing", *Journal of Neuroscience*, Vol. 31, No. 3, January 2011, p. 1156.

③ Niederhut Dillon, Emotion and the Perception of Biological Motion, Williamsburg, Williamsburg, VA, M. D. dissertation, College of William and Mary, 2009.

④ Sänger Jessica et al. , "The Influence of Acute Stress on Attention Mechanisms and Its Electrophysiological Correlates", *Frontiers in Behavioral Neuroscience*, Vol. 8, No. 10, October 2014, p. 1. Arnsten Amy F. T. , "Stress Signalling Pathways that Impair Prefrontal Cortex Structure and Function", *Nature Reviews Neuroscience*, Vol. 10, No. 6, June 2009, p. 410.

⑤ Sandi Carmen and M. Teresa Pinelo-Nava, "Stress and Memory: Behavioral Effects and Neurobiological Mechanisms", *Neural Plasticity*, April 2007, p. 1.

⑥ Qi Mingming et al. , "Effect of Acute Psychological Stress on Response Inhibition: an Event-Related Potential Study", *Behavioural Brain Research*, Vol. 323, No. 1, January 2017, p. 32.

⑦ Robertson Caroline E. et al. , "Global Motion Perception Deficits in Autism are Reflected as Early as Primary Visual Cortex", *Brain*, Vol. 137, No. 9, July 2014, p. 2588.

动规律，但其中一定数量客体的运动存在知觉特性中的"共同命运"原则，即有着相同的运动方向，具有知觉整体性的特点。[①] 当这些"共同命运"的点达到一定的数量后，被试则会察觉这些点会朝着同一个方向运动。"共同命运"的点占全部散点的比例称为协同性或协同性水平，假如100个点中有50个点的运动方向是一致的，则协同性水平为50%。一般可通过被试按键判断点刺激的运动方向（向左、向右、向上或向下）作为判断被试对协同性水平感受力的途径。研究发现感受力强弱与协同性阈值大小成反比，即当被试感受力越强，则只需要较少的点（"共同命运"）就能判断出运动方向。[②] 关于协同运动知觉的研究范式主要采用平面上的光点刺激任务来实现，并控制协同性水平（如0、50%、100%等），如 RDK 任务[③]、Global Dot Motion Task（简称 GDM 任务）等，点的运动包括水平运动与扩展运动。本章采用 RDK 任务中的水平运动来实现协同运动知觉的判断任务。

　　协同运动知觉受到多种因素的影响。有学者研究发现协同运动知觉的影响因素主要包括自闭症（Autism）、情绪状态、年龄、认知风格、智力、刺激特征（刺激类型、呈现时间）等。[④] 研究发现自闭症患者的协同运动知觉阈限显著高于健康群体，即自闭症患者只能判别出协同性水平较高的光点运动方向。[⑤] 自闭症患者的严重程度

　　① Newsome W. T. and Pare E. B. , "A Selective Impairment of Motion Perception Following Lesions of the Middle Temporal Visual Area（MT）", *Journal of Neuroscience*, Vol. 8, No. 6, June 1988, p. 2201.

　　② 胡奂：《运动形式对方向和形状一致性侦测的影响》，硕士学位论文，浙江理工大学，2013年。

　　③ Braddick Oliver, "A Short-Range Process in Apparent Motion" *Vision Research*, Vol. 14, No. 7, March 1974, p. 519.

　　④ Hallen Ruth Van der et al. , "Global Motion Perception in Autism Spectrum Disorder：A Meta-Analysis", *Journal of Autism and Developmental Disorders*, Vol. 49, No. 12, September 2019, p. 4901.

　　⑤ Koldewyn Kami et al. , "Neural Correlates of Coherent and Biological Motion Perception in Autism" *Developmental Science*, Vol. 14, No. 5, June 2011, p. 1075.

与其协同运动知觉阈限的大小成正比例相关，即自闭症患者严重程度越低，协同运动知觉阈限越低。① 此外，有研究发现与年轻人相比，老年人的协同运动知觉感受力有所下降，即协同运动知觉阈限增加。② 在这些影响因素当中，尚没有研究考察急性心理应激对协同运动知觉的影响效果。但是，已有研究发现急性心理应激对其他认知活动的影响，如研究发现急性心理应激会促进选择性注意过程中的注意控制。③ 另一研究发现急性心理应激可以提升深度运动知觉任务的行为绩效，以及增强被试注意资源的投入。④ 从现有研究现状来看，急性心理应激与协同运动知觉的关系尚不明确，但有关情绪与认知之间的理论假说认为急性心理应激可能会对个体的协同运动知觉能力产生一定程度的影响。

卡尼曼（Kahneman）提出的认知资源占用学说认为个体的认知资源有限，人们在特定时间内只能对有限的认知资源进行分配，认知资源的本质是将个体可用于完成认知任务时的注意看作是一种有限的资源⑤；双竞争理论模型认为个体的认知资源是有限的，认知加工与情绪刺激加工同时进行时，它们会对有限的认知资源进行竞争⑥。急性心理应激属于情绪刺激，而协同运动知觉任务属于认知加

① Grinter Emma J. et al., "Global Visual Processing and Self-Rated Autistic-Like Traits", *Journal of Autism and Developmental Disorders* Vol. 39, No. 9, April 2009, p. 1278.

② Kunchulia Marina et al., "Associations Between Genetic Variations and Global Motion Perception", *Experimental Brain Research*, Vol. 237, No. 10, August 2019, p. 2729.

③ Qi Mingming and Heming Gao, "Acute Psychological Stress Promotes General Alertness and Attentional Control Processes: An ERP Study", *Psychophysiology*, Vol. 57, No. 4, January 2020, p. 1.

④ Wang Jifu et al., "Effect of Acute Psychological Stress on Motion-In-Depth Perception: an Event-Related Potential Study", *Advances in Cognitive Psychology*, Vol. 16, No. 4, December 2020, p. 353.

⑤ Kahneman Daniel and Amos Tversky, "Prospect Theory: an Analysis of Decision Under Risk", *Econometrica*, Vol. 47, No. 2, February 1979, p. 263.

⑥ Pessoa Luiz, "How Do Emotion and Motivation Direct Executive Control?", *Trends in cognitive sciences*, Vol. 13, No. 4, March 2009, p. 160.

工过程，二者在先后加工过程中一定会出现相互影响。例如，研究发现人们在应激条件下 go/no-go 任务中表现出 P2 波幅减小而 N2 波幅增加，说明人们在急性心理应激状态下可以通过减少早期选择性注意过程和增强认知控制过程来改变反应抑制过程。[①] 急性心理应激对协同运动知觉是否也会产生与其他认知加工一致的效应，这种影响的内在原因或机制是什么？本研究结合行为学和 EEG 指标，进一步探究急性心理应激对协同运动知觉的影响及其内在作用机制。

关于协同运动知觉的 ERP 成分，有研究者采用三种水平的协同运动任务（10%、25% 和 40%）测试了 9 名患有阅读障碍青少年的协同运动知觉能力，结果发现早期 ERP 成分（P1，N1，P2）或晚期 ERP 成分峰波幅与峰潜伏期之间差异不显著。[②] 为满足 ERP 实验的要求，本研究选取改良后的乘法估算任务（MIST 任务）作为实验室急性心理应激诱发的手段，改良后的 MIST 任务中主要包括两种急性心理应激情境：不可控性（应激条件下呈现时间很短）与社会性评价威胁（负反馈）。[③] 选取经典的 RDK 任务范式[④]作为评价协同运动知觉能力的任务。本研究旨在通过采用具有高时间分辨率的 ERP 实验技术探究急性心理应激对协同运动知觉影响的深层次电生理学特点。依据相关理论基础，研究假设为若应激条件与控制条件下被试在协同运动知觉任务中行为学表现存在差异，则协同运动任务中 P1、P2、N2 成分及晚期正成分（LPP）平均波幅会存在显著性差

① Qi Mingming et al., "Effect of Acute Psychological Stress on Response Inhibition: an Event-Related Potential Study", *Behavioural Brain Research*, Vol. 323, No. 1, January 2017, p. 32.

② Taroyan Naira A. et al., "Neurophysiological and Behavioural Correlates of Coherent Motion Perception in Dyslexia", *Dyslexia*, Vol. 17, No. 3, July 2011, p. 282.

③ Dedovic Katarina et al., "The Montreal Imaging Stress Task: Using Functional Imaging to Investigate the Effects of Perceiving and Processing Psychosocial Stress in the Human Brain", *J Psychiatry Neurosci*, Vol. 30, No. 5, September 2005, p. 319.

④ Braddick Oliver, "A Short-Range Process in Apparent Motion", *Vision research*, Vol. 14, No. 7, March 1974, p. 519.

异，且随着协同性水平的逐渐升高，被试的反应时逐渐缩短、正确率逐渐升高。

第二节 研究方法与流程

一 实验被试

参照以往研究结果①，并通过 G×Power 3.1.9 计算样本量大小②，探测重复测量方差分析中的主效应及其交互作用（组内设计），使其统计检验力达到 0.8 及中等效应量（$d = 0.25$）所需要的总样本数为 19。随机选取某院校 25 名在校大学生，并采用贝克抑郁量表③、情绪状态评价量表④、UCLA 孤独量表⑤以及镶嵌图形测验⑥对所选学生的情绪状态、孤独状态及空间思维能力进行筛查。结果发现，25 名被试均不处于抑郁状态和自闭状态，同时所有被试情绪状态也未出现过度兴奋或过度负性状态；镶嵌图形测验中所有被试的认知风格均为场独立型，都处于同一基线。因此，排除了相关被试额外变量对实验结果的影响。所有被试矫正视力正常，且均为右

---

① Qi Mingming et al., "Effect of Acute Psychological Stress on Response Inhibition: an Event-Related Potential Study", *Behavioural Brain Research*, Vol. 323, No. 1, January 2017, p. 32.

② Faul Franz et al., "G×Power 3: A Flexible Statistical Power Analysis Program for the Social, Behavioral, And Biomedical Sciences", *Behavior Research Methods*, Vol. 39, No. 2, May 2007, p. 175.

③ Beck A. T., *Jama the Journal of the American Medical Association*, Pennsylvania: University of Pennsylvania Press, 1967, p. 10.

④ 漆昌柱等：《运动员心理唤醒量表的修订与信效度检验》，《武汉体育学院学报》2007 年第 6 期。

⑤ Russell Daniel W., "Ucla Loneliness Scale (Version 3): Reliability, Validity, And Factor Structure", *Journal of Personality Assessment*, Vol. 66, No. 1, January 1996, p. 20.

⑥ 邓铸、曾晓尤：《场依存性认知方式对问题表征及表征转换的影响》，《心理科学》2008 年第 4 期。

利手。由于有两名被试脑电伪迹过多而被剔除（伪迹试次数量大于总试次的 50% 而造成叠加次数过少），最后实际纳入行为学与 ERP 数据分析的被试有 23 名（12 男，11 女，平均年龄 19.78 岁）。本研究的实验过程得到学校人体实验伦理委员会的批准。

二　实验设计

该研究为两因素被试内实验设计，自变量为应激水平 2（应激条件与控制条件）×协同性水平 3（50%、75%、100%），两个自变量均为组内变量。其中，为进一步提升被试的自我卷入程度，研究中增加协同性水平为 0 的刺激材料。因变量为被试反应时（刺激呈现到被试按键反应）、反应正确率、ERP 相关成分（P1、P2 以及 N2）的峰波幅值与峰潜伏期以及 LPP 的平均波幅值。

三　实验材料及设备

（一）应激诱发材料

急性心理应激诱发参照改良后的 MIST 任务范式[1]，在第五章的基础上，应激诱发材料为 320 个乘法心算题目，如 4.78×2.16 等，被试需要判断所乘结果是大于 10 还是小于 10，若小于 10 则需按键盘上的 F 键，若大于 10 则需要按键盘上的 J 键。

（二）量表工具

贝克抑郁量表[2]和情绪状态评价量表[3]的相关信息详见第五章。另外两个心理量表为 UCLA 孤独量表和镶嵌图形测验（Embedded

---

① Dedovic Katarina et al., "The Montreal Imaging Stress Task: Using Functional Imaging to Investigate the Effects of Perceiving and Processing Psychosocial Stress in the Human Brain", *J Psychiatry Neurosci*, Vol. 30, No. 5, September 2005, p. 319.

② Beck A. T., *Jama the Journal of the American Medical Association*, Pennsylvania: University of Pennsylvania Press, 1967, p. 10.

③ 漆昌柱等：《运动员心理唤醒量表的修订与信效度检验》，《武汉体育学院学报》2007 年第 6 期。

Figure Test，EFT）。相关信息如下。

1. UCLA 孤独量表：该量表主要用来评价对社会交往的渴望与实际水平的差距而产生的孤独感（一维），共包括 20 个条目，其中 11 个"孤独"正序条目与 9 个"非孤独"反序条目，内部一致性系数 0.89—0.94，重测信度为 0.73。该量表主要目的是确保所有被试均不处在孤独状态。[①]

2. 镶嵌图形测验：该测验是由北京师范大学修订而成，也称为场独立性与场依存性测验，该测验共包括 20 道题，每题 1 分，共 20 分，总分 0—20 分，最后将原始分转化成标准分，标准分 > 56 分为场独立性认知风格，标准分 < 45 分为场依存性认知风格。[②]

（三）协同运动刺激材料

采用研究协同运动知觉的 RDK 范式[③]，协同运动方向为水平流动（向左或向右），其中随机点与协同运动点的比例分别为 0、50%、75%、100%，随机点与协同运动点的数量总计 100 个（点的颜色为白色；视角 $0.3 \times 0.3°$；密度 1.85 点/度^2；移动速度 $5.0°/s$），黑色背景（视角 $50 \times 48°$；亮度 $0.1cd/m^2$），协同点的运动时间为 2000ms，实验视频使用 Matlab 软件制作，一共包括 7 个视频，视频格式均为 WMV 格式，且视频大小为 $800 \times 600pixels$。为增加被试实验过程中的自我卷入程度，加入协同性水平为 0 的刺激材料，协同性水平为 0 的刺激是指视频中 100 个点的运动方向均是随机的，被试不需要做出按键反应，同时也可以作为被试是否认真参与实验的一个指标。其他刺激材料中，当协同运动方向为向右时，被试需要

---

① Russell Daniel W.，"Ucla Loneliness Scale（Version 3）：Reliability，Validity，And Factor Structure"，*Journal of Personality Assessment*，Vol. 66，No. 1，January 1996，p. 20.

② 邓铸、曾晓尤：《场依存性认知方式对问题表征及表征转换的影响》，《心理科学》2008 年第 4 期。

③ Newsome W. T. and Pare E. B.，"A Selective Impairment of Motion Perception Following Lesions of the Middle Temporal Visual Area（MT）"，*Journal of Neuroscience*，Vol. 8，No. 6，June 1988，p. 2201.

按下键盘上的 J 键，当协同运动方向为向左时，被试需要按下键盘上的 F 键。

（四） 实验设备

采用 E – prime 2.0 编程软件及采用德国 Brain Products 公司生产的 64 导联事件相关电位记录仪来记录脑电信号，采用 BrainVision Analyzer 2 软件对脑电数据进行离线分析处理。

四 实验具体过程

1. 被试进入实验室后，填写被试知情同意书、贝克抑郁量表（基本信息部分包括利手测验等）、情绪状态评价量表、状态—特质焦虑量表、UCLA 孤独量表（UCLA Loneliness Scale）以及镶嵌图形测验，然后并对其结果进行筛查，排除抑郁患者、过度兴奋、负面情绪过多、自闭症以及空间认知能力较差的被试。

2. 主试为被试佩戴 Easycap 64 导脑电帽，注入导电膏，使所有电极点阻抗均降到 5kΩ 以下。

3. 主试结合具体实验内容以及实验指导语给被试讲解实验的具体任务要求，被试明白实验内容和任务后，身体坐正，并保持眼睛距离电脑屏幕中央 70cm 左右，并告知实验过程中尽量不要出现摆头、摆腿等大的动作。

4. 心率调整阶段。屏幕上呈现一张放松图片，被试仔细观看并表象图片里边的内容，并想象自己身临其境，调整呼吸，放松时间为 60s。

5. 练习阶段。为保证正式实验阶段的顺利进行而设置练习阶段。练习阶段包括 10 个 trial，实验流程包括："注视点（500ms）—乘法心算任务（应激条件 1500ms，控制条件 6000ms）—缓冲界面（100ms）—反馈（1000ms）—缓冲界面（200ms）—协同刺激视频（2000ms）—缓冲界面（100ms）—反馈（1000ms）—空白（300/400/500ms）"，其中乘法心算任务中的 10 道心算题目是从 320 道题目中随机选取的，应激条件与控制条件心算题目是一致的，若心算题目中两个乘数相乘小于 10 则按 F 键，若大于 10 则按 J 键。心算任务反馈界面包括两种：应激条件下，反馈内容为被试反应的正确与否以及其反应时与其他大多数人平均反应时（依据研究一中的被试结果，大多数人的平均反应时定在 700—800ms 之间随机）的比较（大于、等于或小于）；控制条件下，反馈内容为星号。

在协同刺激视频呈现中会有三种情况：一是所有运动的点均向左或向右（100% 条件，向左按键盘上的 F 键，向右按键盘上的 J 键）；二是所有运动的点均为随机运动（0% 条件，不需要进行按键反应）；三是部分运动的点向左或向右，其他运动的点均为随机运动（50%、75% 条件，向左按键盘上的 F 键，向右按键盘上的 J 键）。

6. 正式实验阶段。被试练习完之后，将进入正式实验阶段。正式实验阶段包括两个 block：一个 block 为应激条件（160 个 trail），一个 block 为控制条件（160 个 trail），共 320 个 trail，协同性水平 0、50%、75%、100% 均包含 40 个 trail（左右各一半），其中每个 trail 随机呈现。应激条件与控制条件之前均有一个练习 block。实验具体流程与练习阶段基本一致（协同方向判断后无反馈），包括："注视点—乘法心算任务—缓冲界面—反馈—缓冲界面—协同方向判断—空白"，具体流程见图 6-1。

此外，由于研究为组内设计，为避免顺序效应造成的实验误差，研究采用 ABBA 设计来进行被试间平衡处理，即应激—控制和控制—应激交替进行，两种条件之间休息 5—10 分钟，以避免两种条件之间的交互影响。正式实验中，应激条件与控制条件实验之前均表象放松场景 1 分钟，以调整自己的情绪状态。除去练习中所用的 10 个乘法心算题目，再从余下 310 个乘法题目中随机选取 200 个题目作为应激条件与控制条件下乘法估算的题目，为排除因题目差异对实验结果的影响，应激条件与控制条件下所选的心算题目保持一致。

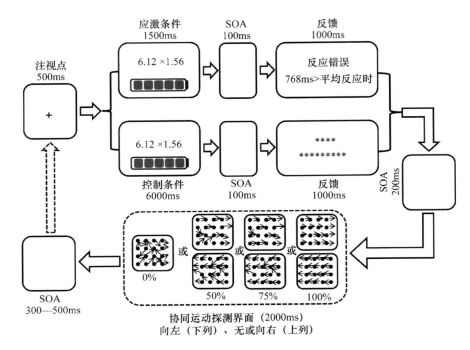

图6-1　急性心理应激对协同运动知觉影响的正式实验任务流程

五　行为学数据

行为学数据主要由 E - prime 2.0 软件采集，并采用 Excel 2007 软件计算出每名被试应激条件与控制条件下乘法心算任务的反应时与正确率，以及不同协同性水平下的反应时及正确率。此外，采用 SPSS 17.0 对 23 名被试在不同条件下的正确率及反应时进行描述性统计分析。在正确率方面，做 Chi-square 检验。在反应时方面，以应激水平与协同性水平做两因素重复测量方差分析，若主效应显著，则进行行事后检验；若交互作用显著，则进行简单效应分析。

六　脑电记录与分析

脑电数据主要通过 Recorder 软件采集，采用 BrainVision Analyzer 2 软件进行离线叠加分析与处理。实验所采用 BP 设备的 64 导电极帽按照国际 10—10 系统安置电极，AFz 点为接地电极。在线记录的参考电极为 FCz 点，后期离线处理时转换为平均参考。垂直眼电（VEOG）贴于右眼正下方 1cm 处，水平眼电（HEOG）贴于左眼眼角外 1cm 处。信号采样频率为 1000 Hz，滤波范围 0.01—100Hz。离线脑电数据处理时滤波范围选择为 0.01—35Hz，采用独立成分分析法（Independent Component Analysis）识别并去除眼动伪迹，同时去除波幅超过 ±80μV 的伪迹（Artifact Rejection）。为探究不同应激水平下被试协同运动知觉的 ERP 特征，依据协同运动知觉刺激呈现时长与被试实际反应结果将 EEG 叠加时长定为 -200—1000ms（共 1200ms），基线为探测刺激呈现前的 200ms。关于 ERP 的叠加次数，Picton 等人认为由于 ERP 实验过程中会受到眼跳、肌肉伪迹与反应错误等因素的影响，建议各实验条件叠加次数大于 30 次。[1] 通过统计分析，各实验条件平均叠加次数约为 33 次，大于 30 次。

　　ERP 分析分为两个部分：应激诱发部分与协同运动知觉部分。一方面，在应激诱发部分，根据前期研究结果[2]，并结合 ERPs 总平均、差异脑地形图，应激诱发阶段选取 Pz 和 POz 作为分析 N1 成分的电极点，N1 的分析时间窗为 80—200ms[3]；选取 PO3、PO4 和 POz 作为分析 P2 成分的电极点，P2 成分的分析时间窗为 150—250ms[4]。

---

①　Picton Terence W. et al. , "Guidelines for Using Human Event-Related Potentials to Study Cognition: Recording Standards and Publication Criteria", *Psychophysiology*, Vol. 37, No. 2, March 2000, p. 127.

②　Bertsch Katja et al. , "Exogenous Cortisol Facilitates Responses to Social Threat Under High Provocation", *Hormones and Behavior*, Vol. 59, No. 4, April 2011, p. 428. Qi Mingming et al. , "Subjective Stress, Salivary Cortisol, And Electrophysiological Responses to Psychological Stress", *Frontiers in Psychology*, Vol. 7, No. 229, February 2016, p. 1.

③　Reinvang Ivar et al. , "Information Processing Deficits in Head Injury Assessed with Erps Reflecting Early and Late Processing Stages", *Neuropsychologia*, Vol. 38, No. 7, June 2000, p. 995.

④　O'toole Laura and Tracy A. Dennis, "Attention Training and the Threat Bias: An ERP Study", *Brain and Cognition*, Vol. 78, No. 1, February 2012, p. 63.

　　另外，在协同运动知觉部分，依据前人研究基础①，协同运动知觉分析的 ERP 成分主要包括 P1、P2、N2 以及晚期正成分（LPP）。同时，结合 ERPs 总平均和差异脑地形图，各成分的时间窗和电极点具体如下：P1 成分的时间窗为刺激呈现后 60—160ms，分析电极点为左右后颞枕区 P3、P5、PO7、P4、P6、PO8；P2 成分的时间窗为150—300ms，分析电极点为 P3、P5、PO7、P4、P6、PO8；N2 成分的时间窗为刺激呈现后 100—300ms，分析电极点为枕区 POz、PO3、PO4；晚期正成分 LPP 的时间窗为 400—600ms，分析电极点为 P3、P5、P4、P6。采用重复测量方差分析方法对应激诱发部分和协同运动知觉部分产生的 ERP 成分进行差异检验，包括主效应分析和简单效应分析。重复测量方差分析中若不满足球形检验，则方差分析的 p 值采用 Greenhouse Geisser 法校正，所有主效应的多重比较均通过 Bonfferni 方法校正。

第三节　研究结果

一　行为学结果

　　在应激诱发有效性检验方面，配对样本 t 检验发现心算任务中应激条件（13.86 ± 5.29）的正性心理唤醒得分显著低于实验前（17.05 ± 4.49），$t = 3.32$，$p < 0.01$；被试在应激条件实验后的状态焦虑得分（43.36 ± 11.70）显著大于实验前的得分（37.50 ± 7.03），$t = -2.95$，$p < 0.01$，详见图 6-2。在心算任务反应时方面，结果发现应激条件下心算任务反应时显著短于控制条件（$t = -8.81$，

---

　　① Manning Catherine et al., "Neural Dynamics Underlying Coherent Motion Perception in Children and Adults", *Developmental Cognitive Neuroscience*, Vol. 38, No. 5, June 2019, p. 1. Niedeggen Michael and Eugene R Wist, "Characteristics of Visual Evoked Potentials Generated by Motion Coherence Onset", *Brain Research Cognitive Brain Research*, Vol. 8, No. 2, July 1999, p. 95.

$p < 0.01$），应激条件下的心算正确率显著小于控制条件（$\chi^2 = 13.94$，$p < 0.01$）。说明被试在应激状态下的心算反应时较快且正确率较低，心算任务起到了应激诱发效果。

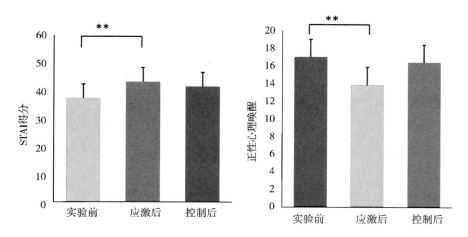

图 6 - 2　不同应激水平下状态焦虑与正性心理唤醒差异结果
（误差线代表标准误）

关于协同运动知觉判断方面的描述性统计：从反应时来看，应激条件下整体协同运动知觉（0.5、0.75、1.0 三个水平）的平均反应时为 813.14 ± 125.42ms，其中 0.5 水平下反应时为 955.22 ± 188.96ms，0.75 水平下反应时为 766.39 ± 143.80ms，1.0 水平下反应时为 717.80 ± 109.58ms，可以发现应激条件下随着协同性水平的增加，被试反应时逐渐缩短（一元线性回归发现 $R^2 = 0.90$）；控制条件下整体协同运动知觉（0.5、0.75、1.0 三个水平）的平均反应时为 906.15 ± 146.04ms，其中 0.5 水平下反应时为 1070.15 ± 154.62ms，0.75 水平下反应时为 858.13 ± 124.67ms，1.0 水平下反应时为 790.17 ± 91.98ms，可以发现控制条件下随着协同性水平的增加，被试的反应时逐渐缩短（一元线性回归发现 $R^2 = 0.92$）。

从正确率来看，应激条件下整体协同运动知觉（0.5、0.75、1.0 三个水平）的平均正确率为 0.93 ± 0.06，其中 0.5 水平下正确率为 0.87 ± 0.13，0.75 水平下正确率 0.96 ± 0.07，1.0 水平下正确率为 0.97 ± 0.08，可以发现应激条件下随着协同性水平的增加，被试反应正确率逐渐增加（一线线性回归发现 $R^2 = 0.82$）；控制条件下整体协同运动知觉（0.5、0.75、1.0 三个水平）的平均正确率为 0.93 ± 0.07，其中 0.5 水平下正确率为 0.85 ± 0.16，0.75 水平下正确率 0.96 ± 0.06，1.0 水平下正确率为 0.99 ± 0.02，可以发现控制条件下随着协同性水平的增加，被试反应正确率逐渐增加（一元线性回归发现 $R^2 = 0.90$）。

以应激水平（应激与控制）、协同性水平（0.50、0.75、1.0）为被试内变量，对被试反应时进行两因素重复测量方差分析。结果表明：在被试反应时方面，应激水平主效应显著，$F(1, 22) = 10.76$，$p < 0.01$，$\eta_p^2 = 0.33$，事后检验发现，$M_{应} = 813.14\text{ms} < M_{控} = 906.15\text{ms}$，见图 6 - 3 左；协同性水平主效应显著，$F(1.53, 33.65) = 87.73$，$p < 0.01$，$\eta_p^2 = 0.80$，$M_{0.5} = 1012.69\text{ms}$，$M_{0.75} = 812.26\text{ms}$，$M_{1.0} = 753.99\text{ms}$，见图 6 - 3（左图），可见随着协同性水平的增加，被试反应时逐渐缩短。

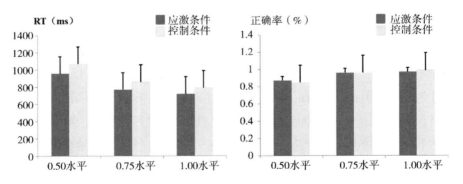

图 6 - 3　不同应激水平与协同性水平下反应时与正确率结果
（误差线代表标准误）

事后检验发现，四种协同性水平两两比较均存在显著性差异（p 均小于 0.01），即随着协同性水平的增加，被试反应时显著性降低；

应激水平与协同性水平交互作用不显著，$F_{(1.44, 31.71)} = 1.97$，$p > 0.05$，$\eta_p^2 = 0.08$。在反应正确率方面：以应激水平与协同性水平做交叉表 Chi-square 检验，结果为 $\chi^2 = 0.26$，$df = 2$，$p > 0.05$，说明应激水平与协同性水平两个自变量相互独立，即交互作用不显著。以应激水平做单一变量的 Chi-square 检验，结果为 $\chi^2 = 0.04$，$df = 1$，$p > 0.05$，说明不同应激水平下被试协同运动方向判断正确率差异不显著。以协同性水平做单一变量的 Chi-square 检验，结果为 $\chi^2 = 17.84$，$df = 2$，$p < 0.01$，说明不同协同性水平下被试判断正确率差异显著，见图 6-3，随着协同性水平的增加，被试反应正确率逐渐增加。

二　ERP 结果

(一)　应激诱发部分

在 N1 峰潜伏期方面，电极位置主效应显著，$F_{(1, 22)} = 8.27$，$p = 0.009 < 0.01$，$\eta_p^2 = 0.27$，事后检验发现 POz 电极点（$137.44 \pm 3.31ms$）的 $N1$ 峰潜伏期显著大于 Pz 电极点（$129.87 \pm 2.83ms$）（$p < 0.01$）；应激水平主效应以及电极位置与应激水平交互作用均不显著（$p > 0.05$）。在 $N1$ 峰波幅方面，电极位置主效应与应激水平主效应均不显著（$p > 0.05$）；电极位置与应激水平交互作用显著，$F_{(1, 22)} = 5.42$，$p = 0.03 < 0.05$，$\eta_p^2 = 0.20$，简单效应分析未发现两两之间存在差异。

在 P2 峰潜伏期方面，PO3 应激：$247.83 \pm 24.05ms$。PO3 控制：$241.13 \pm 26.04ms$。POz 应激：$236.57 \pm 22.23ms$。POz 控制：$239.87 \pm 25.28ms$。PO4 应激：$246.26 \pm 23.07ms$。PO4 控制：$238.70 \pm 24.44ms$。对电极点与应激水平 P2 峰潜伏期进行重复测量方差分析，发现：应激水平主效应不显著，$F_{(1, 22)} = 0.73$，$p > 0.05$，$\eta_p^2 = 0.03$；电极位置主效应不显著，$F_{(2, 44)} = 1.37$，$p > 0.05$，$\eta_p^2 = 0.06$；应激水平与电极位置交互作用不存在显著差异，$F_{(2, 44)} =$

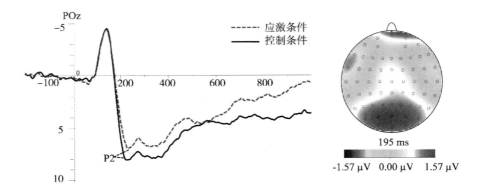

图 6 - 4   不同应激条件下 P2 总平均波形及差异脑地形（控制—应激）

2.45，$p > 0.05$，$\eta_p^2 = 0.10$。

在 P2 峰波幅方面，PO3 应激：8.33 ± 2.99ms。PO3 控制：9.32 ± 2.75ms。POz 应激：$8.08 \pm 3.16 \mu V$。POz 应激：$9.58 \pm 3.02 \mu V$。PO4 应激：$8.81 \pm 2.93 \mu V$。PO4 控制：$10.09 \pm 3.49 \mu V$。对应激水平与电极位置的 P2 峰波幅进行重复测量方差分析，结果发现：应激水平主效应显著，F（1，22）$= 7.70$，$p = 0.01$，$\eta_p^2 = 0.26$，事后检验发现应激水平下 P2 峰波幅（$8.41 \pm 0.58 \mu V$）显著小于控制条件（$9.67 \pm 0.59 \mu V$）（$p < 0.05$），见图 6 - 4 左侧波形图；电极位置主效应不显著，F（2，44）$= 1.48$，$p > 0.05$，$\eta_p^2 = 0.06$；应激水平与电极位置交互作用不显著，F（2，44）$= 0.96$，$p > 0.05$，$\eta_p^2 = 0.04$。

（二）协同运动知觉部分

P1 成分：

依据 6 - 5 右侧脑地形图（Topographic Map）和前期研究基础，可以发现 P1 成分的电极点主要位于 P3、P5、PO7、P4、P6、PO8 六个电极点。采用 SPSS 17.0 对不同应激水平、协同性水平与电极位置的 P1 峰潜伏期与 P1 峰波幅进行描述性统计，所得结果见表 6 - 1、表 6 - 2。

表 6 – 1　　**不同应激水平与协同率下 P1 峰潜伏期平均结果**（*M* ± *SD*）　　单位：ms

电极位置	应激条件			控制条件		
	0.50 水平	0.75 水平	1.00 水平	0.50 水平	0.75 水平	1.00 水平
P3	110.35 ± 16.66	116.83 ± 26.23	116.70 ± 16.36	115.13 ± 22.34	114.78 ± 25.42	117.39 ± 20.28
P5	117.00 ± 15.99	122.26 ± 25.98	116.04 ± 16.52	118.30 ± 18.67	124.00 ± 22.76	119.13 ± 17.29
PO7	112.39 ± 23.10	125.13 ± 22.89	120.00 ± 20.86	114.00 ± 23.39	130.78 ± 21.05	119.70 ± 24.24
P4	101.09 ± 22.18	119.09 ± 25.40	111.83 ± 20.38	102.83 ± 17.67	122.91 ± 27.43	104.78 ± 18.08
P6	106.78 ± 22.75	124.61 ± 24.39	117.35 ± 19.13	104.96 ± 20.08	123.48 ± 27.44	117.65 ± 18.68
PO8	107.48 ± 25.71	130.65 ± 18.79	118.26 ± 27.19	104.09 ± 18.49	132.48 ± 24.79	121.96 ± 23.00

　　对应激水平、协同性水平与电极位置 P1 峰潜伏期与峰波幅进行三因素重复测量方差分析，发现：对于 P1 峰潜伏期而言，应激水平主效应不显著，$F_{(1, 22)} = 0.17$，$p > 0.05$，$\eta_p^2 = 0.01$；协同性水平主效应显著，$F_{(1.39, 30.57)} = 11.65$，$p < 0.01$，$\eta_p^2 = 0.35$，$M_{0.50} = 109.53$ms，$M_{0.75} = 123.92$ms，$M_{1.00} = 116.73$ms。事后检验发现：0.50 水平协同运动的 P1 峰潜伏期显著短于 0.75 水平协同运动（$p < 0.01$）与 1.00 水平协同运动（$p < 0.01$）；电极位置主效应显著，$F_{(2.98, 65.45)} = 3.07$，$p = 0.03$，$\eta_p^2 = 0.12$。事后检验发现：P3 电极点的 P1 峰潜伏期显著短于 P5 电极点（$p < 0.01$），P4 电极点的 P1 峰潜伏期显著短于 PO8 电极点（$p < 0.05$）。

　　交互作用分析表明：电极位置与协同性水平交互作用显著，$F_{(3.57, 78.53)} = 3.44$，$p < 0.05$，$\eta_p^2 = 0.14$。进一步做简单效应分析表明：在 0.50 水平上 P5 电极点 P1 峰潜伏期显著大于 P4 电极点（$p < 0.01$）、P6 电极点（$p < 0.05$）和 PO8 电极点（$p < 0.05$），在 PO7 与 P4 电极点 0.50 水平协同运动 P1 潜伏期显著小于 0.75 水平协同运动（$p < 0.05$），在 P6 电极点 0.5 水平协同运动 P1 潜伏期显著小于 1.00 水平协同运动（$p < 0.05$），在 PO8 电极点 0.50 水平协同运动 P1 潜伏期显著小于 0.75 水平与 1.00 水平协同运动（$p <$

0.01）以及 0.75 水平协同运动 P1 潜伏期显著大于 1.00 水平协同运动（$p < 0.05$），其余两两比较之间差异均不显著（$p > 0.05$）；其余交互作用均不显著（$p > 0.05$）。

表6-2　　不同应激水平与协同率下 P1 峰波幅平均结果（$M \pm SD$）　　单位：μV

电极位置	应激条件			控制条件		
	0.50 水平	0.75 水平	1.00 水平	0.50 水平	0.75 水平	1.00 水平
P3	5.46 ± 2.87	3.20 ± 2.75	4.14 ± 3.18	5.92 ± 2.90	3.28 ± 2.74	3.67 ± 2.71
P5	5.43 ± 3.47	3.64 ± 2.66	4.42 ± 3.59	5.66 ± 3.40	3.65 ± 2.38	4.05 ± 2.65
PO7	5.49 ± 3.42	5.28 ± 3.67	5.31 ± 3.63	5.12 ± 2.94	4.80 ± 2.99	4.69 ± 2.71
PO8	5.88 ± 3.77	4.82 ± 2.67	4.72 ± 3.96	5.48 ± 4.08	4.62 ± 2.68	4.35 ± 3.30
P4	5.42 ± 3.42	2.84 ± 2.30	3.62 ± 2.89	5.41 ± 3.42	3.64 ± 2.35	3.56 ± 2.29
P6	5.42 ± 3.53	3.10 ± 2.18	3.92 ± 3.09	5.81 ± 3.36	3.68 ± 2.17	3.90 ± 2.46

对 P1 峰波幅而言，应激水平主效应不显著，$F(1, 22) = 0.02$，$p > 0.05$，$\eta_p^2 = 0.001$；协同性水平主效应显著，$F(2, 44) = 9.74$，$p < 0.01$，$\eta_p^2 = 0.31$，$M_{0.50} = 5.54\mu V$，$M_{0.75} = 3.88\mu V$，$M_{1.00} = 4.20\mu V$。进一步事后检验发现：0.50 水平协同运动 P1 峰波幅显著大于 0.75 水平与 1.00 水平协同运动（p 值均小于 0.01），见图 6-5 左侧；电极位置主效应不显著，$F(2.19, 48.10) = 1.58$，$p > 0.05$，$\eta_p^2 = 0.07$；电极位置与协同性水平交互作用显著，$F(3.76, 24.48) = 4.26$，$p < 0.01$，$\eta_p^2 = 0.16$，进一步做简单效应分析表明：在 0.75 水平协同运动上 P3 电极点 P1 峰波幅显著小于 PO7 与 PO8 电极点（$p < 0.05$）、PO7 电极点 P1 峰波幅显著小于 P4 与 P5 电极（$p < 0.05$）以及 PO8 电极显著大于 P4 与 P6 电极（$p < 0.05$），在 P3、P4、P5 和 P6 电极点上 0.50 水平协同运动的 P1 峰波幅显著大于 0.75 水平与 1.00 水平协同运动（$p < 0.01$），在 PO8 电极点 0.50 水平协同运动的 P1 峰波幅显著大于 1.00 水平协同运动（$p < 0.05$）；

其余交互作用之间均不显著（$p > 0.05$）。

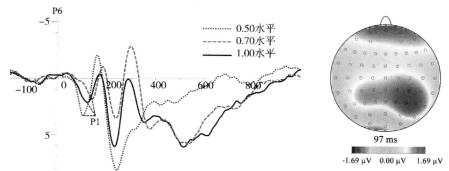

图 6 - 5　不同协同性水平下 P1 总平均波形及差异脑地形
（0. 50—1. 00 水平）

P2 成分：

从图 6 - 6 中的 P2 脑地形图（右侧）可以看出协同运动知觉 P2 成分的脑区位置主要位于 P3、P5、PO7、P4、P6、PO8 六个电极点。采用 SPSS 17. 0 对不同应激水平、协同性水平与电极位置的 P2 峰潜伏期与 P2 峰波幅进行描述性统计，所得结果见表 6 - 3、表 6 - 4。

表 6 - 3　　　不同应激水平与协同率下 P2 峰潜伏期平均结果（$M \pm SD$）　　单位：ms

电极位置	应激条件			控制条件		
	0. 50 水平	0. 75 水平	1. 00 水平	0. 50 水平	0. 75 水平	1. 00 水平
P3	235. 43 ± 22. 82	237. 83 ± 24. 97	234. 52 ± 13. 86	246. 52 ± 25. 15	240. 70 ± 20. 39	233. 00 ± 16. 95
P5	240. 61 ± 26. 32	237. 17 ± 23. 79	234. 70 ± 15. 73	247. 48 ± 26. 30	245. 00 ± 17. 65	236. 83 ± 19. 12
PO7	237. 30 ± 23. 91	233. 26 ± 29. 41	231. 70 ± 18. 45	239. 83 ± 33. 20	231. 61 ± 28. 95	231. 48 ± 16. 30
P4	233. 52 ± 20. 99	233. 13 ± 22. 15	223. 48 ± 16. 03	239. 96 ± 19. 19	234. 91 ± 20. 04	233. 09 ± 25. 60
P6	241. 13 ± 19. 61	236. 43 ± 18. 38	230. 04 ± 12. 06	243. 91 ± 20. 81	239. 13 ± 15. 29	234. 57 ± 20. 51
PO8	238. 09 ± 18. 66	231. 13 ± 28. 51	233. 22 ± 15. 48	242. 83 ± 19. 04	233. 43 ± 26. 20	232. 13 ± 20. 42

对于 P2 峰潜伏期而言，应激水平主效应显著，$F(1, 22) = 6. 42$，$p = 0. 02 < 0. 05$，$\eta_p^2 = 0. 23$，进一步事后检验发现：应激水平

下 P2 潜伏期（234.59 ± 2.42ms）显著短于控制条件 P2 潜伏期（238.13 ± 2.63ms），可以从图 6 - 6 左侧 P2 成分总平均波形图中看出，应激条件下的 P2 要略早于控制条件出现；协同性水平主效应显著，F（2，44）= 3.46，$p = 0.04 < 0.05$，$\eta_p^2 = 0.14$，$M_{0.50} = 240.55ms$，$M_{0.75} = 236.15ms$，$M_{1.00} = 232.40ms$，可见随着协同性水平的增高，P2 潜伏期逐渐缩短，进一步事后检验发现：0.50 水平协同运动 P2 潜伏期略大于 1.00 水平协同运动（$p = 0.07$，接近显著性水平）；电极位置主效应不显著，F（2.01，44.26）= 0.24，$p > 0.05$，$\eta_p^2 = 0.06$；电极位置、应激水平和协同性水平三者之间交互

表 6 - 4　　　不同应激水平与协同率下 P2 峰波幅平均结果（$M \pm SD$）　　　单位：μV

电极位置	应激条件			控制条件		
	0.50 水平	0.75 水平	1.00 水平	0.50 水平	0.75 水平	1.00 水平
P3	9.56 ± 3.79	4.77 ± 3.10	7.22 ± 3.42	9.91 ± 4.42	5.86 ± 3.85	7.84 ± 3.54
P5	8.43 ± 3.94	4.78 ± 2.70	6.82 ± 3.54	8.83 ± 4.20	5.56 ± 3.28	7.36 ± 3.42
PO7	8.90 ± 3.25	4.79 ± 2.22	6.48 ± 2.79	8.27 ± 4.33	4.84 ± 2.63	6.34 ± 3.36
P4	9.61 ± 3.64	5.03 ± 3.83	6.91 ± 3.43	10.15 ± 4.57	5.92 ± 4.02	7.90 ± 3.90
P6	9.56 ± 3.77	5.09 ± 3.73	6.97 ± 3.26	9.83 ± 4.14	5.80 ± 3.96	7.58 ± 3.36
PO8	8.83 ± 3.97	4.79 ± 3.68	5.85 ± 3.71	8.58 ± 5.00	5.09 ± 3.78	6.14 ± 4.16

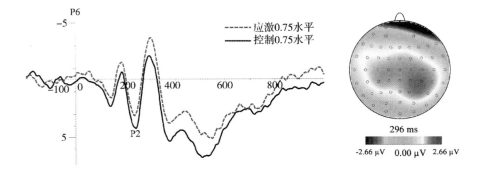

图 6 - 6　不同应激水平下 P2 总平均波形（0.75 协同水平）及差异脑地形（0.75 协同水平：控制—应激）

均不存在显著性作用（$p > 0.05$）。

对于 P2 峰波幅而言，应激水平主效应不显著，$F (1, 22) = 0.82$，$p > 0.05$，$\eta_p^2 = 0.04$；电极位置主效应不显著，$F (2.66, 58.42) = 1.69$，$p > 0.05$，$\eta_p^2 = 0.07$；协同性水平主效应显著，$F (2, 44) = 49.10$，$p < 0.01$，$\eta_p^2 = 0.69$，$M_{0.50} = 9.21\mu V$，$M_{0.75} = 5.19\mu V$，$M_{1.00} = 6.95\mu V$。进一步事后检验发现：0.50 水平协同运动的 P2 峰波幅显著大于 0.75 与 1.00 水平协同运动（$p < 0.01$），0.75 水平协同运动 P2 峰波幅显著小于 1.00 水平协同运动（$p < 0.01$），见图 6 - 7 左侧波形图；电极位置、应激水平和协同性水平三者之间交互均不存在显著性作用（$p > 0.05$）。

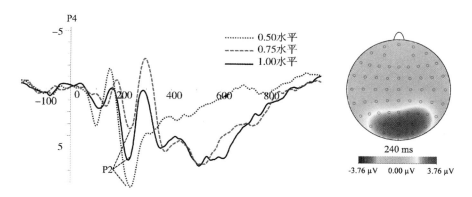

图 6 - 7　不同协同性水平下 P2 总平均波形及差异
脑地形（0.50—1.00 水平）

N2 成分：

参照前人研究基础及图 6 - 8 右侧 N2 成分的脑地形图，可以发现 N2 成分主要位于 PO3、POz、PO4 三个电极点。采用 SPSS 17.0 对不同应激水平、协同性水平与电极位置的 N2 峰潜伏期与 N2 峰波幅进行描述性统计，所得结果见表 6 - 5。本研究发现 0.50 水平协同运动刺激并未诱发出明显的 N2 成分，这与前人研究结果具有一致性，即研究发现协同性水平较低的运动未能诱发可观察到的视觉诱发电位①。因此，本研究纳入高协同性水平运动（0.75 与 1.00 水平）进行重复测量方差分析，并进一步探究应激条件与非应激条件下协同运动知觉的差异机制。

对 N2 峰潜伏期而言，应激水平主效应不显著，F（1，22）= 1.52，$p > 0.05$，$\eta_p^2 = 0.06$；协同性水平主效应不显著，F（1，22）= 1.02，$p > 0.05$，$\eta_p^2 = 0.04$；电极位置主效应不显著，F（1.27，27.85）= 0.67，$p > 0.05$，$\eta_p^2 = 0.03$；电极位置、应激水平与协同性水平两两交互均不存在显著性作用（$p > 0.05$）。

表 6 - 5　　不同应激水平与协同率下 N2 峰潜伏期与峰波幅平均结果（$M \pm SD$）

应激水平	协同水平	电极位置（峰潜伏期：ms）			电极位置（峰波幅：μV）		
		PO3	POz	PO4	PO3	POz	PO4
应激条件	0.75	293.35 ± 28.20	288.74 ± 27.88	291.43 ± 26.81	− 6.55 ± 4.37	− 8.33 ± 4.46	− 7.61 ± 5.77
	1.00	286.78 ± 26.51	291.04 ± 17.71	290.65 ± 16.09	− 3.56 ± 4.99	− 6.18 ± 4.95	− 4.19 ± 5.90
控制条件	0.75	290.43 ± 29.68	288.57 ± 28.38	293.04 ± 26.67	− 5.39 ± 4.87	− 6.80 ± 5.22	− 6.07 ± 6.79
	1.00	284.04 ± 24.65	282.70 ± 23.75	287.61 ± 14.59	− 3.62 ± 5.52	− 6.12 ± 5.80	− 3.81 ± 7.35

对 N2 峰波幅值而言，应激水平主效应不显著，F（1，22）= 1.96，$p > 0.05$，$\eta_p^2 = 0.08$，$M_{应激} = − 6.07 \mu V$，$M_{控制} = − 5.30 \mu V$，可见应激条件下 N2 波幅值略大于控制条件；协同性水平主效应显著，F（1，22）= 16.47，$p < 0.01$，$\eta_p^2 = 0.43$，$M_{0.75} = − 6.79 \mu V$，$M_{1.00} = − 4.58 \mu V$。进一步做事后检验发现：0.75 水平协同运动 N2 峰波幅显著大于 1.00 水平协同运动（$p < 0.01$），见图 6 - 8 左侧；

① Patzwahl Dieter R. and Johannes M. Zanker, "Mechanisms of Human Motion Perception: Combining Evidence from Evoked Potentials, Behavioural Performance and Computational Modelling", *European Journal of Neuroscience*, Vol. 12, No. 1, October 2000, p. 273. Niedeggen Michael and Eugene R Wist, "Characteristics of Visual Evoked Potentials Generated by Motion Coherence Onset", *Brain Research Cognitive Brain Research*, Vol. 8, No. 2, July 1999, p. 95.

电极位置主效应显著，F（1.42，31.30）= 4.48，$p < 0.05$，$\eta_p^2 =$ 0.17，进一步做事后检验发现：PO3 电极点 N2 峰波幅显著小于 POz 电极点（$p < 0.01$），其余两两比较差异不显著（$p > 0.05$）。

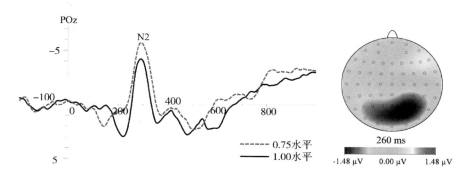

图 6 - 8　不同协同性水平下 N2 总平均波形及差异
脑地形（0.75—1.00 水平）

交互作用分析表明：电极位置与协同性水平交互作用显著，F（2，44）= 10.71，$p < 0.01$，$\eta_p^2 = 0.33$。进一步做简单效应分析表明：0.75 水平协同运动上 PO3 电极点 N2 峰波幅显著小于 POz 电极点（$p < 0.05$），1.00 水平协同运动上 POz 电极点 N2 峰波幅显著大于 PO3 与 PO4 电极点（$p < 0.01$），在 PO3、POz 及 PO4 电极点上 0.75 水平协同运动的 N2 峰波幅均显著大于 1.00 水平协同运动（$p < 0.05$）；应激水平与协同性水平交互作用显著，F（1，22）= 7.67，$p = 0.01$，$\eta_p^2 = 0.26$。进一步做简单效应分析表明：在 0.75 水平协同运动下应激条件下的 N2 峰波幅显著大于控制条件（$p < 0.01$），应激与控制条件下 0.75 水平协同运动的 N2 峰波幅显著大于 1.00 水平协同运动（$p < 0.05$），见图 6 - 8 与图 6 - 9；其余各实验条件之间交互作用均不显著（$p > 0.05$）。

晚期正成分（LPP/400—600ms）：

由于 23 名被试中有 2 名被试的 EEG 数据中晚期正成分（LPP）的平均值小于 $0\mu V$ 而被剔除，故本部分数据分析共纳入 21 名被试

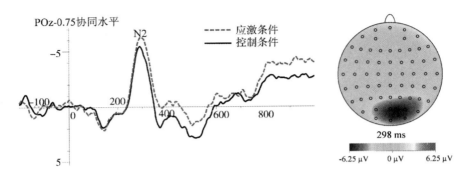

图 6 - 9　不同应激条件下 N2 总平均波形及瞬时
脑地形（应激条件与 0.75 协同水平）

（10 男，11 女，平均年龄为 19.76 岁）。对于 LPP 而言，应激水平主效应显著，F（1，20）$= 7.24$，$p = 0.014 < 0.05$，$\eta_p^2 = 0.27$，进一步事后检验发现：应激水平下的 LPP 平均波幅（$3.13 \pm 0.57 \mu V$）要显著小于控制条件（$5.21 \pm 0.65 \mu V$）（$p < 0.05$），见图 6 - 10 左侧波形图；协同性水平主效应显著，F（2，40）$= 9.04$，$p < 0.01$，$\eta_p^2 = 0.31$，$M_{0.50} = 2.70 \mu V$，$M_{0.75} = 4.98 \mu V$，$M_{1.00} = 4.83 \mu V$。进一步做事后检验发现：0.50 水平协同运动的 LPP 平均波幅均要显著小于 0.75 水平（$p < 0.01$）与 1.00 水平（$p < 0.05$）的协同运动刺激；电极位置主效应显著，F（1.34，26.83）$= 3.90$，$p < 0.05$，$\eta_p^2 = 0.16$，进一步做事后检验发现：P3 电极点 LPP 平均波幅显著大于 P5 电极点（$p < 0.01$），P4 电极点 LPP 平均波幅显著大于 P6 电极点（$p < 0.05$）。

交互作用分析表明：电极位置与协同性水平交互作用显著，F（2.29，45.71）$= 5.53$，$p < 0.01$，$\eta_p^2 = 0.22$。进一步做简单效应分析表明：在 0.75 水平协同运动上 P5 电极点 LPP 平均波幅显著小于 P3 与 P4 电极点（$p < 0.01$）以及 P4 电极点 LPP 平均波幅显著大于 P6 电极点（$p < 0.05$），在 1.00 水平协同运动上 P4 电极点 LPP 平均波幅显著大于 P5 与 P6 电极点（$p < 0.05$）以及 P3 电极点 LPP 平

均波幅显著大于 P5 电极点 （$p < 0.01$），在 P4 与 P6 电极点上 0.50 水平协同运动的 LPP 平均波幅显著小于 0.75 水平与 1.00 水平协同 运动 （$p < 0.01$）；其余两两之间交互作用均不显著 （$p < 0.05$）。

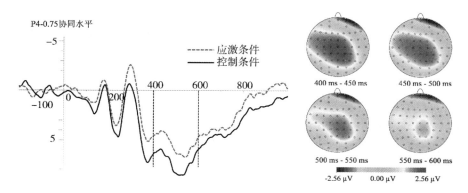

图 6 – 10　不同应激条件下 LPP 总平均波形 （0.75 水平） 及差异 脑地形 （控制—应激）

第四节　讨论与小结

一　讨论

本研究旨在通过双任务范式探究急性心理应激对协同运动知觉的 影响及其机制的 ERP 特征，乘法估算任务 （包括不可控制性与社会威 胁性） 作为先行任务，用于诱发被试的急性心理应激状态；协同运动 知觉中 RDK 光点任务作为后行任务，用于探测被试的协同运动知觉能 力大小。结果发现，乘法估算任务成功地诱发了被试的急性心理应激 反应，同时急性心理应激状态下被试在协同运动知觉任务中加工速度 加快、注意控制能力增强；在协同运动知觉加工早期阶段注意资源投 入较早，在晚期阶段枕区表现出持续性抑制减弱现象。

（一）应激诱发的效果分析

在应激诱发效果方面，应激条件下的心算任务反应时要短于控制条件且正确率要小于控制条件。这与之前研究结果一致①，即应激状态打破了被试的速度与准确性之间的平衡状态，在应激与控制条件中被试可能采用了两种认知加工策略，即应激条件下更倾向于速度优先型，而控制条件下更倾向于准确率优先型。

在 ERP 指标方面，应激条件下的 P2 成分峰波幅要小于控制条件。有研究发现个体注意加工过程中若出现反应较快且准确率下降，则 P2 成分的波幅值会表现出下降的现象。② 有学者采用乘法估算任务诱发被试的应激状态，结果发现相比较于控制条件，应激条件下诱发的 P2 峰波幅值也小于控制条件。③ 这些研究结果与本研究结果基本一致，说明 P2 成分与注意加工过程有紧密关联，即在视觉任务中若注意资源分配增加则会造成 P2 波幅值的显著增加。④ 此外，诸多研究发现应激对个体的注意加工过程具有削弱功能，即影响了注意资源的合理分配。⑤

因此，在本实验过程中，笔者采用改良后的 MIST 任务诱发被试

① Qi Mingming et al. , "Subjective Stress, Salivary Cortisol, And Electrophysiological Responses to Psychological Stress", *Frontiers in Psychology*, Vol. 7, No. 229, February 2016, p. 1.

② Bertsch Katja et al. , "Exogenous Cortisol Facilitates Responses to Social Threat Under High Provocation", *Hormones and Behavior*, Vol. 59, No. 4, April 2011, p. 428.

③ Qi Mingming et al. , "Subjective Stress, Salivary Cortisol, And Electrophysiological Responses to Psychological Stress", *Frontiers in Psychology*, Vol. 7, No. 229, February 2016, p. 1.

④ Lenartowicz Agatha et al. , "Electroencephalography Correlates of Spatial Working Memory Deficits in Attention-Deficit/Hyperactivity Disorder: Vigilance, Encoding, And Maintenance", *Journal of Neuroscience*, Vol. 34, No. 4, January 2014, p. 1171. Löw Andreas et al. , "When Threat is Near, Get out of Here: Dynamics of Defensive Behavior During Freezing and Active Avoidance", *Psychological Science*, Vol. 26, No. 11, September 2015, p. 1706.

⑤ Dambacher Michael and Ronald Hübner, "Time Pressure Affects the Efficiency of Perceptual Processing in Decisions Under Conflict", *Psychological Research*, Vol. 79, No. 1, February 2014, p. 83. Sänger Jessica et al. , "The Influence of Acute Stress on Attention Mechanisms and Its Electrophysiological Correlates", *Frontiers in Behavioral Neuroscience*, Vol. 8, No. 10, October 2014, p. 1.

的急性心理应激状态，并辅以时间压力、社会评价压力以及任务绩效压力等多重压力，削弱了被试将更多的注意资源投入到乘法估算任务。结合前人研究结果，可以发现本实验中乘法估算任务较为成功地诱发了被试的急性心理应激状态。

（二）急性心理应激对协同性知觉判断过程影响的行为特征分析

在急性心理应激对协同运动知觉影响的行为学层面，应激与控制条件下随着协同性水平的增加，被试的反应时逐渐缩短而正确率逐渐升高，支持了研究假设。这一结果与罗伯森（Robertson）等人[1]的研究基本一致，其研究发现随着协同性水平的升高，自闭症患者与正常人在协同性知觉任务中表现出的正确率逐渐增加且反应时逐渐缩短。布里登（Britten）等人[2]将协同性水平分为1%、10%、100%，发现随着协同性水平的增高，被试的判断正确率也随之升高。希格尔（Siegel）等人的研究也发现了这一类似现象。[3] 可见，随着协同性水平的增高，被试越容易作出判断，进而会降低任务反应时与增加正确率。

相比较于控制条件，应激条件下被试协同性知觉判断的反应时较短，支持了假设。有研究发现时间压力下个体的注意焦点缩小，进而影响有机体的知觉加工过程的效率，表现出速度快而正确率较低的现象[4]。也有研究发现有机体在应激状态下知觉加工的速度会加

① Robertson Caroline E. et al. , "Global Motion Perception Deficits in Autism are Reflected as Early as Primary Visual Cortex", *Brain*, Vol. 137, No. 9, July 2014, p. 2588.

② Britten K. H. et al. , "The Analysis of Visual Motion: A Comparison of Neuronal and Psychophysical Performance", *The Journal of Neuroscience*, Vol. 12, No. 12, December 1992, p. 4745.

③ Siegel Markus et al. , "High-Frequency Activity in Human Visual Cortex is Modulated by Visual Motion Strength", *Cerebral Cortex*, Vol. 17, No. 3, March 2007, p. 732.

④ Dambacher Michael and Ronald Hübner, "Time Pressure Affects the Efficiency of Perceptual Processing in Decisions Under Conflict", *Psychological Research*, Vol. 79, No. 1, February 2014, p. 83.

快，但是其准确性会有所下降。[①] 因此，在本实验中应激条件下被试协同性知觉判断的反应时缩短，说明急性心理应激提升了有机体的警觉性水平，缩小了注意范围，进一步促进了视觉信息内在辨别的过程，加快了有机体快速作出反应。也就是说，急性心理应激状态下有机体的自身适应性行为反应。

（三）急性心理应激对协同性知觉过程影响的 ERP 特征分析

在急性心理应激对协同运动知觉影响的 ERP 特征方面：应激条件与控制条件下协同运动知觉任务的 ERP 特征基本相似。协同运动知觉任务中出现的 ERP 成分主要有 P1、P2、N2 以及 LPP（晚期正成分）。其中，最早出现的 P1 成分在颞枕区两侧幅度最大（60—160ms），在115ms 左右达到峰值；其次是 P2 成分，它同样出现在两侧颞枕区（150—300ms），峰值在230ms 左右；N2 成分主要出现在枕区（100—300ms），0.75 水平与1.00 水平协同运动峰值出现在280ms 左右；晚期正成分 LPP 主要出现在两侧枕颞区，LPP 主要出现在400—600ms 这一范围之内。

1. P1 成分的特点

对 P1 成分而言，本研究发现0.50 水平协同运动的 P1 成分出现时间要早于0.75 水平与1.00 水平，左侧枕颞叶中0.50 水平协同运动诱发的 P1 成分出现时间要晚于右侧枕颞叶，以及0.50 水平协同运动的 P1 成分波幅值要大于0.75 水平与1.00 水平。前期发现 P1 成分是一种与感觉分析器对外在物理刺激进行早期视觉信息加工有关的成分，即与视觉外在信息刺激的初级特征编码有关，同时 P1 成分还与个体对无意识信息感觉偏向的抑制相关[②]，且它较易受到外在

① Bertsch Katja et al. , "Exogenous Cortisol Facilitates Responses to Social Threat Under High Provocation", *Hormones and Behavior*, Vol. 59, No. 4, April 2011, p. 428.

② Luck S. J. et al. , *The Oxford Handbook of Event-Related Potential Components*, Oxford: Oxford University Press, 2011, p. 10.

刺激的对比度与亮度大小的影响①。外在刺激信息进入视觉系统后，感觉分析器会对物理刺激的形状、颜色等视觉特征进行分析加工，这种加工属于较低水平的加工过程，主要位于颞枕区。

在 P1 潜伏期方面，0.50 水平协同运动较早地诱发出了有机体的 P1 成分，从三种协同运动知觉任务来看，0.50 水平协同运动的任务难度较难，在屏幕上随机运动的点较多，更容易吸引有机体的注意力，故被试需要过早地分配注意资源去辨识共同运动点的方向。此外，由于相比较于 0.75 水平与 1.00 水平协同运动，0.50 水平协同运动的辨识过程较长，任务难度较大，被试需要分配更多的注意资源去辨识出相应协同运动点的方向，所以 0.50 水平下被试的 P1 成分波幅值较大。

2. P2 成分的特点

在 P2 成分方面，本研究发现随着协同性水平的升高，P2 成分的潜伏期逐渐缩短。研究发现在视觉任务中若注意资源分配增加则会造成 P2 波幅值的显著增加。② 此外，研究发现 P2 成分还与有机体工作记忆的 ERP 成分有紧密关系。③ 工作记忆也称为短时记忆，这里会涉及模式识别，即将外在刺激信息与长时记忆储存的信息进行匹配并找出最佳的匹配选项。也就是说，随着协同性水平的增高，协同方向的判断变得更加容易，被试可以较快地进行模式识别，并与脑海中所储存的方向模式进行匹配，最后快速作出判断反应，所

① Kubová Zuzana et al., "Contrast Dependence of Motion-Onset and Pattern-Reversal Evoked Potentials", *Vision Research*, Vol. 35, No. 2, January 1995, p. 197.

② Lenartowicz Agatha et al., "Electroencephalography Correlates of Spatial Working Memory Deficits in Attention-Deficit/Hyperactivity Disorder: Vigilance, Encoding, And Maintenance", *Journal of Neuroscience*, Vol. 34, No. 4, January 2014, p. 1171. Löw Andreas et al., "When Threat is Near, Get out of Here: Dynamics of Defensive Behavior During Freezing and Active Avoidance", *Psychological Science*, Vol. 26, No. 11, September 2015, p. 1706.

③ Finnigan Simon et al., "ERP Measures Indicate Both Attention and Working Memory Encoding Decrements in Aging", *Psychophysiology*, Vol. 48, No. 5, May 2011, p. 601.

以 P2 成分的潜伏期会随着协同性水平的增加而逐渐缩短。

此外，研究还发现 0.50 水平协同运动的 P2 波幅值要大于 0.75 水平与 1.00 水平，且 0.75 水平协同运动的 P2 波幅值要小于 1.00 水平。P2 成分的波幅值大小与个体的注意资源分配具有一定的关系，0.50 水平协同运动的方向识别需要被试付出较多的认知资源，故 P2 波幅值较大。相比较于控制条件，应激条件下协同运动知觉的 P2 成分出现较早。研究发现，急性心理应激可以使个体处于高唤醒与高警觉的精神状态①，同时有研究表明心理应激会使有机体的感觉信息输入与早期视觉加工过程变得更加敏感②。可见，心算任务诱发了被试的急性心理应激状态，个体在心算任务中的高警觉状态延续到了协同运动知觉任务中，高警觉状态促使有机体集中注意力于当前任务，故应激条件下被试会过早地调用注意资源来辨别协同运动方向。

3. N2 成分的特点

对于 N2 成分而言，本研究发现 POz 电极点上的 N2 波幅值最大，0.75 水平协同运动的 N2 波幅值要显著大于 1.00 水平。许多研究发现 N2 是运动特定的一种成分，不像早期 P1 成分（与模式特点识别有关），其关键区别在于运用特定机制捕获关于运动方向的信息，而不仅仅是亮度的动态变化信息。③ 有研究在述评运动刺激诱发的脑电位活动特征中发现在枕叶存在两个与运动有关的 ERP 成分：其一是运动开始后约 130ms 的正成分 P1；其二是

---

① Wang Jiongjiong et al. , "Perfusion Functional Mri Reveals Cerebral Blood Flow Pattern Under Psychological Stress", *Proceedings of the National Academy of Sciences*, Vol. 102, No. 49, November 2005, p. 17804.

② Davis Michaeland Paul J. Whalen, "The Amygdala: Vigilance and Emotion", *Molecular Psychiatry*, Vol. 6, No. 1, January 2001, p. 13.

③ Clifford C. W. G and Ibbotson MR, "Fundamental Mechanisms of Visual Motion Detection: Models, Cells and Functions", *Progress in Neurobiology*, Vol. 68, No. 6, December 2002, p. 409.

150—200ms 左右的负成分 N2。① 从这两项研究来看，N2 成分可
以作为运动刺激诱发的一个电位活动。关于 N2 的脑区，有研究发
现对运动刺激比较敏感的背部流区域主要包括 V3A、背侧枕叶沟
中的 V6 以及沿着顶内沟的前部和下部区域。② 可见脑部枕叶参与
运动刺激辨别的认知过程。

　　在协同运动知觉任务中，有学者在协同运动知觉任务中发现
N2 出现于枕叶电极，且其潜伏期在 300ms 左右达到峰值，随后伴
随着或许与知觉决策有关的正向偏移慢成分。③ 研究发现，协同
运动知觉任务诱发的 N2 成分波幅值与协同性水平有一定关系，
且协同性水平较低的运动未能诱发可观察到的视觉诱发电位。④
这些研究表明，或许由于刺激物理信息的原因，协同运动知觉过
程中会在枕叶出现一个较晚的 N2 成分，且波幅值与协同性水平
有关，同时较低的协同性水平未能诱发出视觉诱发电位，这与本
研究结果基本一致。此外，有研究者采用 ERP 技术研究发现被试
在协同运动知觉任务中会在枕区中出现潜伏期 300ms 左右的一个
负成分，如同前期研究中有关协同运动知觉诱发的 N2 成分。⑤ 可
见，协同性知觉任务中枕叶区域确实存在一个潜伏期 300ms 左右
的 N2 成分。除了 N2 成分代表运动特征信息外，有学者认为 N2

①　Kuba Miroslav et al.，"Motion-Onset Veps：Characteristics，Methods，And Diagnostic Use"，*Vision Research*，Vol. 47，No. 2，January 2007，p. 189.

②　Meier Kimberly et al.，"Neural Correlates of Speed-Tuned Motion Perception in Healthy Adults"，*Perception*，Vol. 47，No. 6，April 2018，p. 660.

③　Niedeggen Michael and Eugene R Wist，"Characteristics of Visual Evoked Potentials Generated by Motion Coherence Onset"，*Brain Research Cognitive Brain Research*，Vol. 8，No. 2，July 1999，p. 95.

④　Patzwahl Dieter R. and Johannes M. Zanker，"Mechanisms of Human Motion Perception：Combining Evidence from Evoked Potentials，Behavioural Performance and Computational Modelling"，*European Journal of Neuroscience*，Vol. 12，No. 1，October 2000，p. 273.

⑤　Manning Catherine et al.，"Neural Dynamics Underlying Coherent Motion Perception in Children and Adults"，*Developmental Cognitive Neuroscience*，Vol. 38，No. 5，June 2019，p. 1.

成分是有关注意控制（Attention Control）的策略认知控制过程中的一种 ERP 成分。[①]

这说明相比较于 1.00 水平协同运动，0.75 水平的协同运动辨别过程需要更多的注意控制能力，这是由于 0.75 水平的难度要比 1.00 水平大所造成的。此外，本研究还发现相比较于控制条件，应激条件中 0.75 水平协同运动知觉诱发的 N2 波幅值较大，支持了假设。研究发现，心理应激会促使个体的唤醒水平与警觉性水平（Alterness Level）升高[②]，而焦虑与紧张状态会让个体的注意控制能力得到进一步加强[③]。0.75 水平属于难度适中的状态，同时也需要被试具有较好的注意控制能力，易受到焦虑状态的影响。因此，应激条件下 0.75 水平协同运动知觉任务过程中被试的注意控制能力较好。

4. 晚期正成分的特点

关于晚期正成分（LPP），本研究发现相比较于控制条件，应激条件下协同运动知觉的 LPP 平均波幅值较小。研究发现 LPP 成分通常在人们大脑后部（枕区）出现[④]，其中内源性 LPP 成分代表着有机体的高级信息加工阶段，它和个体的工作记忆更新密切相关。也有人提出 LPP 成分反映了大脑视觉皮层活动的全局抑制能力，与情绪刺激加工

---

① Olson Ryan L. et al., "Neurophysiological and Behavioral Correlates of Cognitive Control During Low and Moderate Intensity Exercise", *Neuroimage*, Vol. 131, No. 1, May 2016, p. 171.

② Wang Jiongjiong et al., "Perfusion Functional Mri Reveals Cerebral Blood Flow Pattern Under Psychological Stress", *Proceedings of the National Academy of Sciences*, Vol. 102, No. 49, November 2005, p. 17804.

③ Righi Stefania et al., "Anxiety, Cognitive Self-Evaluation and Performance: ERP Correlates", *Journal of Anxiety Disorders*, Vol. 23, No. 8, December 2009, p. 1132. Hum Kathryn M. et al., "Neural Mechanisms of Emotion Regulation in Childhood Anxiety", *Journal of Child Psychology and Psychiatry*, Vol. 54, No. 5, May 2013, p. 552.

④ Hajcak Greg et al., "Event-Related Potentials, Emotion, And Emotion Regulation: an Integrative Review", *Developmental Neuropsychology*, Vol. 35, No. 2, February 2010, p. 129.

活动的选择密切相关，它是衡量情绪调节的重要指标之一[①]。前期研究发现，应激条件下有机体大脑警觉性升高，注意力范围缩小，被试需要付出更多的认知资源来应付应激环境，故在协同运动知觉判断任务中注意资源会受到应激状态的影响，进而造成大脑中用来参与协同运动知觉任务的认知资源减少，即大脑在协同运动知觉任务中抑制持续性较弱。而在控制条件下，LPP 波幅较大，大脑用于协同运动知觉任务中的认知资源较多，即大脑在该部分的抑制持续性较好。此外，本研究还发现右侧枕颞叶上 0.50 水平协同运动知觉任务的 LPP 平均波幅要小于 0.75 水平与 1.00 水平。相比较于 0.75 水平与 1.00 水平，0.50 水平协同运动知觉的任务难度较大，被试不仅要付出较多认知资源应对应激环境，同时还需要付出较多努力去判断协同方向，故其在 0.50 水平协同运动知觉任务中的抑制能力较低。

（四）行为学结果与 ERP 结果的内在联系

结合行为学数据与脑电数据的分析来看，相比较于控制条件，应激状态下协同运动知觉任务表现较好，可以通过较短的反应时来体现。同时，与控制条件相比，应激状态下协同运动知觉任务诱发的 P2 成分出现时间较早和 N2 波幅值较大，说明应激状态下早期注意资源投入较早以及注意控制增强。综合行为学和神经生理学结果来看，可以推断出应激条件下协同运动知觉任务反应时缩短与 P2、N2 成分的活动高度相关。这与先前的研究结果基本一致，即心理应激会促使有机体感觉信息输入和早期知觉加工更加迅速[②]，同时紧张状态会使个体的注意控制能

① Thom Nathaniel et al. , "Emotional Scenes Elicit More Pronounced Self-Reported Emotional Experience and Greater EPN and LPP Modulation when Compared to Emotional Faces", *Cognitive Affective and Behavioral Neuroscience*, Vol. 14, No. 2, February 2014, p. 849.

② Davis Michaeland Paul J. Whalen, "The Amygdala: Vigilance and Emotion", *Molecular Psychiatry*, Vol. 6, No. 1, January 2001, p. 13.

力增强[1]，进而体现为有机体在协同运动知觉任务中的反应速度加快。此外，随着协同性水平的增加，协同运动知觉任务中 P2 成分的潜伏期逐渐缩短，体现在行为学层面上为协同运动知觉任务反应速度加快。这一结果也表明协同运动知觉任务反应速度大小与 P2 成分活动情况相关。即注意资源的调用速度与行为反应速度呈现一定程度的正相关。可见，本研究行为学结果与脑电数据结果具有一定的相关性。

　　人们通常认为急性心理应激是"有害"的，但本研究却发现急性心理应激对协同运动知觉的影响并不是"有害"的。本研究从行为学层面发现急性心理应激促进了协同运动知觉任务的操作表现。这一结果符合了双竞争理论模型[2]，即两种任务之间产生了影响。同时该结果也符合倒"U"形假设模型[3]，即适度的心理唤醒水平有利于个体的行为表现。此外，不论是 ERP 早期成分还是晚期正成分，均从侧面说明急性心理应激增强了人们在协同运动知觉任务中的注意控制能力，以及早期注意资源的投入。可见，急性心理应激提高了个体警觉性水平[4]，促进了视觉信息内在辨别的加工过程[5]。也就是说，人们在急性心理应激状态下的知觉加工过程表现出了较好的

---

[1]　Righi Stefania et al.，"Anxiety，Cognitive Self-Evaluation and Performance：ERP Correlates"，*Journal of Anxiety Disorders*，Vol. 23，No. 8，December 2009，p. 1132. Hum Kathryn M. et al.，"Neural Mechanisms of Emotion Regulation in Childhood Anxiety"，*Journal of Child Psychology and Psychiatry*，Vol. 54，No. 5，May 2013，p. 552.

[2]　Pessoa Luiz，"How Do Emotion and Motivation Direct Executive Control？"，*Trends in Cognitive Sciences*，Vol. 13，No. 4，March 2009，p. 160.

[3]　Yerkes Robert M. and John D. Dodson，"The Relation of Strength of Stimulus to Rapidity of Habit-Formation"，*Journal of Comparative Neurology and Psychology*，Vol. 18，No. 5，December 1908，p. 459.

[4]　Wang Jiongjiong et al.，"Perfusion Functional Mri Reveals Cerebral Blood Flow Pattern Under Psychological Stress"，*Proceedings of the National Academy of Sciences*，Vol. 102，No. 49，November 2005，p. 17804.

[5]　Davis Michaeland Paul J. Whalen，"The Amygdala：Vigilance and Emotion"，*Molecular Psychiatry*，Vol. 6，No. 1，January 2001，p. 13.

自适应状态。据此，人们可依据知觉刺激的运动场景做出适时的情绪调整，达到最佳的知觉—情绪—行为状态。

二　小结

本实验研究发现：（1）乘法心算任务成功地诱发了急性心理应激反应且削弱了后期注意资源分配。（2）协同性水平对协同运动知觉加工具有积极效应，注意效率更高。（3）急性心理应激状态下协同运动知觉加工速度加快、注意控制能力增强；在协同运动知觉加工早期阶段注意资源投入较早，在晚期阶段枕区表现出持续性抑制减弱现象。

第 七 章

急性心理应激对生物
运动知觉的影响机制

在前述研究的基础上，生物运动知觉作为视运动知觉的第二个分类，本章主要采用双任务范式探究急性心理应激对生物运动知觉加工过程的影响及其机制。研究采用乘法估算任务（MIST 任务）来诱发急性心理应激状态，应用光点序列图（PLD）来评价生物运动知觉能力的大小。发现在生物运动知觉任务加工过程中出现了"倒置效应"，且该效应和生物运动知觉的结构特点有关，而与急性心理应激状态无关。此外，急性心理应激对生物运动知觉任务反应过程产生了影响，具体体现在：在急性心理应激状态下，生物运动知觉反应速度加快、注意控制能力得到增强；在生物运动知觉加工早期注意资源调用时间较早且投入较少，在晚期顶枕区表现出抑制持续性减弱现象。

第一节　引言

生物运动知觉是指生物体在空间上的整体性移动行为，如步行、跑步等，通常采用人体各关节投影的运动光点刺激来研究生物运动知觉，人们可以通过生物运动光点刺激来判断生物体的动作特征、身份信息、情绪状态及性别等复杂的社会信息。[①] 它是评价视觉系统中感知人类复杂运动模式的一个重要指标。[②] 有学者最早提出采用光点序列图（Point-Light Displays，PLD）来研究人们对生物运动的识别能力，该光点序列只保留了人体轮廓与运动特征。[③] 人们生物运动知觉判断主要依据生物运动光点刺激在运动过程中所展现出的形状信息与运动信息。研究发现，当生物运动光点刺激动态呈现时，人们能够快速察觉，而当光点刺激静态呈现时，人们察觉生物运动的速度会下降。[④] 当不提供精确的形状信息情形下，被试识别生物运动的主要依据来源于运动信息，若运动信息减少或屏蔽部分光点信息，被试则依靠形状信息辨别出身体姿势等社会信息。在本章中，笔者采用生物运动光点序列图（包括一定数量的干扰点）来研究个体的生物运动知觉能力大小。

　　生物运动知觉受多种因素的影响，如自闭症、年龄、情绪以及刺激特征等因素。研究发现，相比较于正常被试，自闭症患者在加工生物运动光点刺激信息中的复杂社会信息（如动作意图与情绪状态）方面的能力较差[⑤]。有学者采用 fMRI 技术研究发现阿斯伯格综合征患者在生物运动知觉过程中其大脑下、中、上颞区（包括

---

① 蒋毅、王莉：《生物运动加工特异性：整体结构和局部运动的作用》，《心理科学进展》2011 年第 3 期。

② Lange Joachim and Markus Lappe, "A Model of Biological Motion Perception from Configural form Cues", *Journal of Neuroscience*, Vol. 26, No. 11, March 2006, p. 2894.

③ Johansson Gunnar, "Visual Perception of Biological Motion and a Model for its Analysis" *Perception & Psychophysics*, Vol. 14, No. 2, June 1973, p. 201.

④ Thirkettle Martin et al., "Contributions of Form, Motion and Task to Biological Motion Perception", *Journal of Vision*, Vol. 9, No. 3, March 2009, p. 1.

⑤ Wright Kristyn et al., "Schematic and Realistic Biological Motion Identification in Children with High-Functioning Autism Spectrum Disorder", *Research in Autism Spectrum Disorders*, Vol. 8, No. 10, October 2014, p. 1394.

MT＋/V5）的活动显著减少。[①] 研究发现，社会焦虑水平对生物运动的朝向偏向产生显著的影响。[②] 研究发现人们在恐惧状态下判断生物运动光点刺激移动速度要显著快于非恐惧状态，说明情绪对生物运动知觉具有影响作用。[③] 在刺激特征方面，研究发现正立的生物运动刺激比倒立刺激更能引起观察者的注意。[④] 研究发现整体信息对生物运动知觉加工十分重要。[⑤] 同时，有学者研究发现当局部生物运动信息不变时而破坏部分形状信息时，人们觉察生物运动的表现会下降。[⑥] 可见，生物运动知觉刺激属性不同，观察者生物运动知觉的能力存在差异。在这些影响因素当中，虽已有研究从行为学层面探究情绪状态对生物运动知觉的影响，但尚没有研究从 ERP 层面探究急性心理应激对生物运动知觉影响的内在机制，尤其是急性心理应激对不同刺激特征的生物运动觉察能力的差异机制。

　　急性心理应激是指不可预期且不可控制的外部压力短时间内超过了自身调节能力时，有机体产生的一种非特异性反应。[⑦] 这种非特异性反应是指急性心理应激使机体分泌皮质醇、儿茶酚胺和糖皮质

　　① Herrington John D. et al. , "The Role of MT＋/V5 During Biological Motion Perception in Asperger Syndrome: an fMRi Study", *Research in Autism Spectrum Disorders*, Vol. 1, No. 1, January 2007, p. 14.

　　② 封雅虹:《生物运动知觉加工的朝向偏向特征》，硕士学位论文，浙江大学，2017 年。

　　③ Niederhut Dillon, Emotion and the Perception of Biological Motion, Williamsburg, Williamsburg, VA, M. D. Dissertation, College of William and Mary, 2009.

　　④ Shi Jinfu et al. , "Biological Motion Cues Trigger Reflexive Attentional Orienting", *Cognition*, Vol. 117, No. 3, December 2010, p. 348.

　　⑤ Lange Joachim and Markus Lappe, "A Model of Biological Motion Perception from Configural form Cues", *Journal of Neuroscience*, Vol. 26, No. 11, March 2006, p. 2894.

　　⑥ Shiffrar Maggie et al. , "The Perception of Biological Motion Across Apertures", *Perception and Psychophysics*, Vol. 59, No. 1, January 1997, p. 51.

　　⑦ Koolhaas J. M. et al. , "Stress Revisited: A Critical Evaluation of the Stress Concept", *Neuroscience & Biobehavioral Reviews*, Vol. 35, No. 5, April 2011, p. 1291.

激素等来共同作用于知觉加工过程。[1] 急性心理应激通过增加身体中的去甲肾上腺素、多巴胺（Dopamine）分泌来影响依赖于前额叶皮层的知觉反应过程。[2] 研究发现，当认知负荷未负载或认知任务较简单时，急性应激具有促进认知功能的倾向。[3] 如，急性心理应激状态下协同运动知觉加工速度加快，注意控制能力增强[4]，以及促进深度运动知觉任务绩效的提升[5]。究其原因，或许是急性心理应激通过提高个体的注意控制能力[6]与警觉性水平[7]来改善其行为表现，而注意和认知负荷对生物运动知觉加工过程起到一定作用[8]。前期研究发现生物运动的局部信息使其加工趋向于自动化，需要较少注意参与。

[1]　Fisher Aaron J. and Michelle G. Newman，"Heart Rate and Autonomic Response to Stress After Experimental Induction of Worry Versus Relaxation in Healthy，High-Worry，And Generalized Anxiety Disorder Individuals"，*Biological Psychology*，Vol. 93，No. 1，April 2013，p. 65.

[2]　Sänger Jessica et al.，"The Influence of Acute Stress on Attention Mechanisms and Its Electrophysiological Correlates"，*Frontiers in Behavioral Neuroscience*，Vol. 8，No. 10，October 2014，p. 1. Arnsten Amy F. T.，"Stress Signalling Pathways that Impair Prefrontal Cortex Structure and Function"，*Nature Reviews Neuroscience*，Vol. 10，No. 6，June 2009，p. 410.

[3]　Qi Mingming et al.，"Effect of Acute Psychological Stress on Response Inhibition：an Event-Related Potential Study"，*Behavioural Brain Research*，Vol. 323，No. 1，January 2017，p. 32.

[4]　王积福等：《急性心理应激对协同运动知觉的影响及其机制：基于 ERP 的证据》，《体育科学》2021 年第 2 期。

[5]　Wang Jifu et al.，"Effect of Acute Psychological Stress on Motion-In-Depth Perception：an Event-Related Potential Study"，*Advances in Cognitive Psychology*，Vol. 16，No. 4，December 2020，p. 353.

[6]　Qi Mingming and Heming Gao，"Acute Psychological Stress Promotes General Alertness and Attentional Control Processes：An ERP Study"，*Psychophysiology*，Vol. 57，No. 4，January 2020，p. 1.

[7]　Shackman Alexander J. et al.，"Stress Potentiates Early and Attenuates Late Stages of Visual Processing"，*Journal of Neuroscience*，Vol. 31，No. 3，January 2011，p. 1156.

[8]　Thornton Lan M et al.，"Active Versus Passive Processing of Biological Motion"，*Perception*，Vol. 31，No. 7，July 2002，p. 837.

还有研究发现生物运动的局部信息加工来自于前注意加工。[①] 那么，生物运动的运动特点（直立或倒立）与空间特征（整体与局部）作为生物运动知觉任务的刺激属性，急性心理应激与生物运动的运动特点与空间特征存在一定的内在关系。因此，从电生理学层面进一步探究急性心理应激对生物运动知觉影响的内在变化特点显得十分必要。

从现有研究来看，急性心理应激与生物运动知觉的内在关系尚不明确，但有关情绪与认知之间的理论假说认为急性心理应激可能会对个体的生物运动知觉能力产生一定程度的影响。一方面，有理论模型认为情绪加工与认知加工过程会产生相互影响。例如，认知资源占用学说[②]认为人们在特定时间内只能对有限的认知资源进行分配；双竞争理论模型[③]认为认知加工与情绪刺激加工同时进行时，它们会对有限的认知资源进行竞争。另一方面，有理论假说认为适当的情绪刺激可能会对认知加工产生积极影响。例如，倒"U"形假说认为适度的应激水平会促使人们产生最佳的操作任务表现[④]；神经运动干扰理论认为干扰不一定暗示任务绩效下降，即任务执行过程中会有一个最佳信噪比。[⑤] 在这些理论基础上，急性心理应激是否会对生物运动知觉产生影响呢？这种影响背后存在什么样的机制呢？

---

① Bosbach Simone et al. , "A Simon Effect with Stationary Moving Stimuli", *Journal of Experimental Psychology*: *Human Perception and Performance*, Vol. 30, No. 1, January 2004, p. 39.

② Kahneman Daniel and Amos Tversky, "Prospect Theory: an Analysis of Decision Under Risk", *Econometrica*, Vol. 47, No. 2, February 1979, p. 263.

③ Pessoa Luiz, "How Do Emotion and Motivation Direct Executive Control?", *Trends in Cognitive Sciences*, Vol. 13, No. 4, March 2009, p. 160.

④ Yerkes Robert M. and John D. Dodson, "The Relation of Strength of Stimulus to Rapidity of Habit-Formation", *Journal of Comparative Neurology and Psychology*, Vol. 18, No. 5, December 1908, p. 459.

⑤ Van Gemmert et al. , "Stress, Neuromotor Noise, And Human Performance: A Theoretical Perspective", *Journal of Experimental Psychology*: *Human Perception and Performance*, Vol. 23, No. 5, May 1997, p. 1299.

本研究采用 ERP 技术在电生理学层面上探究急性心理应激对生物运动知觉的影响及其内在作用机制。

生物运动知觉过程所涉及的脑区主要包括梭状回（Fusiform Gyrus，FG）、舌回（Lingual Gyrus，LG）、颞中区（Middle Temporal Area，MT+／V5）和颞上沟（Superior Temporal Sulcus，STS）。[①] 其中，STS 和 FG 是生物运动知觉的关键脑区，分别位于颞区与枕颞区。研究发现，pSTS（后 STS）主要负责光点刺激的运动信息的分析与加工，而 FG 主要负责加工处理与人类身体有关的视觉刺激信息。[②] 关于生物运动知觉的 ERP 成分，研究发现 330ms 的负波成分（N330）被认为是关于生物运动刺激信息的具体识别过程。[③] 为满足 ERP 实验的要求，本研究选取改良后的 MIST 任务[④]作为实验室急性心理应激诱发的手段。选取生物光点序列图（关键节点）[⑤] 作为评价生物运动知觉能力的任务。本研究旨在通过采用具有高时间分辨率的 ERPs 实验技术探究急性心理应激对生物运动知觉任务影响的内在机制特点。依据相关理论基础，研究假设为若被试在应激条件与控制条件下其生物运动知觉任务中行为学表现存在差异，则生物运动知觉任务中 P1、P2、N330 成分及 LPP 平均波幅会存在显著性差异，且会出现生物运动知觉的"倒置"效应。

---

① 陈婷婷等：《生物运动知觉的神经基础》，《应用心理学》2011 年第 3 期。

② Kontaris Ioannis et al.，"Dissociation of Extrastriate Body and Biological-Motion Selective Areas by Manipulation of Visual-Motor Congruency"，*Neuropsychologia*，Vol. 47，No. 14，December 2009，p. 3118.

③ Jokisch Daniel et al.，"Structural Encoding and Recognition of Biological Motion：Evidence from Event-Related Potentials and Source Analysis"，*Behavioural Brain Research*，Vol. 157，No. 2，August 2005，p. 195.

④ Dedovic Katarina et al.，"The Montreal Imaging Stress Task：Using Functional Imaging to Investigate the Effects of Perceiving and Processing Psychosocial Stress in the Human Brain"，*J Psychiatry Neurosci*，Vol. 30，No. 5，September 2005，p. 319.

⑤ Johansson Gunnar，"Visual Perception of Biological Motion and a Model for its Analysis"，*Perception & Psychophysics*，Vol. 14，No. 2，June 1973，p. 201.

第二节 研究方法及流程

一 实验被试

通过 G × Power 3.1.9 计算样本量大小[1]，探测重复测量方差分析中的主效应及其交互作用（组内设计），使其统计检验力达到 0.8 及中等效应量（$d = 0.25$）所需要的总样本量为 16。同时结合前人研究[2]，随机选取某院校 24 名在校大学生，采用贝克抑郁量表[3]、情绪状态评价量表[4]、UCLA 孤独量表[5]以及镶嵌图形测验[6]对所有被试的情绪状态、自闭状态以及空间认知风格进行筛选。结果显示，24 名被试未出现抑郁、过度兴奋或过度负性情绪状态，以及均不处于孤独状态；所有被试均为场独立的认知风格，且基本处在同一水平以排除额外变量对实验结果的干扰。所有被试矫正视力正常，且均为右利手。最后，通过对比分析被试的 EEG 平均叠加次数与脑电伪迹，实际纳入行为学与 ERP 数据分析的被试有 24 名（12 男，12 女，平均年龄 19 岁）。该实验过程得到学校人体实验伦理委员会的

---

① Faul Franz et al., "G × Power 3: A Flexible Statistical Power Analysis Program for the Social, Behavioral, And Biomedical Sciences", *Behavior Research Methods*, Vol. 39, No. 2, May 2007, p. 175.

② Qi Mingming et al., "Effect of Acute Psychological Stress on Response Inhibition: an Event-Related Potential Study", *Behavioural Brain Research*, Vol. 323, No. 1, January 2017, p. 32.

③ Beck A. T., *Jama the Journal of the American Medical Association*, Pennsylvania: University of Pennsylvania Press, 1967, p. 10.

④ 漆昌柱等:《运动员心理唤醒量表的修订与信效度检验》,《武汉体育学院学报》2007 年第 6 期。

⑤ Russell Daniel W., "Ucla Loneliness Scale (Version 3): Reliability, Validity, And Factor Structure", *Journal of Personality Assessment*, Vol. 66, No. 1, January 1996, p. 20.

⑥ 邓铸、曾晓尤:《场依存性认知方式对问题表征及表征转换的影响》,《心理科学》2008 年第 4 期。

批准。

二　实验设计

该研究为三因素被试内实验设计，自变量为应激水平 2（应激条件与控制条件）×运动特点 2（直立行走与倒立行走）×空间特征 2（整体运动与局部运动），三个自变量均为组内变量。因变量为被试生物运动知觉判断过程中的反应时（刺激呈现到被试按键反应）、反应正确率、ERP 相关成分（P1、P2 以及 N330）的峰波幅与峰潜伏期以及晚期正成分 LPP 的平均波幅值。

三　实验材料及设备

（一）应激诱发材料

急性心理应激诱发方式主要参照改良后的 MIST 任务范式①，在第五章的基础上，应激诱发材料为 320 个乘法心算题目，如 2.16 × 4.78 等，被试需要判断该相乘结果是大于 10 还是小于 10。若心算题目中两个乘数相乘大于 10 则按 J 键，若小于 10 则按 F 键。

（二）量表工具

贝克抑郁量表②、情绪状态评价量表③、UCLA 孤独量表④以及镶嵌图形测验⑤的相关信息详见第五章和第六章。

---

① Dedovic Katarina et al. , "The Montreal Imaging Stress Task: Using Functional Imaging to Investigate the Effects of Perceiving and Processing Psychosocial Stress in the Human Brain", *J Psychiatry Neurosci*, Vol. 30, No. 5, September 2005, p. 319.

② Beck A. T. , *Jama the Journal of the American Medical Association*, Pennsylvania: University of Pennsylvania Press, 1967, p. 10.

③ 漆昌柱等：《运动员心理唤醒量表的修订与信效度检验》，《武汉体育学院学报》2007 年第 6 期。

④ Russell Daniel W. , "Ucla Loneliness Scale（Version 3）: Reliability, Validity, And Factor Structure", *Journal of Personality Assessment*, Vol. 66, No. 1, January 1996, p. 20.

⑤ 邓铸、曾晓尤：《场依存性认知方式对问题表征及表征转换的影响》，《心理科学》2008 年第 4 期。

（三）生物运动知觉刺激材料

借鉴已有的生物运动知觉的范式①，生物运动知觉目标刺激材料是一个光点动画，包括整体生物运动知觉与局部生物运动知觉。整体生物运动知觉由 12 个点构成，主要包括头部与身体的主要关节，模拟人体向左或向右行走的动作。研究发现脚部的运动在局部运动"倒置效应"中起了非常关键的作用②，同时考虑到任务的难度大小，故本研究选取小腿部（脚部光点加膝关节光点）作为局部运动刺激的光点刺激，共 4 个光点。整体与局部生物运动中，点的大小为 5 弧分，点的颜色为白色，背景色为黑色，点密度为 1.85 点/度^2，移动速度为 4.0°/s，所有光点刺激材料均采用 MATLAB 与 Psychtoolbox 进行编写，并制作成动画视频，视频格式为 WMV 视频大小 1024×768pixels。其中，目标刺激（整体运动）的大小为 4°（高度）× 3°（宽度）。

为避免视角差异与点数量对实验结果的影响，参照以往研究的结果③，在整体与局部生物运动的光点刺激周围加入同样大小的边框（见图 7 - 1），边框大小为高 115cm，宽 65cm，组成一个黑色长方形，生物光点刺激在黑色长方形里向左或向右行走。整体生物运动与局部生物运动的运动方向均包括向左或向右运动，同时两种条件下均包括正立行走与倒立行走，即正立向左或向右、倒立向左或向右，可见图 7 - 1 中生物运动探测界面部分中的红色箭头方向，但在

---

① Kim Jejoong et al. , "Deficient Biological Motion Perception in Schizophrenia: Results from a Motion Noise Paradigm", *Frontiers in Psychology*, Vol. 4, No. 1, July 2013, p. 1; Sokolov Arseny A. et al. , "Recovery of Biological Motion Perception and Network Plasticity After Cerebellar Tumor Removal", *Cortex*, Vol. 59, No. 10, October 2014, p. 146.

② Chang Dorita H. F. and Nikolaus F. Troje, "Acceleration Carries the Local Inversion Effect in Biological Motion Perception", *Journal of Vision*, Vol. 9, No. 1, January 2009, p. 1.

③ Masahiro Hirai and Ryusuke Kakigi, "Differential Cortical Processing of Local and Global Motion Information in Biological Motion: an Event-Related Potential Study", *Journal of Vision*, Vol. 8, No. 16, December 2008, p. 1.

实际实验中，不会标注箭头。

（四）实验设备

E – prime 2.0 编程软件及采用德国 Brain Products 公司生产的 64 导联事件相关电位记录仪来记录脑电信号，采用 BrainVision Analyzer 2 软件对脑电数据进行离线分析处理。

四　实验流程

1. 被试进入实验室后，填写被试知情同意书、四个量表及量表基本信息部分（包括利手测验），然后并对其结果进行筛查，排除自闭症、负性情绪多以及空间思维能力差的被试。

2. 主试给被试讲解实验要求及注意事项，并要求被试在实验过程中保持身体直立，眼睛平视前方且与电脑屏幕保持 70cm 左右，实验过程中尽量不要摇晃身体。

3. 洗头并吹干头发后，主试分别给 64 个电极点注入导电膏，并使所有电极点阻抗均需降到 5kΩ 以下。

4. 心率调整阶段（60s）。要求被试仔细观察屏幕上呈现的放松图片，进行表象训练，调整呼吸节奏。

5. 练习阶段。该阶段的主要目的是让被试熟悉整个实验流程，以便保证正式实验的顺利实施。练习阶段包括 12 个 trail，实验流程为："注视点（500ms）—乘法心算任务（应激条件1500ms，控制条件6000ms）—缓冲界面（100ms）—反馈（1000ms）—缓冲界面（200ms）—生物运动探测界面（2000ms）—缓冲界面（100ms）—反馈（1000ms）—空白（300/400/500ms）"。其中乘法心算任务中的 12 道心算题目是从 320 道题目中随机选取的，应激条件与控制条件心算题目是一致的，如果心算题目中两个乘数相乘小于 10 则按 F 键，若大于 10 则按 J 键。心算任务反馈界面包括两种：应激条件下，反馈内容为被试反应的正确与否以及其反应时与其他大多数人平均反应时（依据研究一中的被试结果，大多数人的平均反应时定在 700—800ms 随机）的比较（大于、等于或小于）；控制条件下，反馈内容为星号。

　　在生物运动知觉探测界面中会出现以下几种情况：（1）类似于人体运动的 12 个光点（整体生物运动）正立向左行走、正立向右行走、倒立向左行走或倒立向右行走，不论正立或倒立，光点刺激在屏幕上向左行走就按键盘上的 F 键，向右走就按键盘上的 J 键；（2）类似于人体小腿运动的四个光点（局部生物运动）正立向左行走、正立向右行走、倒立向左行走或倒立向右行走，被试需要在脑海中构建由局部信息所提供的背后整体信息，不论正立或倒立，光点刺激在屏幕上向左行走就按键盘上的 F 键，向右走就按键盘上的 J 键。生物运动探测界面反应之后的反馈内容主要是被试对生物运动方向的判断正确与否或者是否进行反应。

　　6. 正式实验阶段。被试练习完之后进入正式实验阶段。正式实验阶段包括两个 block：1 个 block 为应激条件（200 个 trail），1 个 block 为控制条件（200 个 trail），共 400 个 trail，整体生物运动正立行走、整体生物运动倒立行走、局部生物运动正立行走和局部生物运动倒立行走均包含 50 个 trail，其中每个 trail 随机呈现。应激条件与控制条件之前均有一个练习 block。实验具体流程与练习阶段基本一致（生物运动方向判断后无反馈），包括：“注视点—乘法心算任务—缓冲界面—反馈—缓冲界面—生物运动探测界面—空白”，具体流程见图 7 – 1。

　　由于研究为组内设计，为避免顺序效应造成的实验误差，研究采用 ABBA 设计来进行被试间平衡处理，即应激—控制和控制—应激交替进行，两种条件之间休息 5—10 分钟，避免两种条件之间的交互影响。正式实验中，应激条件与控制条件实验之前均表象放松场景 1 分钟，以调整自己的情绪状态。除去练习中所用的 12 个乘法心算题目，再从余下 308 个乘法题目中随机选取 200 个题目作为应激条件与控制条件下乘法估算的题目，为排除因题目差异对实验结果的影响，应激条件与控制条件下所选的心算题目保持一致。

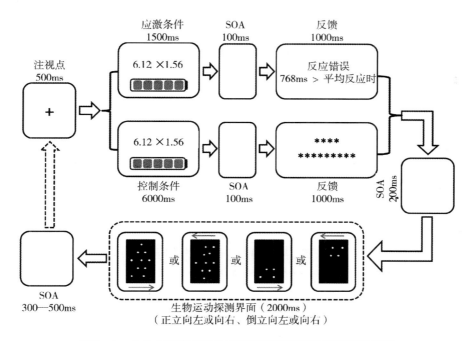

图 7 - 1　急性心理应激对生物运动知觉影响的实验任务流程

五　行为学数据

行为学数据主要由 E - prime 2.0 软件采集，并计算出每名被试不同应激条件下乘法心算任务及生物运动知觉任务的反应时与正确率。采用 SPSS 17.0 对 24 名被试在不同应激水平下生物运动知觉判断不同类型的反应时及正确率进行描述性统计分析，结果未发现有被试的反应时和正确率超出 $M \pm 3SD$ 范围。在反应时方面，对应激水平、生物运动特点及空间特征做三因素重复测量方差分析。在正确率方面，做 Chi-square 检验。若主效应显著，则进行 LSD 事后检验，若交互作用显著，则进行简单效应分析。

六　脑电记录与分析

脑电数据主要通过 Recorder 软件采集，采用 BrainVision Analyzer 2 软件进行离线叠加处理与分析。实验所采用 Brain Products

的 64 导电极帽按照国际 10—10 系统安置电极，FCz 点为参考电极（离线处理时转为平均参考），AFz 点为接地电极。水平眼电（HEOG）贴于左眼眼角外 1cm 处，垂直眼电（VEOG）贴于右眼正下方 1cm 处。信号采样频率为 1000Hz，滤波范围 0.01—100Hz。离线脑电数据处理时 IIR filter 范围选择为 0.01—35Hz，采用独立成分分析法（Independent Component Analysis）识别并去除眼动伪迹，同时去除波幅超过 ±80μV 的伪迹（Artifact rejection）。依据生物运动知觉刺激呈现时长与实际反应结果，EEG 叠加时长为 −200—1000ms。将刺激出现前 200ms 至刺激出现时的均值作为矫正均线，以刺激出现时为时间 0 点。前期研究发现由于 ERP 实验过程中会受到肌肉伪迹、眼跳以及反应错误等因素的综合影响，故各实验条件叠加次数应不小于 30 次。[1] 同时结合前人研究结果[2]，本研究各实验条件叠加次数平均为 42 次（大于 30 次），满足结果的需求。

ERP 分析分为两个部分：应激诱发部分与生物运动知觉部分。根据 ERP 总地形图与以往研究结果[3]，应激诱发阶段选取 Pz 和 POz（80—200ms）作为分析 N1 成分的电极点，选取 PO3、PO4 和 POz（150—250ms）作为分析 P2 成分的电极点；依据前人研究结果[4]，

---

① Picton Terence W. et al. , "Guidelines for Using Human Event-Related Potentials to Study Cognition: Recording Standards and Publication Criteria", *Psychophysiology*, Vol. 37, No. 2, March 2000, p. 127.

② Hirai Masahiro and Kazuo Hiraki, "An Event-Related Potentials Study of Biological Motion Perception in Human Infants", *Cognitive Brain Research*, Vol. 22, No. 2, September 2005, p. 301. Lunghi Marco et al. , "The Neural Correlates of Orienting to Walking Direction in 6-Month-Old Infants: an Erp Study", *Developmental Science*, Vol. 22, No. 6, November 2019, p. 1.

③ Qi Mingming et al. , "Subjective Stress, Salivary Cortisol, And Electrophysiological Responses to Psychological Stress", *Frontiers in Psychology*, Vol. 7, No. 229, February 2016, p. 1.

④ Jokisch Daniel et al. , "Structural Encoding and Recognition of Biological Motion: Evidence from Event-Related Potentials and Source Analysis", *Behavioural Brain Research*, Vol. 157, No. 2, August 2005, p. 195. Kröger Anne et al. , "Visual Event-Related Potentials to Biological Motion Stimuli in Autism Spectrum Disorders", *Social Cognitive and Affective Neuroscience*, Vol. 9, No. 8, August 2014, p. 1214.

生物运动知觉分析的 ERP 成分包括 P1、P2、N330 以及晚期正成分
（LPP）。结合差异脑地形图和 ERPs 总平均以及前期研究基础[①]，各
成分的时间窗与电极点具体如下：P1 成分的时间窗为刺激呈现后
70—140ms，分析电极点为枕颞区 PO3、O1、POz、O2、PO4；P2 成
分的时间窗为 150—250ms，分析电极点为枕区 P3、P5、P4、P6；
N330 成分的时间窗为 200—350ms，分析电极点为 Fz、F1；LPP 的
时间窗为 400—800ms，分析电极点为顶枕区 CPz、CP1、CP2。依据
各成分的时间窗口，相应成分的峰潜伏期值和峰波幅值采用基线—
峰值进行度量。采用重复测量方差分析方法分别对各 ERP 成分进行
主效应与简单效应分析。重复测量方差分析中若不满足球形检验，
则方差分析的 p 值采用 Greenhouse Geisser 法校正，所有主效应的多
重比较均通过 Bonfferni 方法校正。

第三节　研究结果

一　行为学结果

参照以往研究采用改良后的 MIST 任务范式诱发急性心理应激状
态，结果发现人们在应激状态下正性心理唤醒得分显著降低而状态
焦虑得分显著升高。[②] 本研究在心算任务反应时方面，对应激条件和
控制条件下心算任务的知觉反应时与正确率进行配对样本 t 检验，
结果发现控制条件下心算任务反应时显著长于应激条件下（$t =$

---

① Kröger Anne et al.，"Visual Processing of Biological Motion in Children and Adoles-
cents with Attention-Deficit/Hyperactivity Disorder：an Event Related Potential-Study"，*Plos
One*，Vol. 9，No. 2，February 2014，p. 1. Anne Kröger et al.，"Visual Event-Related Poten-
tials to Biological Motion Stimuli in Autism Spectrum Disorders"，*Social Cognitive and Affective
Neuroscience*，Vol. 9，No. 8，August 2014，p. 1214.

② Wang Jifu et al.，"Effect of Acute Psychological Stress on Motion-In-Depth Percep-
tion：an Event-Related Potential Study"，*Advances in Cognitive Psychology*，Vol. 16，No. 4，
December 2020，p. 353.

-8.19，$p < 0.01$），控制条件下的心算任务正确率显著大于应激条件（$\chi^2 = 20.38$，$p < 0.01$），见图7-2。结合前期结果①，可以发现改良后的 MIST 任务起到了应激诱发的效果。

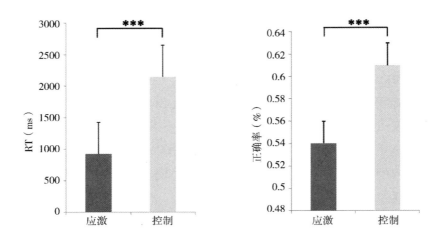

图7-2　不同应激水平下被试的反应时与正确率差异结果（误差线代表标准误）

关于生物运动知觉判断方面的描述性统计：在被试反应时方面（单位：ms），应激条件下被试对整体生物运动正立行走判断的平均反应时为 730.29 ± 97.60ms，对整体生物运动倒立行走判断的平均反应时为 989.84 ± 145.65ms，对局部生物运动正立行走判断的平均反应时为 777.53 ± 98.53ms，对局部生物运动倒立行走的平均反应时为 963.91 ± 149.28ms，对整体生物运动知觉的反应时为 860.06 ± 22.79ms，对局部生物运动知觉的反应时为 870.72 ± 24.28ms，对正立行走的反应时为 753.91 ± 19.28ms，对倒立行走的反应时为 976.87 ± 28.60ms。控制条件下被试对整体生物运动正立行走的平均

①　Qi Mingming et al. , "Subjective Stress, Salivary Cortisol, And Electrophysiological Responses to Psychological Stress", *Frontiers in Psychology*, Vol. 7, No. 229, February 2016, p. 1. Qi Mingming and Heming Gao, "Acute Psychological Stress Promotes General Alertness and Attentional Control Processes: An ERP Study", *Psychophysiology*, Vol. 57, No. 4, January 2020, p. 1.

反应时为 812.06 ± 136.54ms，对整体生物运动倒立行走判断的平均反应时为 1116.09 ± 195.01ms，对局部生物运动正立行走判断的平均反应时为 877.54 ± 135.62ms，对局部生物运动倒立行走的平均反应时为 1089.29 ± 195.92ms，对整体生物运动知觉的反应时为 964.08 ± 30.88ms，对局部生物运动知觉的反应时为 983.42 ± 32.09ms，对正立行走的反应时为 844.80 ± 27.30ms，对倒立行走的反应时为 1102.69 ± 37.58ms，可见图 7 – 3。

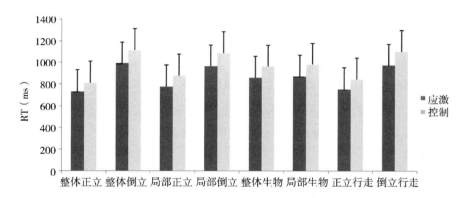

图 7 – 3 不同应激水平下生物运动知觉判断任务平均反应时结果（误差线代表标准误）

在正确率方面（见图 7 – 4），应激条件下被试对整体生物运动正立行走判断的平均正确率（单位:%）为 0.98 ± 0.05，对整体生物运动倒立行走判断的平均正确率为 0.91 ± 0.09，对局部生物运动正立行走判断的平均正确率为 0.97 ± 0.06，对局部生物运动倒立行走的平均正确率为 0.83 ± 0.18，对整体生物运动知觉的正确率为 0.95 ± 0.01，对局部生物运动知觉的正确率为 0.90 ± 0.02，对正立行走的正确率为 0.97 ± 0.01，对倒立行走的正确率为 0.87 ± 0.02。控制条件下被试对整体生物运动正立行走的平均正确率为 0.99 ± 0.02，对整体生物运动倒立行走判断的平均正确率为 0.89 ± 0.12，对局部生物运动正立行走判断的平均正确率为 0.98 ± 0.03，对局部生物运动倒立行走的平均正确率为 0.86 ± 0.18，对整体生物运动知觉的正确率为 0.94 ± 0.01，对局部生物运动知觉的正确率为 0.92 ± 0.02，对正立行走的正确率为 0.99 ± 0.01，对倒立行走的正确率为 0.88 ± 0.03。

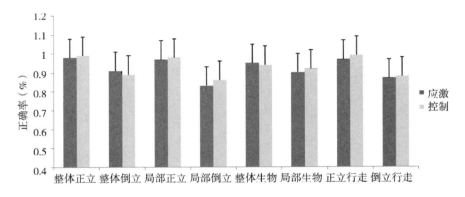

图 7 - 4　不同应激水平下生物运动知觉判断任务平均反应
正确率结果（误差线代表标准误）

以应激水平（应激与控制）、生物运动特点（正立行走与倒立行走）、空间特征（整体运动与局部运动）为组内变量，分别对被试反应时与正确率进行三因素的重复测量方差分析。结果表明，在被试反应时主效应方面：应激水平主效应显著，F（1，23）= 9.78，$p < 0.01$，$\eta_p^2 = 0.30$，$M_{应} = 865.39\,\text{ms} < M_{控} = 973.75\,\text{ms}$，说明应激条件下的生物运动知觉判断反应时要显著短于控制条件；空间特征主效应不显著，F（1，23）= 1.36，$p > 0.05$，$\eta_p^2 = 0.06$，$M_{整体} = 912.07\,\text{ms}$，$M_{局部} = 927.07\,\text{ms}$，可以看出两者差异并不大；生物运动特点主效应显著，F（1，23）= 161.49，$p < 0.01$，$\eta_p^2 = 0.88$，$M_{正立} = 799.36\,\text{ms} < M_{倒立} = 1039.78\,\text{ms}$，说明被试对于生物运动正立行走的判断要快于倒立行走，见图 7 - 5。

在被试反应时交互作用方面：应激水平与空间特征交互作用不显著，F（1，23）= 0.77，$p > 0.05$，$\eta_p^2 = 0.03$；应激水平与生物运动特点交互作用不显著，F（1，23）= 3.52，$p > 0.05$，$\eta_p^2 = 0.13$；

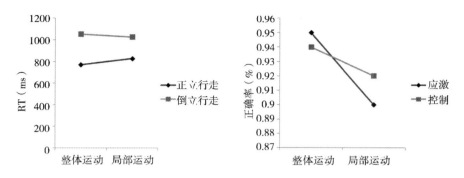

图 7 – 5　生物运动特点、空间特征和应激水平反应时交互示意

空间特征与生物运动特点交互作用显著，F（1，23）$= 17.47$，$p <$ 0.01，$\eta_p^2 = 0.43$。进一步做简单效应分析发现：在正立行走运动中，整体运动光点刺激的反应时显著小于局部运动光点刺激（$p < 0.01$），而在倒立行走中，整体运动与局部运动刺激反应时之间没有差异（$p > 0.05$），反之，无论是整体生物运动还是局部生物运动，被试对正立行走的判断反应时均显著小于倒立行走（$p < 0.01$）；应激水平、生物运动特点及空间特征三者交互作用不显著，F（1，23）$=$ 0.64，$p > 0.05$，$\eta_p^2 = 0.03$。

　　在被试反应正确率方面：以应激水平做单一变量的 Chi-square 检验，结果为 $\chi^2 = 0.29$，$df = 1$，$p > 0.05$，说明不同应激水平下被试生物运动方向判断正确率差异不显著；以生物运动特点做单一变量的 Chi-square 检验，结果为 $\chi^2 = 29.85$，$df = 1$，$p < 0.01$，$M_{正立} > M_{倒立}$；以空间特征做单一变量的 Chi-square 检验，结果为 $\chi^2 = 3.06$，$df = 1$，$p > 0.05$；以应激水平、生物运动特点和空间特征做分层 Chi-square 检验，结果发现在控制其中一个变量的前提下，另两个变量之间均不存在交互作用（$p < 0.05$）。

二　ERP 结果

（一）应激诱发部分 ERP 特征分析

N1 成分：

从 7-6 脑地形图（右图）中发现 N1 成分的主要电极点位于 Pz
与 POz。采用 SPSS 17.0 分别对应激水平与电极位置的 N1 峰潜伏期
与峰波幅进行两因素重复测量方差分析，结果显示：在 N1 峰潜伏期
方面，Pz 应激为 140.79 ± 22.29ms，Pz 控制为 138.92 ± 18.84ms，
POz 应激为 143.83 ± 21.90ms，POz 控制为 143.42 ± 19.12ms，电极
位置与应激水平的主效应及交互作用均不显著（$p > 0.05$）。

在 N1 峰波幅方面，Pz 应激为 -4.36 ± 2.92μV，Pz 控制为 -
3.76 ± 4.01μV，POz 应激为 -4.18 ± 3.57μV，POz 控制为 -3.29 ±
4.33μV，电极位置与应激水平的主效应及交互作用均不显著（$p >
0.05$），但应激条件下的 N1 峰波幅（-4.27 ± 0.62μV）略大于控制
条件（-3.53 ± 0.83μV），可以从图 7-6 左图平均波形图中发现应
激条件下的 N1 峰波幅稍大于控制条件。

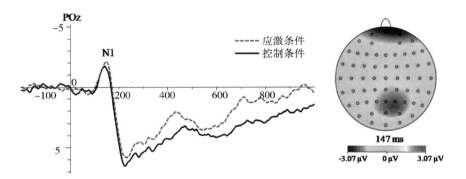

图 7-6　不同应激条件下 N1 成分的总平均波形及应激
条件下的脑地形

P2 成分：

依据以往研究与图 7-7 右侧脑地形图，可以确定 P2 成分主要
位于 PO3、POz 和 PO4 三个电极点。采用 SPSS 17.0 分别对应激水平
与电极位置的 P2 峰潜伏期与峰波幅进行两因素重复测量方差分析，
结果发现：在 P2 峰潜伏期方面，PO3 应激为 233.04 ± 19.96ms，
PO3 控制为 232.17 ± 21.29ms，POz 应激为 228.50 ± 21.76ms，POz

控制为 232.17 ± 24.28ms，PO4 应激为 233.17 ± 24.28ms，PO4 控制为 236.92 ± 20.60ms，电极位置与应激水平的主效应及交互作用均不显著（$p > 0.05$）；在 P2 峰波幅方面，PO3 应激为 7.65 ± 3.81μV，PO3 控制为 8.18 ± 4.08μV，POz 应激为 7.53 ± 4.35μV，POz 控制为 8.15 ± 3.93μV，PO4 应激为 7.66 ± 5.26μV，PO4 控制为 8.14 ± 4.68μV，电极位置与应激水平主效应及交互作用不显著（$p > 0.05$），但应激条件下的 P2 峰波幅（7.61 ± 0.87μV）略小于控制条件（8.16 ± 0.82μV），从图 7-7 左侧波形图中可以看出应激条件下的 P2 峰波幅要略大于控制条件。

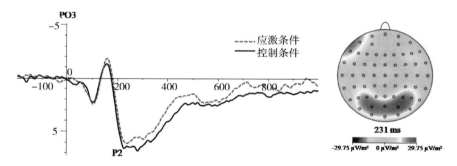

图 7-7　不同应激条件下 P2 成分的总平均波形及应激
条件下的脑地形

（二）生物运动知觉部分 ERP 特征分析

P1 成分：

依照以往相关研究基础以及图 7-8 右侧脑地形图中可以确定生物运动知觉中 P1 成分主要出现在 PO3、O1、POz、PO4、O2 五个电极点。采用 SPSS 17.0 对不同应激水平、生物运动特点、空间特征以及电极位置的 P1 峰潜伏期与峰波幅进行描述性统计，所得结果见表 7-1、表 7-2。

表 7 – 1 　　　　　**不同应激水平、空间特征及生物运动特点的**
P1 峰潜伏期平均结果 （$M \pm SD$）　　　　单位：ms

应激水平	运动特征	电极位置				
		PO3	O1	POz	PO4	O2
应激条件	局部倒立	113.08 ± 16.25	118.29 ± 17.05	106.71 ± 14.19	108.96 ± 18.92	113.58 ± 15.94
	局部正立	105.88 ± 11.00	111.12 ± 13.21	103.54 ± 11.77	105.29 ± 15.55	111.33 ± 13.79
	整体倒立	106.75 ± 14.20	113.17 ± 13.65	104.12 ± 9.87	107.79 ± 13.33	114.04 ± 15.48
	整体正立	110.29 ± 11.59	115.46 ± 13.57	105.21 ± 8.05	108.37 ± 15.62	113.33 ± 17.79
控制条件	局部倒立	114.58 ± 18.39	120.21 ± 17.58	109.08 ± 14.92	111.46 ± 18.31	115.29 ± 11.99
	局部正立	106.25 ± 13.95	106.67 ± 17.65	105.33 ± 15.93	107.17 ± 17.96	111.42 ± 15.36
	整体倒立	111.71 ± 17.00	115.04 ± 18.28	105.96 ± 12.19	108.63 ± 12.99	116.71 ± 16.63
	整体正立	112.17 ± 14.54	115.58 ± 14.37	106.38 ± 13.53	109.17 ± 17.73	114.33 ± 15.59

　　对应激水平、生物运动特点、空间特征以及电极位置进行四因素重复测量方差分析，结果显示：对于 P1 潜伏期而言，电极位置主效应显著，$F (2.94, 67.75) = 7.39$，$p < 0.01$，$\eta_p^2 = 0.24$，$M_{PO3} = 110.09$ms，$M_{O1} = 114.44$ms，$M_{POz} = 105.79$ms，$M_{PO4} = 108.35$ms，$M_{O2} = 113.76$ms。进一步做事后检验发现：POz 电极点 P1 峰潜伏期显著小于 O1 与 O2 电极点 （$p < 0.01$），其余两两比较差异均不显著 （$p > 0.05$）。应激水平主效应不显著，$F (1, 23) = 3.13$，$p = 0.09$（边缘显著），$\eta_p^2 = 0.12$，$M_{应} = 109.82$ms，$M_{控} = 111.16$ms。空间特征主效应不显著，$F (1, 23) = 0.19$，$p > 0.05$，$\eta_p^2 = 0.01$。生物运动特点主效应显著，$F (1, 23) = 8.66$，$p < 0.01$，$\eta_p^2 = 0.27$，$M_{倒立} = 111.76$ms，$M_{正立} = 109.22$ms，进一步做事后检验发现：倒立行走的生物运动 P1 峰潜伏期显著大于正立行走 （$p < 0.01$）。

　　交互作用分析表明，空间特征与生物运动特点交互作用显著，$F (1, 23) = 7.93$，$p = 0.01$，$\eta_p^2 = 0.26$，进一步做简单效应分析表明：在局部生物运动中倒立行走的 P1 峰潜伏期显著大于正立行走 （$p < 0.01$），在正立行走中局部生物运动的 P1 峰潜伏期要小于整体

生物运动知觉（$p < 0.05$）。电极位置、空间特征和生物运动特点三者交互作用显著，F（1，23）$= 3.40$，$p = 0.01$，$\eta_p^2 = 0.13$。进一步做简单效应分析表明：在 PO3 或 O1 电极点与局部生物运动中倒立行走生物光点刺激诱发的 P1 峰潜伏期显著大于正立行走（$p < 0.01$），在 PO3 或 O1 电极点与正立行走中局部生物运动诱发的 P1 峰潜伏期显著小于整体生物运动知觉（$p < 0.05$），在 O1 电极点与倒立行走中局部生物运动诱发的 P1 潜伏期要显著大于整体生物运动（$p < 0.05$），在局部生物运动与倒立行走、整体生物运动与倒立行走、整体生物运动与正立行走中 O1 电极点的 P1 峰潜伏期要显著大于 POz 电极点（$p < 0.05$），在局部生物运动与正立行走、整体生物运动与正立行走中 O2 电极点的 P1 峰潜伏期要显著大于 POz 电极点（$p < 0.05$）；其余各实验条件之间比较差异均不显著（$p > 0.05$）。

表 7 - 2　　　　不同应激水平、空间特征及生物运动特点的

P1 峰波幅平均结果（$M \pm SD$）　　　　（单位：μV）

应激水平	运动特征	电极位置				
		PO3	O1	POz	PO4	O2
应激条件	局部倒立	6.73 ± 4.11	7.19 ± 3.67	7.37 ± 4.32	6.42 ± 4.06	6.93 ± 3.49
	局部正立	6.60 ± 3.85	7.18 ± 3.29	7.08 ± 4.14	5.97 ± 3.62	5.94 ± 3.16
	整体倒立	6.73 ± 4.33	7.25 ± 3.70	6.94 ± 4.20	6.65 ± 4.27	6.75 ± 3.40
	整体正立	7.76 ± 4.64	7.93 ± 3.93	8.13 ± 5.19	7.50 ± 5.45	7.35 ± 4.43
控制条件	局部倒立	6.61 ± 4.01	7.29 ± 3.87	7.02 ± 4.58	6.95 ± 4.89	6.80 ± 3.92
	局部正立	6.43 ± 3.70	6.30 ± 2.89	6.63 ± 4.09	6.52 ± 4.19	6.00 ± 3.32
	整体倒立	6.50 ± 4.03	6.67 ± 3.39	6.36 ± 4.26	6.50 ± 4.36	6.26 ± 3.53
	整体正立	7.33 ± 3.67	7.35 ± 3.26	7.56 ± 3.75	7.53 ± 4.37	7.27 ± 3.37

对于 P1 峰波幅而言，电极位置主效应不显著，F（2.46，56.66）$= 0.46$，$p > 0.05$，$\eta_p^2 = 0.02$。应激水平主效应不显著，F（1，23）$= 0.53$，$p > 0.05$，$\eta_p^2 = 0.02$。空间特征主效应显著，F

（1，23） = 4.94，$p < 0.05$，$\eta_p^2 = 0.18$，$M_{局部} = 6.70\mu V$，$M_{整体} = 7.12\mu V$。进一步做事后检验发现：整体生物光点运动的 P1 峰波幅显著大于局部生物光点运动（$p < 0.05$）。生物运动特点主效应不显著，F（1，23）= 1.75，$p > 0.05$，$\eta_p^2 = 0.07$。空间特征与生物运动特点交互作用显著，F（1，23）= 12.67，$p < 0.01$，$\eta_p^2 = 0.36$，进一步做简单效应分析表明：在整体生物运动知觉维度上倒立行走的 P1 峰波幅要显著小于正立行走（$p < 0.01$，图 7 – 8A），在正立行走维度上整体生物运动知觉诱发的 P1 峰波幅要显著大于局部生物运动（$p < 0.01$）。其余各实验条件之间比较均不存在显著性差异（$p > 0.05$）。

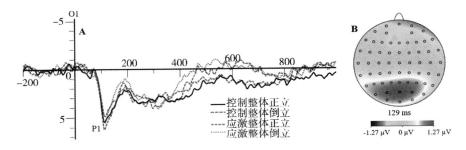

图 7 – 8　不同条件下的 P1 总平均波形（A）及差异
脑地形（整体正立—整体倒立，B）

P2 成分：

依照前期研究基础以及图 7 – 10 右侧脑地形图中，可以发现 P2 成分主要出现在 P3、P5、P4、P6 四个电极点。采用 SPSS 17.0 对不同应激水平、生物运动特点、空间特征以及电极位置的 P1 峰潜伏期与峰波幅进行描述性统计，所得结果见表 7 – 3、表 7 – 4。

对应激水平、生物运动特点、空间特征以及电极位置进行四因素重复测量方差分析，结果发现：在 P2 峰潜伏期方面，电极位置主效应不显著，F（1.22，28.10）= 0.87，$p > 0.05$，$\eta_p^2 = 0.04$。应激水平主效应不显著，F（1，23）= 2.72，$p > 0.05$，$\eta_p^2 = 0.11$。空间特征主效应不显著，$F(1, 23) = 3.02$，$p > 0.05$，$\eta_p^2 = 0.12$。生物运动特点主效应显著，$F(1, 23) = 23.07$，$p < 0.01$，$\eta_p^2 = 0.50$，$M_{倒立} = 254.58 \text{ms}$，$M_{正立} = 243.19 \text{ms}$。进一步做事后检验分析发现：正立生物运动光点刺激的 P2 峰潜伏期显著短于倒立生物运动光点刺激（$p < 0.01$）。生物运动特点与空间特征交互作用显著，$F(1, 23) = 12.83$，$p < 0.01$，$\eta_p^2 = 0.36$，进一步做简单效应分析表明：在局部生物运动知觉中倒立行走的 P2 峰潜伏期显著大于正立行走（$p < 0.01$，图 7 - 9A）；在正立行走中局部生物运动知觉的 P2 峰潜伏期显著小于整体生物运动知觉（$p < 0.01$，图 7 - 9B）。其余两两实验条件之间比较均不存在显著性差异（$p > 0.05$）。

表 7 - 3　　　　　　不同应激水平、空间特征及生物运动特点的
P2 峰潜伏期平均结果（$M \pm SD$）　　　　　单位：ms

应激水平	运动特征	电极位置			
		P3	P5	P4	P6
应激条件	局部倒立	247.54 ± 33.46	253.75 ± 33.98	254.29 ± 35.73	253.71 ± 33.09
	局部正立	226.08 ± 23.85	227.46 ± 22.43	234.87 ± 35.22	235.79 ± 34.06
	整体倒立	251.08 ± 35.13	249.00 ± 35.44	255.46 ± 32.62	255.13 ± 35.24
	整体正立	246.38 ± 22.35	249.46 ± 25.22	255.63 ± 33.75	249.04 ± 34.52
控制条件	局部倒立	254.71 ± 32.77	256.08 ± 31.86	259.92 ± 37.25	271.08 ± 31.16
	局部正立	237.50 ± 30.36	233.83 ± 33.98	246.79 ± 38.26	245.54 ± 35.59
	整体倒立	253.21 ± 32.88	256.79 ± 34.34	251.50 ± 39.68	250.04 ± 48.83
	整体正立	254.96 ± 28.05	253.29 ± 29.34	247.92 ± 32.51	246.54 ± 35.40

在 P2 峰波幅方面，电极位置主效应显著，$F(1.51, 34.76) = 3.82$，$p = 0.04 < 0.05$，$\eta_p^2 = 0.14$，$M_{P3} = 8.45 \mu V$，$M_{P5} = 7.08 \mu V$，$M_{P4} = 8.68 \mu V$，$M_{P6} = 7.44 \mu V$，进一步做事后检验发现：P3 电极点的 P2 峰波幅显著大于 P5 电极点（$p < 0.01$），P4 电极点的 P2 峰波

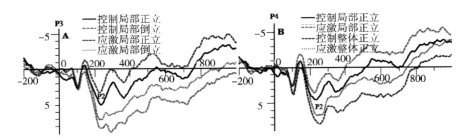

图 7 - 9　不同应激条件下局部正立与倒立的 P2 总平均波形（A）及正立行走中整体与局部的 P2 总平均波形（B）

幅显著大于 P6 电极点（$p < 0.05$），其余两两之间比较差异不显著（$p > 0.05$）。应激水平主效应显著，$F（1，23）= 8.84$，$p < 0.01$，$\eta_p^2 = 0.28$，$M_{应} = 7.20\mu V$，$M_{控} = 8.62\mu V$，进一步做事后检验发现：应激条件下的 P2 峰波幅显著小于控制条件（$p < 0.01$，图 7 - 10A）。空间特征主效应不显著，$F（1，23）= 0.40$，$p > 0.05$，$\eta_p^2 = 0.02$。生物运动特点主效应显著，$F（1，23）= 22.24$，$p < 0.01$，$\eta_p^2 = 0.49$，$M_{倒立} = 8.60\mu V$，$M_{正立} = 7.23\mu V$。进一步做事后检验发现：倒立生物运动光点刺激的 P2 峰波幅显著大于正立生物运动（$p < 0.01$）。

表 7 - 4　　**不同应激水平、空间特征及生物运动特点的**

P2 峰波幅平均结果（$M \pm SD$）　　　　单位：μV

应激水平	运动特征	电极位置			
		P3	P5	P4	P6
应激条件	局部倒立	9.57 ± 3.82	7.91 ± 3.16	10.21 ± 3.76	8.68 ± 4.77
	局部正立	5.30 ± 3.45	4.65 ± 2.95	5.93 ± 3.82	5.40 ± 4.27
	整体倒立	7.46 ± 3.09	6.17 ± 3.11	7.35 ± 3.41	5.84 ± 3.85
	整体正立	8.54 ± 3.11	6.75 ± 3.06	8.70 ± 4.53	6.80 ± 4.68

续表

应激水平	运动特征	电极位置			
		P3	P5	P4	P6
控制条件	局部倒立	11.01±4.18	9.38±3.54	11.88±4.34	10.48±4.72
	局部正立	7.06±3.13	6.51±2.72	6.91±3.78	6.85±4.22
	整体倒立	8.58±2.99	7.07±2.75	8.65±3.90	7.30±4.32
	整体正立	10.10±3.23	8.22±3.20	9.78±3.22	8.15±3.47

交互作用分析表明：电极位置与空间特征交互作用显著，F（2.15，49.48）＝10.31，$p<0.01$，$\eta_p^2＝0.31$，进一步做简单效应分析表明：在局部生物运动或整体生物运动中 P3 电极点的 P2 峰波幅显著大于 P5 电极点（$p<0.01$），在整体运动知觉中 P4 电极点的 P2 峰波幅显著大于 P6 电极点（$p<0.01$），在 P6 电极点上局部生物运动知觉的 P2 峰波幅显著大于整体生物运动知觉（$p<0.01$）。电极位置、应激水平和生物运动特点三者交互作用边缘显著，F（1.58，36.33）＝3.40，$p＝0.06$，$\eta_p^2＝0.13$。进一步做简单效应分析表明：不论何种电极位置与应激水平维度上倒立行走的 P2 峰波幅均显著大于正立行走（$p<0.05$），不论何种电极位置与生物运动特点（除去 P4 电极与正立行走条件外）维度上应激条件下的 P2 峰波幅显著小于控制条件（$p<0.05$，图 7－10A），不论何种空间特征与应激水平维度上 P3 电极点上的 P2 峰波幅显著大于 P5 电极点（$p<0.01$），在应激或控制条件与倒立行走中 P4 电极点上的 P2 峰波幅显著大于 P6 电极点（$p<0.05$），在控制条件与倒立行走中 P4 电极点上的 P2 峰波幅显著大于 P5 电极点（$p<0.05$）。

生物运动特点与空间特征交互作用显著，F（1，23）＝82.96，$p<0.01$，$\eta_p^2＝0.78$，进一步做简单效应分析表明：在局部生物运动上倒立行走的 P2 峰波幅显著大于正立行走（$p<0.01$），在整体生物运动光点刺激上倒立行走的 P2 峰波幅显著小于正立行走（$p<0.01$），在倒立行走中局部生物运动光点刺激的 P2 峰波幅显著大于

整体生物运动（$p < 0.01$），在正立行走中局部生物运动光点刺激的 P2 峰波幅显著小于整体生物运动（$p < 0.01$）。电极位置、生物运动特点和空间特征三者交互作用显著，F（2.23，51.35）＝5.98，$p < 0.01$，$\eta_p^2 = 0.21$。进一步做简单效应分析表明：四个电极点与局部生物运动中倒立行走的 P2 峰波幅显著大于正立行走（$p < 0.01$），P3、P4、P6 与整体生物运动中倒立行走的 P2 峰波幅显著小于正立行走（$p < 0.05$），四个电极点与倒立行走中局部生物运动的 P2 峰波幅显著大于整体生物运动（$p < 0.01$），在局部生物运动与倒立行走、整体生物运动与倒立行走、整体生物运动与正立行走中 P3 电极点 P2 峰波幅显著大于 P5 电极点（$p < 0.01$）以及 P4 电极点 P2 峰波幅显著大于 P6 电极点（$p < 0.05$），在局部生物运动与倒立行走中 P4 电极点的峰波幅显著大于 P5 电极点（$p < 0.01$）。其余各实验条件之间比较差异均不显著（$p > 0.05$）。

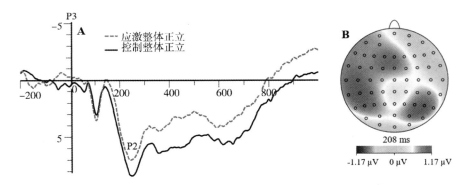

图 7 – 10   不同应激状态下整体正立的 P2 总平均波形（A）及差异脑地形（控制条件—应激条件，B）

N330 成分：

参照前人研究基础以及图 7 – 11B N330 脑地形图，可以确定 N330 成分主要位于 Fz 与 F1 两个电极点。采用 SPSS 17.0 对不同应激水平、生物运动特点、空间特征以及电极位置的 N330 峰潜伏期与峰波幅进行描述性统计，所得结果见表 7 – 5。

对应激水平、生物运动特点、空间特征以及电极位置进行四因素重复测量方差分析,结果发现:对 N330 峰潜伏期而言,电极位置主效应不显著,F（1，23）$= 0.84$，$p > 0.05$，$\eta_p^2 = 0.04$。应激水平主效应不显著,F（1，23）$= 0.10$，$p > 0.05$，$\eta_p^2 = 0.004$。空间特征主效应显著,F（1，23）$= 25.95$，$p < 0.01$，$\eta_p^2 = 0.53$，$M_{局部} = 302.26\text{ms}$，$M_{整体} = 322.33\text{ms}$,进一步做事后检验发现:局部生物运动光点刺激诱发的 N330 潜伏期显著短于整体生物运动（$p < 0.01$）。生物运动特点主效应显著,F（1，23）$= 27.76$，$p < 0.01$，$\eta_p^2 = 0.55$，$M_{倒立} = 325.04\text{ms}$，$M_{正立} = 299.55\text{ms}$,进一步做事后检验发现:倒立生物运动光点刺激诱发的 N330 潜伏期显著大于正立生物运动（$p < 0.01$）。

表 7 - 5　　不同应激水平、空间特征及运动特征的 N330 峰潜伏期与峰波幅平均结果（$M \pm SD$）

应激水平	运动特征	电极位置（峰潜伏期：ms）		电极位置（峰波幅：μV）	
		Fz	F1	Fz	F1
应激条件	局部倒立	300.83 ± 35.12	300.92 ± 34.85	− 3.12 ± 6.74	− 2.32 ± 10.17
	局部正立	303.79 ± 24.58	300.92 ± 29.07	− 9.99 ± 6.54	− 10.15 ± 7.67
	整体倒立	343.71 ± 29.08	344.62 ± 29.49	− 5.82 ± 5.07	− 4.95 ± 7.58
	整体正立	299.08 ± 28.29	299.75 ± 28.99	− 5.90 ± 12.31	− 10.23 ± 32.85
控制条件	局部倒立	309.92 ± 41.30	306.08 ± 39.76	− 2.97 ± 4.17	− 3.71 ± 7.44
	局部正立	296.63 ± 34.11	299.00 ± 34.11	− 6.72 ± 5.76	− 6.04 ± 6.49
	整体倒立	344.50 ± 40.97	349.75 ± 41.16	− 4.90 ± 5.55	− 6.35 ± 10.11
	整体正立	296.25 ± 28.53	301.00 ± 34.43	− 1.35 ± 5.66	− 1.04 ± 5.85

交互作用分析表明:电极位置与空间特征交互作用显著,F（1，23）$= 5.23$，$p = 0.03 < 0.05$，$\eta_p^2 = 0.19$,进一步做简单效应分析表明:Fz 或 F1 电极点上局部生物运动知觉的 N330 峰潜伏期均显著小于整体生物运动知觉（$p < 0.01$）;空间特征与生物运动特点

交互作用显著，F（1, 23）=29.20，$p < 0.01$，$\eta_p^2 = 0.56$。进一步做简单效应分析表明：在整体生物运动知觉中倒立行走的 $N330$ 峰潜伏期要显著大于正立行走（$p < 0.01$）；在倒立行走中局部生物运动知觉的 N330 峰潜伏期要显著小于整体生物运动知觉（$p < 0.01$）。其余各实验条件间交互作用均不显著（$p > 0.05$）。

在 N330 峰波幅方面，电极位置主效应不显著，F（1, 23）=0.54，$p > 0.05$，$\eta_p^2 = 0.02$。应激水平主效应显著，F（1, 23）=9.35，$p < 0.01$，$\eta_p^2 = 0.29$，$M_{应} = -6.56\mu V$，$M_{控} = -4.14\mu V$，进一步做事后检验发现：应激条件下生物运动知觉的 N330 峰波幅显著大于控制条件（$p < 0.01$，图 7-11A）。空间特征主效应不显著，F（1, 23）=0.17，$p > 0.05$，$\eta_p^2 = 0.007$。生物运动特点主效应不显著，F（1, 23）=2.97，$p > 0.05$，$\eta_p^2 = 0.11$。空间特征与生物运动特点交互作用显著，F（1, 23）=12.11，$p < 0.01$，$\eta_p^2 = 0.35$。进一步做简单效应分析表明：在局部生物运动中倒立行走的 N330 峰波幅显著小于正立行走（$p < 0.01$），在倒立行走中局部生物运动知觉的 N330 峰波幅显著小于整体生物运动知觉（$p < 0.01$）。其余各实验条件两两交互作用均不显著（$p > 0.05$）。

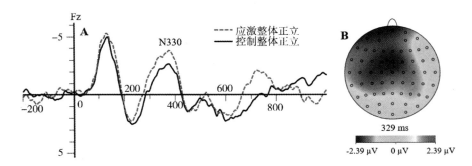

图 7-11　不同应激水平下整体正立的 N330 总平均波形（A）及差异脑地形（应激—控制，B）

晚期正成分（LPP，400—800ms）：

对应激水平、生物运动特点、空间特征以及电极位置进行四因素重复测量方差分析，结果发现：电极位置主效应显著，$F_{(2, 46)} = 7.46$，$p < 0.01$，$\eta_p^2 = 0.25$，$M_{CP1} = 3.69\mu V$，$M_{CPz} = 4.35\mu V$，$M_{CP2} = 3.77\mu V$。进一步做事后检验发现：CPz 电极点上生物运动知觉的晚期正成分（LPP）的平均波幅显著大于 CP1 电极点（$p < 0.01$）与 CP2 电极点（$p < 0.01$）。应激水平主效应显著，$F_{(1, 23)} = 13.68$，$p < 0.01$，$\eta_p^2 = 0.37$，$M_{应} = 2.83\mu V$，$M_{控} = 5.03\mu V$，进一步做事后检验发现：应激条件下的 LPP 平均波幅显著小于控制条件（$p < 0.01$，图 7-12A）。空间特征主效应显著，$F_{(1, 23)} = 26.58$，$p < 0.01$，$\eta_p^2 = 0.54$，$M_{局部} = 3.10\mu V$，$M_{整体} = 4.77\mu V$。进一步做事后检验发现：整体生物光点运动诱发的 LPP 平均波幅显著大于局部生物光点运动（$p < 0.01$）。生物运动特点主效应显著，$F_{(1, 23)} = 4.60$，$p < 0.05$，$\eta_p^2 = 0.17$，$M_{倒立} = 4.36\mu V$，$M_{正立} = 3.51\mu V$，进一步做事后检验发现：倒立行走的生物运动光点刺激诱发的 LPP 平均波幅显著大于正立行走生物运动光点刺激（$p < 0.05$）。

交互作用分析表明：电极位置与生物运动特点交互作用显著，$F_{(1.6, 36.44)} = 7.05$，$p < 0.01$，$\eta_p^2 = 0.24$。空间特征与生物运动特点交互作用显著，$F_{(1, 23)} = 105.00$，$p < 0.01$，$\eta_p^2 = 0.82$，进一步做简单效应分析表明：在局部生物运动知觉中倒立行走的 LPP 平均波幅显著大于正立行走（$p < 0.01$）；在整体生物运动知觉中倒立行走的 LPP 平均波幅显著小于正立行走（$p < 0.01$）；在倒立行走中局部生物运动知觉的 LPP 平均波幅要显著大于整体生物运动知觉（$p < 0.01$）；在正立行走中局部生物运动知觉的 LPP 平均波幅要显著小于整体生物运动知觉（$p < 0.01$）。其余各实验条件中两两变量交互作用均不显著（$p > 0.05$）。

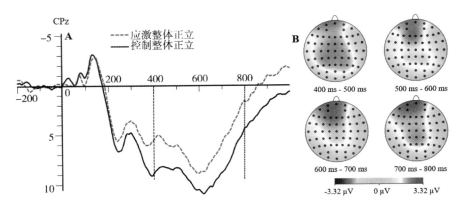

图7-12   不同应激状态下整体正立的 LPP 总平均波形（A）及差异
　　　　　脑地形（控制—应激，B）

第四节   讨论与小结

一　讨论

本章旨在通过双任务范式探究急性心理应激对生物运动知觉的
影响及其机制的 ERP 特征，改良后的 MIST 任务（包括不可控制性
与社会威胁性）作为先行刺激任务，用于诱发急性心理应激状态；
生物光点序列图作为后行刺激任务，用于评价个体的生物运动知觉
能力。结果发现，在急性心理应激状态下生物运动知觉反应速度加
快、注意控制能力得到增强；在生物运动知觉加工早期阶段注意资
源调用时间较早且投入较少，在晚期阶段顶枕区表现出抑制持续性
减弱现象。

（一）应激诱发的效果分析

在行为学层面，被试在应激状态下的乘法心算反应时要短于控
制条件且正确率小于控制条件。该结果与第五章和第六章中的实验

结果以及与前人研究结果基本一致①。被试在应激状态下采用了速度优先型的认知加工策略，而在控制条件下采用了准确率优先型的认知加工策略。乘法心算任务所诱发的应激状态破坏了被试的速度准确性之间的心理平衡状态。急性心理应激条件下人们必须快速做出反应而忽略准确率，而控制条件下被试的反应时间充足可以保证一定的准确率。

　　在 ERP 方面，应激条件下的 N1 波幅值要略大于控制条件且应激条件下的 P2 波幅值略小于控制条件。从结果来看，尽管应激与控制条件下的 N1 与 P2 波幅值差异结果均未达到显著性水平，但是与前人的研究结果基本相似。研究发现，N1 成分代表了感知觉过程，它表明在威胁性条件下被试的警觉性水平以及感觉输入的升高。② 说明应激条件下的警觉性水平略高于控制条件。而关于应激条件与控制条件下的 P2 成分，前面已阐述 P2 成分与注意加工过程有紧密关联，即在视觉任务中若注意资源的分配增加则会造成 P2 波幅值的显著增加③。说明控制条件下被试紧张性水平低且有足够的时间去进行心算任务，所以能够分配较多注意资源去进行心算任务，而应激条件下个体需要分出较多注意资源应对警觉性水平的升高。综合行为学以及脑电结果，结合前人研究基础可以发现本研究较为成功地诱发了被试的急性心理应激状态。

---

① Qi Mingming et al. , "Subjective Stress, Salivary Cortisol, And Electrophysiological Responses to Psychological Stress", *Frontiers in Psychology*, Vol. 7, No. 229, February 2016, p. 1.

② Shackman Alexander J. et al. , "Stress Potentiates Early and Attenuates Late Stages of Visual Processing", *Journal of Neuroscience*, Vol. 31, No. 3, January 2011, p. 1156.

③ Lenartowicz Agatha et al. , "Electroencephalography Correlates of Spatial Working Memory Deficits in Attention-Deficit/Hyperactivity Disorder: Vigilance, Encoding, And Maintenance", *Journal of Neuroscience*, Vol. 34, No. 4, January 2014, p. 1171. Löw Andreas et al. , "When Threat is Near, Get out of Here: Dynamics of Defensive Behavior During Freezing and Active Avoidance", *Psychological Science*, Vol. 26, No. 11, September 2015, p. 1706.

（二）急性心理应激对生物运动知觉过程影响的行为特征分析

在急性心理应激对生物运动知觉影响的行为学层面，本研究发现应激条件下生物运动知觉判断反应时要显著短于控制条件，支持了研究假设。前期研究发现，有研究①发现有机体在应激状态下知觉加工的速度会加快，但是其准确性会有所下降。有研究发现时间压力下个体的注意焦点会缩小，表现出知觉速度加快而准确率降低的现象。② 可见，人们在应激状态下由于警觉性水平增高，自我保护意识加强，则表现出应激条件下知觉速度加快，这与前人的研究结果一致。③ 本研究还发现被试对生物运动正立行走的知觉判断反应时要小于倒立行走，以及被试对整体正立行走的生物运动知觉反应时要显著小于局部正立行走。

在正确率方面，被试对正立行走的生物运动知觉判断正确率要显著大于倒立行走。这就是生物运动的"倒置效应"。Bertenthal 与 Pinto 研究发现生物运动光点刺激被倒置后其方向辨别任务反应时增加，即出现了"倒置效应"。④ 诸多研究发现生物运动的"倒置效应"是由于生物运动光点整体构型信息的打乱，即组成生物运动各个光点的空间位置关系发生混乱而造成的。⑤ 这说明无论整体运动（Global Motion）还是局部运动（Local Motion），无论人们是否处于

---

① Bertsch Katja et al. , "Exogenous Cortisol Facilitates Responses to Social Threat Under High Provocation", *Hormones and Behavior*, Vol. 59, No. 4, April 2011, p. 428.

② Dambacher Michael and Ronald Hübner, "Time Pressure Affects the Efficiency of Perceptual Processing in Decisions Under Conflict", *Psychological Research*, Vol. 79, No. 1, February 2014, p. 83.

③ Niederhut Dillon, Emotion and the Perception of Biological Motion, Williamsburg, VA, M. D. dissertation, College of William and Mary, 2009.

④ Bertenthal Bennett I. and Jeannine Pinto, "Global Processing of Biological Motions", *Psychological Science*, Vol. 5, No. 4, July 1994, p. 221.

⑤ Beintema J. A. and Markus Lappe et al. , "Perception of Biological Motion Without Local Image Motion", *National Academy of Sciences*, Vol. 99, No. 8, April 2002, p. 5661.

急性心理应激状态，相比较于倒立行走的生物运动，人体对正立行走的生物运动具有一定的加工优势，即人们对正立行走的判断绩效较好（"倒置效应"）。此外，许多研究发现整体信息在生物运动知觉加工过程中占据着重要地位①。有研究发现相比较于局部形状信息，生物运动侧面左右行走方向与前进倒退知觉判断过程更依靠整体形状信息。本研究中，被试对整体生物光点运动的方向辨别任务绩效比局部生物运动好，主要是整体光点运动所提供的知觉线索更多，更容易吸引被试的注意，被试只需要通过简单的模式识别即可判断整体生物运动的方向，而局部运动所提供的线索较少，被试需要在脑海中补充未呈现的身体信息再作出判断，因此二者之间存在一定的差异。

（三）急性心理应激对生物运动知觉加工过程影响的 ERP 特征分析

本研究中，生物运动知觉加工过程中出现的 ERP 成分主要有 P1、P2、N2 以及 LPP（晚期正成分）。其中，最早出现的是 P1 成分，它主要出现在枕颞区（70—140ms），在 110ms 左右达到峰值；其次是 P2 成分，主要出现在枕颞区（150—250ms），峰值在 240ms 左右；N2 成分主要出现在额区（200—350ms），其峰值主要出现在 290ms 左右；晚期正成分 LPP 主要出现在顶枕区，其潜伏期范围选择 400—800ms 之内。

1. P1 成分的特点

对于 P1 成分而言，应激状态下生物运动知觉判断过程诱发的 P1 成分出现时间略早于控制条件，该结果支持了研究假设。前期研究发现 P1 成分是关于早期视觉信息加工过程的成分，它主要涉及视

---

① Joachim Lange et al. , "Visual Perception of Biological Motion by Form: A Template-Matching Analysis", *Journal of Vision*, Vol. 6, No. 8, July 2006, p. 836.

觉信息刺激的初级特征编码阶段。[1] 当人们在处理视觉信息时，首先会采用感觉分析器加工物体的外形及轮廓，属于较低水平的认知加工过程。P1 潜伏期与视觉信息加工的时间早晚有关。研究发现，急性心理应激可以使个体处于高唤醒与高警觉的精神状态[2]，同时有研究表明心理应激会使有机体的感觉信息输入与早期视觉加工过程变得更加敏感[3]。因此，在急性心理应激状态下，个体在生物运动知觉过程中注意警觉性较高，所以产生的 P1 成分也会较早出现。在生物运动特点及其空间特征方面，本研究发现，P1 潜伏期倒立行走大于正立行走，人们在倒立行走的模式识别过程中，需要在脑海中对其进行旋转，并与脑海中已储存的关于生物运动知觉的图式进行匹配，故倒立行走 P1 成分出现较晚；整体正立大于局部正立，人们在整体正立行走的方向辨别可以依靠手部线索，同时又可以借助脚部线索，较多的提取线索会干扰被试的选择性注意，而局部正立行走线索减少且方向辨别比较容易，故局部正立 P1 成分出现较早。

在 P1 峰波幅方面，整体正立生物运动知觉诱发的 P1 成分波幅值要大于整体倒立行走与局部正立生物运动知觉。相比较于其他生物运动条件，整体正立生物运动的辨识比较容易，更易引起被试的注意，故所诱发的 P1 成分的波幅值也会较大。研究发现，急性心理应激可以使个体处于高警觉与高唤醒状态，同时也有研究表明急性心理应激会使人们的早期视觉加工过程与感觉信息输入更为敏感。因此，在急性心理应激状态下，个体在生物运动知觉过程中注意警觉性较高，所以产生的 P1 成分也会较早出现。

---

① Luck S. J. et al. , *The Oxford Handbook of Event-Related Potential Components*, Oxford: Oxford University Press, 2011, p. 10.

② Wang Jiongjiong et al. , "Perfusion Functional Mri Reveals Cerebral Blood Flow Pattern Under Psychological Stress", *Proceedings of the National Academy of Sciences*, Vol. 102, No. 49, November 2005, p. 17804.

③ Davis Michaeland Paul J. Whalen, "The Amygdala: Vigilance and Emotion", *Molecular Psychiatry*, Vol. 6, No. 1, January 2001, p. 13.

2. P2 成分的特点

关于 P2 成分，研究发现 P2 成分与个体工作记忆有密切关联，工作记忆涉及模式识别，即将外在环境信息与长时记忆中存储的信息进行匹配。[①] P2 潜伏期与视觉信息和记忆内容匹配速度存在关联。在 P2 潜伏期方面，本研究发现局部正立小于局部倒立和整体正立。相较于局部倒立，局部正立任务辨别过程无须进行心理旋转，辨识较容易，故 P2 成分出现较早。相较于局部正立，整体正立刺激点较多，人们信息匹配速度会受到一定程度干扰，故 P2 出现较晚。

关于 P2 峰波幅方面，研究发现 P2 波幅值的增加意味着知觉判断任务中注意资源分配的增加。[②] 本研究发现 P2 波幅值：整体正立与局部倒立大于整体倒立与局部正立。一方面，相较于局部正立，整体正立的辨别可以从小腿线索以及手部线索进行提取，被试则需要更多的注意资源去进行辨别方向，故整体正立 P2 波幅较大。另一方面，相较于整体倒立，局部倒立辨别过程较难，仅依靠倒立的四个光点来进行辨别，依据的线索较少，被试判断过程中需要较多的注意资源，故 P2 波幅较大。本研究发现，应激条件下生物运动知觉诱发的 P2 波幅值要显著小于控制条件。研究发现，P2 成分是关于注意加工过程的主要 ERP 成分，若 P2 成分增加则说明视知觉任务中注意资源的分配也会增多。应激状态下被试的注意警觉性水平增高，被试需要付出较多的认知资源来应对应激状态，而提供给生物运动知觉过程的注意资源也相对减少，故应激条件下生物运动知觉的 P2 波幅值也相应减少。总之，在生物运动知觉加工早期阶段，由

① Finnigan Simon et al., "ERP Measures Indicate Both Attention and Working Memory Encoding Decrements in Aging", *Psychophysiology*, Vol. 48, No. 5, May 2011, p. 601.

② Lenartowicz Agatha et al., "Electroencephalography Correlates of Spatial Working Memory Deficits in Attention-Deficit/Hyperactivity Disorder: Vigilance, Encoding, And Maintenance", *Journal of Neuroscience*, Vol. 34, No. 4, January 2014, p. 1171. Löw Andreas et al., "When Threat is Near, Get out of Here: Dynamics of Defensive Behavior During Freezing and Active Avoidance", *Psychological Science*, Vol. 26, No. 11, September 2015, p. 1706.

于受到应激状态的影响，人们投入的注意资源相对减少。

　　3. N330 成分的特点

　　对于 N330 成分而言，研究发现在生物运动知觉领域中，N2 成分（包括 N170 与 N200）通常被用来反映生物运动形态与运动特点的整合①。一项 ERP 研究发现，在双侧颞下区附近发现与物体识别有关的负成分（Ncl），潜伏期为 230ms 至 290ms②。神经影像学研究发现皮质区域如 MT/MST③、STS④ 和注意的调节有关，同时也有研究证明人脑中的眶额皮层⑤、杏仁核（Amygadala Nucleus）⑥ 和 STS 复合体相关联，即其他皮层区域可能调节 STS 区域的激活。有研究⑦发现生物运动知觉过程中产生了两种负成分，分别是 N200 和 N330，出现负成分 N330 的主要原因有以下几个方面：其一，被试没有意识到长方块中的生物光点运动刺激的形状，对于生物运动刺激而言，注意—运动条件下的 N330 波幅值显著大于注意—长方形条件；其二，潜伏期的延迟效应仅发生在 N330 成分，N200 成分中没

　　① Wendy Baccus et al. , "Early Integration of Form and Motion in the Neural Response to Biological Motion", *Neuroreport*, Vol. 20, No. 15, October 2009, p. 1334.

　　② Doniger Glen M. et al. , "Activation Timecourse of Ventral Visual Stream Object-Recognition Areas: High Density Electrical Mapping of Perceptual Closure Processes", *Journal of Cognitive Neuroscience*, Vol. 12, No. 4, July 2000, p. 615.

　　③ O'craven Kathleen M. et al. , "FMRi Evidence for Objects as the Units of Attentional Selection", *Nature*, Vol. 401, No. 6753, October 1999, p. 584.

　　④ Jin Narumoto et al. , "Attention to Emotion Modulates Fmri Activity in Human Right Superior Temporal Sulcus", *Cognitive Brain Research*, Vol. 12, No. 2, October 2001, p. 225.

　　⑤ Adolphs Ralph, "The Neurobiology of Social Cognition", *Current Opinion in Neurobiology*, Vol. 11, No. 2, April 2001, p. 231.

　　⑥ Amaral David G and Ricardo Insausti, "Retrograde Transport of D- [^{3}H] -Aspartate Injected into the Monkey Amygdaloid Complex", *Experimental Brain Research*, Vol. 88, No. 2, February 1992, p. 375.

　　⑦ Hirai Masahiro et al. , "Active Processing of Biological Motion Perception: Anerp Study", *Cognitive Brain Research*, Vol. 23, No. 2, May 2005, p. 387.

有。有学者①也发现了两种负成分 N170 和 N300（正立与倒立生物运动诱发的 N300 波幅值显著大于杂乱的运动），他们认为 N300 与生物相关信息运动模式的特定分析有密切联系。总之，可以发现 N330 是生物运动知觉的一个特定负成分，与个体的注意过程及注意控制能力相关，相应的脑区分布在 STS、眶额皮层以及杏仁核等区域。

本研究发现在 N330 潜伏期方面：整体倒立大于整体正立与局部倒立。相较于整体正立，整体倒立辨识度较难，故 N330 出现较晚。相较于局部倒立，整体倒立有手部因素的干扰作用，局部倒立中小腿光点较易识别，故其 N330 出现较早。关于 N330 波幅值方面，本研究发现局部倒立小于局部正立与整体倒立。研究发现，正立行走与倒立行走生物运动知觉均诱发出了 N330 成分。相比较于整体倒立，局部倒立只需从小腿光点即可辨别出方向，而无其他干扰因素，故其所需注意资源较少。本研究还发现应激条件下生物运动知觉诱发的 N330 峰波幅显著大于控制条件，支持了研究假设。前期研究发现，急性心理应激可以使个体处于高唤醒与高警觉的精神状态②，被试在高度警觉状态下需要付出更多的认知资源来加工处理生物运动知觉过程，故应激状态下生物运动知觉诱发的 N330 波幅值较大。总之，人们在急性心理应激状态下，不论生物运动刺激的特点及其空间特征，均会表现出较好的注意控制状态。

4. 晚期正成分的特点

关于晚期正成分（LPP），本实验研究发现应激条件下生物运动知觉诱发的 LPP 平均波幅要显著小于控制条件。这说明相比较于控

① Jokisch Daniel et al., "Structural Encoding and Recognition of Biological Motion: Evidence from Event-Related Potentials and Source Analysis", *Behavioural Brain Research*, Vol. 157, No. 2, August 2005, p. 195.

② Wang Jiongjiong et al., "Perfusion Functional Mri Reveals Cerebral Blood Flow Pattern Under Psychological Stress", *Proceedings of the National Academy of Sciences*, Vol. 102, No. 49, November 2005, p. 17804.

制条件，有机体在应激条件下对生物运动知觉判断过程的抑制持续性较弱。前期研究发现，应激状态下被试的脑部警觉性水平升高，注意广度（Attention Range）变窄，需要更多认知资源来应付压力环境，故大脑用来处理生物运动知觉过程的认知资源也相对减少。Kra-Kowski 等人[①]认为 LPP 成分反映了自上而下的认知加工过程或者对外在刺激信息进行主动编码的过程。一些学者[②]认为人类活动识别过程与精细的生物运动处理过程中会产生 LPP 成分。此外，有研究发现晚期正成分 LPP（也称为 P400＋）的波幅值在生物运动处理过程中呈现增大的现象，且发现 LPP 大约在 400—700ms，且中央顶区电极位置的 LPP 波幅值最大。[③] 可见，LPP 成分会出现在生物运动知觉过程中，同时有机体在主动辨别生物运动知觉过程中会出现该成分。研究发现 LPP 成分反映了大脑视觉皮层活动的全局抑制能力，与情绪刺激加工活动的选择密切相关，它是衡量情绪调节的重要指标之一。[④] 此外，本实验研究还发现整体正立行走与局部倒立行走生物运动知觉诱发的 LPP 平均波幅分别显著大于局部正立行走与整体倒立行走。故依据前人研究基础可以发现，整体正立行走与局部倒立行走生物运动知觉过程的抑制持续性要大于局部正立与整体倒立行走知觉。

---

① Kra-Kowski Aaron I. et al. , "The Neurophysiology of Human Biological Motion Processing: A High-Density Electrical Mapping Study", *Neuroimage*, Vol. 56, No. 1, May 2011, p. 373.

② Greg Hajcak et al. , "Event-Related Potentials, Emotion, And Emotion Regulation: an Integrative Review", *Developmental Neuropsychology*, Vol. 35, No. 2, February 2010, p. 129.

③ Kröger Anne et al. , "Visual Event-Related Potentials to Biological Motion Stimuli in Autism Spectrum Disorders", *Social Cognitive and Affective Neuroscience*, Vol. 9, No. 8, August 2014, p. 1214.

④ Thom Nathaniel et al. , "Emotional Scenes Elicit More Pronounced Self-Reported Emotional Experience and Greater EPN and LPP Modulation when Compared to Emotional Faces", *Cognitive Affective and Behavioral Neuroscience*, Vol. 14, No. 2, February 2014, p. 849.

（四）行为学结果与 ERP 结果的内在联系

在行为学结果方面，本研究发现相较于控制条件，应激条件下生物运动知觉判断知觉加工速度加快。在脑电结果分析方面，本研究发现与控制条件相比，应激状态下生物运动知觉诱发的 P1 成分出现较早和 N330 波幅值增大。综合行为学和脑电结果分析来看，可以推测出应激状态下生物运动知觉任务中反应时缩短与 P2、N330 成分的活动高度相关。前期研究发现，心理应激会使人们的感觉信息输入与早期视觉加工过程变得更加敏感。[①] Bertsch 等人研究发现在应激状态下人们的知觉加工速度会加快。[②] 研究还发现人们在紧张状态下其注意控制能力会有所提升。[③] 此外，相比较于倒立行走，人们对正立行走生物运动知觉任务的判断反应时较短与正确率较大，以及 P1 成分的潜伏期缩短。这说明生物运动知觉的"倒置效应"与 P1 成分具有一定的关系。总之，从行为学与脑电结果来看，二者具有一定的相关性。

本研究结果从现实意义来看，可以发现急性心理应激在一定程度上对生物运动知觉任务表现具有一定的促进作用。这一结果符合倒"U"形假设模型[④]，即适度的心理唤醒水平有助于人们的操作表现。虽然本研究采用一种类似于人体运动的实验范式（PLD 范式）来模拟生物运动的感知，但与真实人体运动的差异还是很大，未来

---

① Davis Michaeland Paul J. Whalen, "The Amygdala: Vigilance and Emotion", *Molecular Psychiatry*, Vol. 6, No. 1, January 2001, p. 13.

② Bertsch Katja et al., "Exogenous Cortisol Facilitates Responses to Social Threat Under High Provocation", *Hormones and Behavior*, Vol. 59, No. 4, April 2011, p. 428.

③ Righi Stefania et al., "Anxiety, Cognitive Self-Evaluation and Performance: ERP Correlates", *Journal of Anxiety Disorders*, Vol. 23, No. 8, December 2009, p. 1132. Hum Kathryn M. et al., "Neural Mechanisms of Emotion Regulation in Childhood Anxiety", *Journal of Child Psychology and Psychiatry*, Vol. 54, No. 5, May 2013, p. 552.

④ Yerkes Robert M. and John D. Dodson, "The Relation of Strength of Stimulus to Rapidity of Habit-Formation", *Journal of Comparative Neurology and Psychology*, Vol. 18, No. 5, December 1908, p. 459.

可考虑将浸入式虚拟现实技术引入到生物运动知觉实验，进一步提高生态学效度。此外，本研究结果可能会受到刺激反应相容性（SRC）的影响，如运动方向与按键反应之间的一致性，未来研究可以采用组间平衡设计来避免 SRC 对实验结果的影响。

二　小结

通过本章的研究可以发现：（1）生物运动知觉加工出现了"倒置效应"，且该效应和生物运动知觉的结构特点有关，而与急性心理应激状态无关。（2）急性心理应激状态下生物运动知觉反应速度加快、注意控制能力得到增强；在生物运动知觉加工早期阶段注意资源调用时间较早且投入较少，在晚期阶段顶枕区表现出抑制持续性减弱现象。

第 八 章

急性心理应激对运动
速度知觉的影响机制

在前述研究的基础上，运动速度知觉是视运动知觉的第三个分类，本章主要通过双任务范式探究急性心理应激对运动速度知觉加工过程的影响及其机制。研究采用 MIST 任务来诱发急性心理应激状态，应用光点的扩展范式来评价运动速度知觉能力的大小。结果发现相较于匀速运动和匀加速运动知觉，匀减速运动知觉判断过程中的任务绩效更好、注意控制能力较高；匀减速运动知觉过程中认知资源投入较少且其注意控制的最佳状态出现较晚。此外，急性心理应激对运动速度知觉任务的反应过程产生了许多影响，具体体现在：在急性心理应激状态下，运动速度类型判断速度更快、注意控制能力更好；应激状态下速度知觉过程中认知资源投入更多，且匀加速与匀速判断过程中注意控制的最佳状态出现较早。

第一节　引言

　　运动物体的方向和速度往往对生存至关重要①。在不同运动场景中，人们需要从不断变化的动态环境中搜寻有益于行为表现的刺激信息，这种搜寻的过程就涉及个体的运动速度知觉。速度知觉（Speed Perception）也属于运动知觉，是指个体对运动物体速度大小的判断，也是视知觉和时间知觉共同作用的结果，速度知觉对驾驶、行走、跑步等项目具有重要的作用。② 人类运动速度知觉包括两个部分③：一部分是运动信息，通过采用视频每帧中相对运动的先验概率分布计算得来；另一部分是来自背景运动中的知觉干扰。

　　关于运动速度知觉的研究范式，不同的学者从刺激的对比度、速度的方向（扩展、旋转及线性）及速度的大小（匀速、匀加速及匀减速）等方面来研究人们的运动速度知觉能力，主要采用光点运动以及模拟真实驾驶场景来考察速度知觉变化情况。研究发现，将相同点速的扩展和旋转随机点模式进行比较时，扩展模式中的点似乎移动较快。④ 有研究发现扩展光点的运动后效应要大于平移运动的光点刺激。⑤ 故本章采用扩展模式的散点运动作为运动速度知觉的研

---

　　① Perrone John A. and Alexander Thiele, "Speed Skills: Measuring the Visual Speed Analyzing Properties of Primate MT Neurons", *Nature Neuroscience*, Vol. 4, No. 5, May 2001, p. 526.

　　② 王长生等：《运动时间知觉研究现状及其展望》，《北京体育大学学报》2007年第6期。

　　③ Zhou Shiyu et al., "Blind Video Quality Assessment Based on Human Visual Speed Perception and Nature Scene Statistic", *International Conference on Signal and Information Processing*, *Networking and Computers*, December 2017, p. 365.

　　④ Geesaman Bard J. and Ning Qian, "The Effect of Complex Motion Pattern on Speed Perception", *Vision Research*, Vol. 38, No. 9, November 1998, p. 1223.

　　⑤ Bex Peter J. et al., "Enhanced Motion Aftereffect for Complex Motions", *Vision Research*, Vol. 39, No. 13, June 1999, p. 2229.

究范式。

运动速度知觉受多种因素的影响，这些因素主要包括运动方向、刺激对比度①、背景干扰②、运动形式③、情绪状态④和认知风格⑤等，例如具有相同速度的光点扩展运动看起来要比直线移动得更快。在这些影响因素中，尚没有研究探究急性心理应激对运动速度知觉影响的内在机制。故本章重点探究人们在急性心理应激状态下如何快速准确地判断速度刺激的任务，以及知觉判断过程中的 ERP 活动特点。

急性心理应激在日常生活中经常出现，如赛前焦虑、面试前的紧张、亲人的离去等，它影响着大脑对外在刺激信息的认知加工。急性心理应激是指不可控制且不可预期的外在环境要求短时间内超出了身体的调节能力时，个体做出的一种非特异性反应。⑥ 这种非特异性反应主要是指急性心理应激状态下有机体分泌皮质醇、儿茶酚胺和糖皮质激素等作用于知觉加工过程。⑦ 还

①　Gegenfurtner Karl R. and Michael J. Hawken, "Perceived Velocity of Luminance, Chromatic and Non-Fourier Stimuli: Influence of Contrast and Temporal Frequency", *Vision Research*, Vol. 36, No. 9, May 1996, p. 1281.

②　Zhou Shiyu et al., "Blind Video Quality Assessment Based on Human Visual Speed Perception and Nature Scene Statistic", *International Conference on Signal and Information Processing*, *Networking and Computers*, December 2017, p. 365.

③　Geesaman Bard J. and Ning Qian, "The Effect of Complex Motion Pattern on Speed Perception", *Vision research*, Vol. 38, No. 9, November 1998, p. 1223.

④　Roidl Ernst et al., "Emotional States of Drivers and the Impact on Speed, Acceleration and Traffic Violations—A Simulator Study", *Accident Analysis and Prevention*, Vol. 70, No. 4, September 2014, p. 282.

⑤　Ehri Linnea C. and Muzio Irene M., "Cognitive Style and Reasoning about Speed", *Journal of Educational Psychology*, Vol. 66, No. 4, April 1974, p. 569.

⑥　Koolhaas J. M. et al., "Stress Revisited: A Critical Evaluation of the Stress Concept", *Neuroscience & Biobehavioral Reviews*, Vol. 35, No. 5, April 2011, p. 1291.

⑦　Fisher Aaron J. and Michelle G. Newman, "Heart Rate and Autonomic Response to Stress After Experimental Induction of Worry Versus Relaxation in Healthy, High-Worry, And Generalized Anxiety Disorder Individuals", *Biological Psychology*, Vol. 93, No. 1, April 2013, p. 65.

有研究发现急性心理应激通过增加多巴胺和去甲肾上腺素介导的信号传导来影响依赖前额叶皮层的认知功能。[①] 在前期研究基础方面，研究发现急性心理应激会对有机体的知觉加工过程产生一定程度的影响，如急性心理压力会增加一般警觉性，并促进选择性注意过程中的注意控制。[②] 另一研究发现急性心理应激可以提升深度运动知觉任务的行为绩效，以及增强个体注意资源的投入。[③] 此外，在一些简单的任务中，或者当认知负荷不过度时，急性心理应激倾向于促进个体的认知功能。[④] 可见，前期研究发现急性心理应激会对个体的认知过程产生影响，但其是否会对运动速度知觉产生影响尚不可知。不过，有关情绪与认知之间的理论假说认为急性心理应激可能会对个体的运动速度知觉产生影响。

从情绪与认知加工之间的现有理论基础来看：一方面，有理论模型认为情绪加工与认知加工过程会产生相互影响。例如，认知资源占用学说[⑤]认为人们在特定时间内只能对有限的认知资源进行分

① Sänger Jessica et al. , "The Influence of Acute Stress on Attention Mechanisms and Its Electrophysiological Correlates", *Frontiers in behavioral neuroscience*, Vol. 8, No. 10, October 2014, p. 1. Arnsten Amy F. T. , "Stress Signalling Pathways that Impair Prefrontal Cortex Structure and Function", *Nature Reviews Neuroscience*, Vol. 10, No. 6, June 2009, p. 410.

② Qi Mingming and Heming Gao, "Acute Psychological Stress Promotes General Alertness and Attentional Control Processes: An ERP Study", *Psychophysiology*, Vol. 57, No. 4, January 2020, p. 1.

③ Wang Jifu et al. , "Effect of Acute Psychological Stress on Motion-In-Depth Perception: an Event-Related Potential Study", *Advances in Cognitive Psychology*, Vol. 16, No. 4, December 2020, p. 353.

④ Qi Mingming et al. , "Effect of Acute Psychological Stress on Response Inhibition: an Event-Related Potential Study", *Behavioural Brain Research*, Vol. 323, No. 1, January 2017, p. 32.

⑤ Kahneman Daniel and Amos Tversky, "Prospect Theory: an Analysis of Decision Under Risk", *Econometrica*, Vol. 47, No. 2, February 1979, p. 263.

配；双竞争理论模型①认为认知加工与情绪刺激加工同时进行时，它们会对有限的认知资源进行竞争。另一方面，有理论假说认为适当的情绪刺激可能会对认知加工产生积极影响。例如，倒"U"形假说②认为适度的应激水平会促使人们产生最佳的操作任务表现；神经运动干扰理论③认为干扰不一定暗示任务绩效下降，即任务执行过程中会有一个最佳信噪比。在这些理论基础上，急性心理应激是否会对运动速度知觉产生影响呢？以及这种影响背后存在什么样的机制呢？本研究采用 ERP 技术探究急性心理应激对运动速度知觉的影响及其内在作用机制。

关于运动速度知觉的脑区，研究发现运动区 V5/MT（Visual area 5/Middle Temporal comlpex）是速度知觉的重要皮质区。④ 大脑区域中的 MT 不仅是分析运动方向和深度感知的关键结构，也是分析物体速度的关键结构。MT 区域中的速度调谐可以从 V1 区域开始。⑤ 运动速度与方向是由单独的通道 V1 区域（初级视觉皮层）到 MT 区域（中间过程），再到 MST（内侧上颞区域）中提取，且与视觉早期阶段的其他属性（如空间频率）相分离。⑥ 研究发现中颞区域

---

① Pessoa Luiz, "How Do Emotion and Motivation Direct Executive Control?", *Trends in Cognitive Sciences*, Vol. 13, No. 4, March 2009, p. 160.

② Yerkes Robert M. and John D. Dodson, "The Relation of Strength of Stimulus to Rapidity of Habit-Formation", *Journal of Comparative Neurology and Psychology*, Vol. 18, No. 5, December 1908, p. 459.

③ Van Gemmert et al., "Stress, Neuromotor Noise, And Human Performance: A Theoretical Perspective", *Journal of Experimental Psychology: Human Perception and Performance*, Vol. 23, No. 5, May 1997, p. 1299.

④ Mc Keefry Declan J. et al., "Induced Deficits in Speed Perception by Transcranial Magnetic Stimulation of Human Cortical Areas V5/MT + and V3A", *Journal of Neuroscience*, Vol. 28, No. 27, July 2008, p. 6848.

⑤ Priebe Nicholas J. et al., "Tuning for Spatiotemporal Frequency and Speed in Directionally Selective Neurons of Macaque Striate Cortex", *Journal of Neuroscience*, Vol. 26, No. 11, March 2006, p. 2941.

⑥ Shen Haoming et al., "Speed-Tuned Mechanism and Speed Perception in Human Vision", *Systems and Computers in Japan*, Vol. 36, No. 13, October 2005, p. 1.

（MT）病变的患者无法感知速度超过 6°/s 的运动刺激。[1] 可见，运动速度知觉的脑区活动主要在中颞区，它是负责加工物体速度大小的主要脑区。关于运动速度知觉的 ERP 成分，前期研究采用 EEG 方法探究三种行驶速度间（25km/h、50km/h 和 75 km/h）的差异，结果发现在中颞区出现了 N2 成分，且三种速度之间的 N2 峰潜伏期与峰波幅均存在显著性差异。[2] 可见，N2 是运动速度知觉的主要成分。

　　为满足 ERP 实验的要求，本章选取改良后的乘法估算任务（MIST 任务）作为实验室急性心理应激诱发的手段。[3] 在应激诱发前后，采用情绪状态评价量表评价应激诱发效果。[4] 由于光点运动比较适合考察有机体的脑电时间进程变化规律，同时考虑眼动对脑电的影响，笔者采用光点的扩展运动范式来研究人们的运动速度知觉能力大小。本研究旨在采用 ERP 相关技术探讨有机体在不同应激状态下对匀速运动（Constant Speed Motion）、匀加速运动（Uniform Acceleration Motion）和匀减速运动（Uniform Deceleration Motion）任务下其速度知觉判断的行为学指标与脑电生理数据的变化机制。依据相关理论，研究假设为若被试在应激条件与控制条件下其运动速度知觉任务中行为学表现存在差异，则运动速度知觉任务中 P1、N2 成分及 SW 平均波幅会存在显著性差异。

---

① Zihl Josef et al., "Selective Disturbance of Movement Vision After Bilateral Brain Damage", *Brain*, Vol. 106, No. 2, June 1983, p. 313.

② Kenneth Vilhelmsen et al., "A High-Density Eeg Study of Differences Between Three High Speeds of Simulated Forward Motion from Optic Flow in Adult Participants", *Frontiers in Systems Neuroscience*, Vol. 9, No. 146, October 2015, p. 1.

③ Dedovic Katarina et al., "The Montreal Imaging Stress Task: Using Functional Imaging to Investigate the Effects of Perceiving and Processing Psychosocial Stress in the Human Brain", *J Psychiatry Neurosci*, Vol. 30, No. 5, September 2005, p. 319.

④ 漆昌柱等：《运动员心理唤醒量表的修订与信效度检验》，《武汉体育学院学报》2007 年第 6 期。

第二节　研究方法及流程

一　实验被试

依据以往研究①，并通过 G×Power 3.1.9 计算样本量大小②，探测重复测量方差分析中的主效应及其交互作用（组内设计），使其统计检验力达到 0.8 及中等效应量（$d = 0.25$）所需要的总样本数为 19。随机选取某院校 24 名在校大学生，采用贝克抑郁量表、情绪状态评价量表以及镶嵌图形测验对该 24 名学生的抑郁及兴奋状态、空间思维能力进行筛选。通过对量表结果进行录入统计分析发现，24 名被试参与实验时未处在抑郁状态。所有被试未出现过度兴奋或过度负性情绪状态，且都处于基线水平。所有被试的空间思维能力较好，且基本处在同一水平（$M \pm SD = 116.88 \pm 4.79$，总分是 122）。所有被试矫正视力正常，且均为右利手。最后，通过对比分析被试的脑电伪迹及平均叠加次数，实际纳入行为学与 ERP 数据分析的被试有 24 名（12 男，12 女），平均年龄 19.54 岁。

二　实验设计

该研究为两因素被试内实验设计，自变量为应激水平 2（应激条件与控制条件）×运动速度类型 3（匀加速、匀速、匀减速），两个自变量均为组内变量。因变量为被试反应时（刺激呈现到被试按键反应）、反应正确率、ERP 相关成分（P1、N2）的峰波幅与峰潜

---

① Qi Mingming et al., "Effect of Acute Psychological Stress on Response Inhibition: an Event-Related Potential Study", *Behavioural Brain Research*, Vol. 323, No. 1, January 2017, p. 32.

② Faul Franz et al., "G×power 3: A Flexible Statistical Power Analysis Program for the Social, Behavioral, And Biomedical Sciences", *Behavior Research Methods*, Vol. 39, No. 2, May 2007, p. 175.

伏期以及晚期负慢波 SW 的平均波幅值。

三　实验材料及设备

（一）应激诱发材料

急性心理应激诱发方式主要参照改良后的 MIST 任务范式[1]，在第五章的基础上，应激诱发材料为 320 个乘法心算题目，如 4.78 × 2.16 等，被试的任务是需要判断所乘结果是大于 10 还是小于 10。如果心算题目中两个乘数相乘小于 10 则按 F 键，若大于 10 则按 J 键。

（二）量表工具

贝克抑郁量表[2]、情绪状态评价量表[3]以及镶嵌图形测验[4]的相关信息详见第五章和第六章。

（三）运动速度知觉刺激材料

采用研究运动速度知觉的范式[5]，运动速度知觉的刺激材料是由从中心向四周扩散的散点组成的，使用 Autodesk 3dsMax 2010 软件制作而成，视频格式为 WMV 格式，且视频大小为 1024 × 768pixels。视频呈现在被试面前约 70 厘米的 19 英寸显示器上。屏幕分辨率为 1440 × 900pixels，刷新频率为 50Hz。散点的颜色为白色，散点的大小为 100（x 轴）× 100（y 轴），背景为黑色，点的飞行方向有 12

---

① Dedovic Katarina et al. , "The Montreal Imaging Stress Task: Using Functional Imaging to Investigate the Effects of Perceiving and Processing Psychosocial Stress in the Human Brain", *J Psychiatry Neurosci*, Vol. 30, No. 5, September 2005, p. 319.

② Beck A. T. , *Jama the Journal of the American Medical Association*, Pennsylvania: University of Pennsylvania Press, 1967, p. 10.

③ 漆昌柱等：《运动员心理唤醒量表的修订与信效度检验》，《武汉体育学院学报》2007 年第 6 期。

④ 邓铸、曾晓尤：《场依存性认知方式对问题表征及表征转换的影响》，《心理科学》2008 年第 4 期。

⑤ Hietanen Markus A. et al. , "Differential Changes in Human Perception of Speed Due to Motion Adaptation", *Journal of vision*, Vol. 8, No. 11, August 2008, p. 1.

个，各个方向之间的夹角为30°。

点移动速度分为三种情况：匀加速条件下，点出现的初始速度为0°/s，加速度为0.03°/s²；匀减速条件下，点的初始速度为匀加速条件下点从边界消失的速度（即0.06°/s），加速度为 −0.03°/s²；匀速条件下，点的恒定速度为匀加速条件下点出现到点从边界消失之间的平均速度（0.03°/s）。散点在视网膜内由最初的0.32°向外移动到最终的13.85°，视网膜内点移动的速度为6.93°/s。1秒视频包括50个图像帧，最外围点的运行时长为100帧（在100帧之后点就消失），依次为80帧、60帧、40帧、20帧，共包括五圈，运行到指定的帧数后点就消失，每个视频呈现时间为2000ms。实验刺激材料采用 E − prime 2.0 编程软件呈现。为避免亮度对速度感知的影响①，实验室亮度保持恒定。

（四）实验设备

采用 E − prime 2.0 编程软件及德国 Brain Products 公司生产的64导联事件相关电位记录仪来记录脑电信号，采用 BrainVision Analyzer 2 软件对脑电数据进行离线分析处理。

四　实验流程

1. 被试进入实验室后，填写被试知情同意书、贝克抑郁量表（基本信息部分包括利手测验）、情绪状态评价量表以及镶嵌图形测验，然后并对其所填结果进行筛查，排除处于抑郁状态、过度兴奋、负面情绪过度以及空间认知能力较差的被试。

2. 主试为被试佩戴 Easycap 64 导脑电帽，注入导电膏，所有电极点阻抗均需降到5kΩ以下。

3. 主试结合具体实验内容以及实验指导语给被试讲解实验的具

---

① Hassan Omar and Stephen T Hammett, "Perceptual Biases are Inconsistent with Bayesian Encoding of Speed in the Human Visual System", *Journal of Vision*, Vol. 15, No. 2, February 2015, p. 1.

体任务要求，被试明白实验内容和任务后，身体坐正，并保持眼睛距离电脑屏幕中央 70 厘米左右，实验过程中尽量不要出现摆头、摆腿等大的动作。

4. 心率调整阶段。屏幕上呈现一张放松图片，被试仔细观看并表象图片里边的内容，并想象自己身临其境，调整呼吸，放松时间为 60s。这一放松过程的主要目的是让被试做好开始实验的心理准备。

5. 练习阶段。设置该阶段的主要目的是让被试熟悉整个实验过程。练习阶段包括以下几个阶段："注视点（500ms）—乘法心算任务（应激条件 1500ms，控制条件 6000ms）—缓冲界面（100ms）—反馈（1000ms）—缓冲界面（200ms）—速度知觉探测（2000ms）—缓冲界面（100ms）—反馈（1000ms）—空白（300ms/400ms/500ms）"，其中乘法心算任务中的 12 道心算题目是从 320 道题目中随机选取的，应激条件与控制条件心算题目是一致的，若心算题目中两个乘数相乘小于 10 则按键盘上的 F 键，若大于 10 则按键盘上的 J 键。心算任务反馈界面包括两种：应激条件下，反馈内容为被试反应的正确与否以及其反应时与其他大多数人平均反应时（依据研究一中的被试结果，大多数人的平均反应时定在 700—800ms 之间随机）的比较（大于、等于或小于）；控制条件下，反馈内容为星号。

在运动速度知觉探测界面中有三种情况：（1）若所有的点均由内向外做匀加速运动，请您用右手食指按下键盘上的"J"键。（2）若所有的点均由内向外做匀减速运动，请您用左手食指按下键盘上的"F"键。（3）若所有的点均由内向外做匀速运动，请您右手拇指按下键盘上的"空格"键。运动速度知觉判断之后的反馈界面主要呈现被试速度类型判断的正确与否或者是否进行按键反应。

6. 正式实验阶段。练习阶段过后，被试对整个实验流程有了详细的理解，而后进入正式实验阶段。正式实验阶段包括两个 block：一个 block 为应激条件（120 个 trail），一个 block 为控制条件（120

个 trail），共 240 个 trail，其中匀加速、匀减速以及匀速各包括 40 个 trail，且每个 trail 随机呈现。应激条件与控制条件之前均有一个练习 block。实验具体流程与练习阶段基本一致（运动速度判断后无反馈），包括："注视点—乘法心算任务—缓冲界面—心算反馈界面—缓冲界面—运动速度类型判断界面—空白"，具体流程见图 8-1。

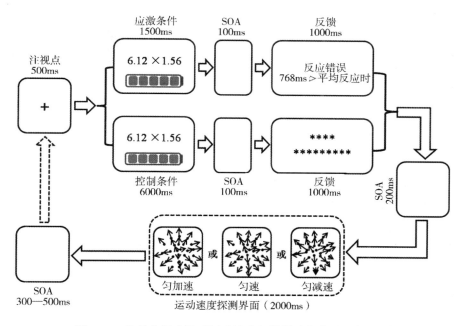

图 8-1　急性心理应激对运动速度知觉影响的实验任务流程

由于研究为组内设计，为避免顺序效应造成的实验误差，研究采用 ABBA 设计来进行被试间平衡处理，即应激—控制和控制—应激交替进行，两种条件之间休息 5—10 分钟，以避免两种条件之间的交互影响。正式实验中，应激条件与控制条件实验之前均表象放松场景 1 分钟，以调整自己的情绪状态。除去练习中所用的 12 个乘法心算题目，再从余下 308 个乘法题目中随机选取 120 个题目作为应激条件与控制条件下乘法估算的题目。为排除因题目差异对实验结果的影响，应激条件与控制条件下所选的心算题目保持一致。

五 行为学数据

行为学数据主要由 E – prime 2.0 软件采集，并计算出每名被试应激条件与控制条件下乘法心算反应时与正确率，以及不同运动速度类型下的反应时及正确率。采用 SPSS 17.0 对 24 名被试在不同应激条件下的速度类型判断反应时及正确率进行描述性统计分析。在反应时方面，对应激水平、运动速度类型做两因素重复测量方差分析。在正确率方面，做 Chi-square 检验。若主效应显著，则进行事后检验，若交互作用显著，则进行简单效应分析。

六 脑电记录与分析

脑电数据主要通过 Recorder 软件采集，采用 BrainVision Analyzer 2 软件进行离线叠加分析与处理。实验所采用的 64 导电极帽按照国际 10—10 系统安置电极，AFz 点为接地电极。在线记录的参考电极为 FCz 点，后期离线处理时转换为平均参考。垂直眼电（VEOG）贴于右眼正下方 1cm 处，水平眼电（HEOG）贴于左眼眼角外 1cm 处。信号采样频率为 1000 Hz，滤波范围 0.01—100 Hz。离线脑电数据处理时 IIR filter 范围选择为 0.01—35Hz，采用独立成分分析法（Independent Component Analysis）识别并去除眼动伪迹，同时去除波幅超过 ±80μV 的伪迹（Artifact rejection）。依据刺激呈现时长与被试反应结果，为探究不同应激条件被试速度知觉判断的 ERP 特征，EEG 叠加时长为 –200—1000ms（共 1200ms），基线为探测刺激呈现前的 200ms。关于 ERP 的叠加次数，Picton 等人（2000）认为由于 ERP 实验过程中会受到眼跳、肌肉伪迹与反应错误等因素的影响，建议各实验条件叠加次数大于 30 次。[1] 通过统计分析，各实验

---

[1] Picton Terence W. et al., "Guidelines for Using Human Event-Related Potentials to Study Cognition: Recording Standards and Publication Criteria", *Psychophysiology*, Vol. 37, No. 2, March 2000, p. 127.

条件平均叠加次数约为 36 次，大于 30 次。

依据前人研究结果[1]以及 ERPs 总波形图，运动速度知觉分析的 ERP 成主要包括 P1、N2 以及晚期负慢波 SW。同时，结合 ERPs 总平均和差异脑地形图，各成分的时间窗及电极点具体如下：P1 成分的时间窗为刺激呈现后 80—200ms，分析电极点为枕颞区 PO3、PO7、POz、PO8、PO4；N2 成分的时间窗为刺激呈现后 150—250ms，分析电极点为颞区 CP5、CP6、P7、P8；晚期负慢波 SW 的时间窗为 400—800ms，分析电极点为额区 Fz、F1、F2。采用重复测量方差分析方法对应激诱发部分和运动速度知觉部分产生的 ERP 成分进行主效应与简单效应分析。重复测量方差分析中若不满足球形检验，则方差分析的 p 值采用 Greenhouse Geisser 法校正，所有主效应的多重比较均通过 Bonfferni 方法校正。

第三节　研究结果

一　行为学结果

参照以往研究采用改良后的 MIST 任务范式诱发急性心理应激状态，发现人们在应激状态下正性心理唤醒得分显著降低而状态焦虑得分显著升高。[2] 本研究在心算任务反应时方面，对控制条件与应激条件下乘法估算任务反应时进行配对样本 t 检验，结果发现应激条

① Mc Keefry Declan J. et al. , "Induced Deficits in Speed Perception by Transcranial Magnetic Stimulation of Human Cortical Areas V5/MT + and V3A", *Journal of Neuroscience*, Vol. 28, No. 27, July 2008, p. 6848. Kenneth Vilhelmsen et al. , " A High-Density Eeg Study of Differences Between Three High Speeds of Simulated Forward Motion from Optic Flow in Adult Participants", *Frontiers in Systems Neuroscience*, Vol. 9, No. 146, October 2015, p. 1.

② Wang Jifu et al. , "Effect of Acute Psychological Stress on Motion-In-Depth Perception: an Event-Related Potential Study", *Advances in Cognitive Psychology*, Vol. 16, No. 4, December 2020, p. 353.

件下估算任务反应时显著短于控制条件（$t = -6.87$，$p < 0.01$），应激条件下的估算正确率显著小于控制条件（$\chi^2 = 9.89$，$p < 0.01$）。说明被试在应激状态下的估算反应时较短，但正确率较低。结合前期结果[①]，可以发现改良后的 MIST 任务起到了应激诱发的效果。

关于运动速度知觉判断方面的描述性统计：从反应时来看，应激条件下整体运动速度类型判断（匀速、匀加速、匀减速）的平均反应时为 1240.98 ± 49.43ms，其中匀速的平均反应时为 1330.40 ± 236.40ms，匀加速的平均反应时为 1366.28 ± 316.72ms，匀减速的平均反应时为 1026.27 ± 234.10ms。控制条件下整体运动速度类型判断（匀速、匀加速、匀减速）的平均反应时为 1366.11 ± 38.82ms，其中匀速的平均反应时为 1481.78 ± 192.26ms，匀加速的平均反应时为 1505.89 ± 247.75ms，匀减速的平均反应时为 1110.67 ± 253.06ms。从平均反应时可以看出，应激与控制条件下匀速运动与匀加速运动之间差异不大，但匀速运动与匀减速运动、匀加速运动与匀减速运动之间差异较大（见图 8 - 2）。

从正确率来看，应激条件下整体运动速度类型判断（匀速、匀加速、匀减速）的平均正确率为 0.74 ± 0.03，其中匀速的平均正确率为 0.70 ± 0.22，匀加速的平均正确率为 0.70 ± 0.21，匀减速的平均正确率为 0.81 ± 0.17。控制条件下整体运动速度类型判断（匀速、匀加速、匀减速）的平均正确率为 0.73 ± 0.03，其中匀速的平均正确率为 0.65 ± 0.23，匀加速的平均正确率为 0.70 ± 0.22，匀减速的平均正确率为 0.82 ± 0.12。从平均正确率可以看出，应激与控制条件下匀速运动与匀加速运动之间差异不大，但匀速运动与匀减速运动、匀加速运动与匀减速运动之间差异较大（见图 8 - 2）。

---

① Qi Mingming et al. , "Subjective Stress, Salivary Cortisol, And Electrophysiological Responses to Psychological Stress", *Frontiers in Psychology*, Vol. 7, No. 229, February 2016, p. 1. Qi Mingming and Heming Gao, "Acute Psychological Stress Promotes General Alertness and Attentional Control Processes: An ERP Study", *Psychophysiology*, Vol. 57, No. 4, January 2020, p. 1.

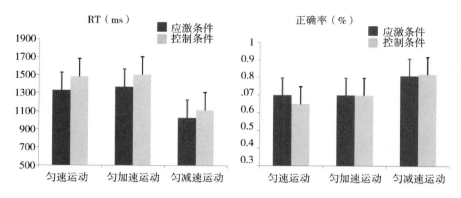

图 8 - 2　不同应激水平与运动速度类型下被试反应时与
正确率结果（误差线代表标准误）

以应激水平（应激与控制）、运动速度类型（匀速、匀加速、匀减速）为被试内变量，分别对被试在运动速度探测任务中反应时与正确率进行两因素的重复测量方差分析。结果发现，在被试反应时方面：应激水平主效应显著，F（1，23）= 12.54，p = 0.002 < 0.01，$\eta_p^2 = 0.35$），$M_{应} = 1240.98\text{ms} < M_{控} = 1366.11\text{ms}$，说明应激水平下运动速度知觉判断反应时显著小于控制条件，见图 8 - 2 左。运动速度类型主效应显著，F（1.52，35.00）= 56.12，$p < 0.01$，$\eta_p^2 = 0.71$，$M_{匀速} = 1406.09\text{ms}$，$M_{匀加速} = 1436.09\text{ms}$，$M_{匀减速} = 1068.47\text{ms}$，事后检验发现，匀速运动与匀加速运动之间差异不显著（$p > 0.05$），匀速运动与匀减速运动之间差异显著（$p < 0.01$），匀加速运动与匀减速运动之间差异显著（$p < 0.01$），说明相对于匀速运动与匀加速运动，被试对匀减速运动的点刺激类型知觉判断速度更快。应激水平与运动速度类型交互作用不显著，F（1.35，30.96）= 1.73，$p > 0.05$，$\eta_p^2 = 0.07$）。

在反应正确率方面：以应激水平与运动速度类型做交叉表 Chi-square 检验，结果为 $\chi^2 = 1.39$，$df = 2$，$p > 0.05$，说明应激水平与运动速度类型两个自变量相互独立，即交互作用不显著。以应激水平做单一变量的 Chi-square 检验，结果为 $\chi^2 = 0.31$，$df = 1$，$p > 0.05$，说明不同应激水平下被试不同速度类型判断正确率差异不显著。以运动速度类型做单一变量的 Chi-square 检验，结果为 $\chi^2 = 28.81$，$df = 2$，$p < 0.01$，说明被试对不同速度类型判断正确率差异显著，见图 8 - 2（右图），进一步检验发现相对于匀速运动与匀加速运动，被试在匀减速运动判断任务中正确率更高。

二　ERP 结果

ERP 结果分析包括两个部分：应激诱发部分与运动速度知觉部分，下面将主要对具有统计学意义（$p < 0.05$）的结果进行报告。

（一）应激诱发部分 ERP 特征分析

N1 成分：

参照前期研究结果以及图 8 - 3 脑地形图（右），可见 N1 成分主要出现在 Pz 与 POz 电极点。在 N1 潜伏期方面，Pz 应激为 140.79 ± 19.39ms，Pz 控制为 144.33 ± 16.85ms，POz 应激为 145.33 ± 14.67ms，POz 控制为 143.83 ± 16.47ms，对电极点与应激水平 N1 峰潜伏期进行两因素重复测量方差分析，结果显示各自变量主效应与交互效应均不显著（$p > 0.05$）。

在 N1 峰波幅方面，Pz 应激：$-6.68 \pm 4.33\mu V$，Pz 控制：$-5.68 \pm 5.24\mu V$；POz 应激：$-7.54 \pm 4.94\mu V$，POz 控制：$-5.92 \pm 5.62\mu V$。对应激水平与电极位置 N1 峰波幅进行两因素重复测量方差分析，结果显示应激水平主效应显著，$F(1, 23) = 5.55$，$p = 0.03 < 0.05$，$\eta_p^2 = 0.19$，即应激水平下的 N1 峰波幅（$-7.11 \pm 0.91\mu V$）大于控制条件（$-5.81 \pm 1.09\mu V$），从图 8 - 3 左侧总平均波形图中也可以看出应激条件下的 N1 峰波幅值要大于控制条件。电极位置主效应不显著，$F(1, 23) = 1.51$，$p = 0.23 > 0.05$，$\eta_p^2 = 0.06$。应激水平与电极位置交互作用不显著，$F(1, 23) = 2.54$，$p = 0.13 > 0.05$，$\eta_p^2 = 0.10$。

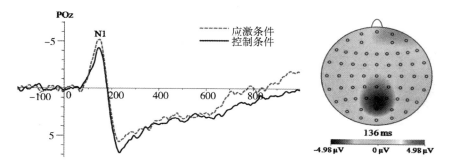

**图 8 - 3　不同应激条件下 N1 成分的总平均波形及其应激
条件下的脑地形**

P2 成分：

参照前期研究发现以及依据图 8 - 4 右侧脑地形图，可以发现 P2 成分主要出现在 PO3、POz 和 PO4 三个位置。对电极位置与应激水平进行两因素重复测量方差分析，结果显示：在 P2 潜伏期方面，应激水平主效应显著，$F (1，23) = 5.16$，$p = 0.03 < 0.05$，$\eta_p^2 = 0.18$，即应激水平下 P2 潜伏期（229.83 ± 2.75ms）显著短于控制条件（237.53 ± 3.79ms）。电极位置主效应不显著，$F (1.38，31.69) = 1.31$，$p = 0.28 > 0.05$，$\eta_p^2 = 0.05$。电极位置与应激水平交互作用不显著，$F (1.22，28.03) = 0.19$，$p = 0.72 > 0.05$，$\eta_p^2 = 0.01$。

在 P2 峰波幅方面，应激水平主效应显著，$F (1，23) = 4.65$，$p = 0.04 < 0.05$，$\eta_p^2 = 0.17$，即应激水平下 P2 峰波幅（7.35 ± 0.79μV）显著小于控制条件（8.64 ± 0.83μV）。电极位置主效应不显著，$F (1，23) = 0.48$，$p = 0.62 > 0.05$，$\eta_p^2 = 0.02$。电极位置与应激水平交互作用不显著，$F (1.20，27.53) = 0.08$，$p = 0.82 > 0.05$，$\eta_p^2 = 0.004$。从图 8 - 4 左侧 P2 成分的总平均波形图来看，应激条件的 P2 峰潜伏期与峰波幅均要大于控制条件。

（二）运动速度知觉部分 ERP 特征分析

P1 成分：依据图 8 - 5 右侧脑地形图和以往研究基础，可以确

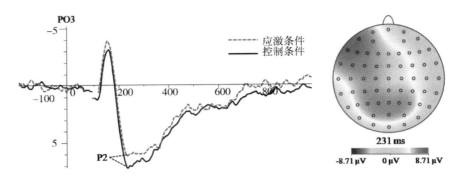

图 8 - 4   不同应激条件下 P2 成分的总平均波形及应激条件下的脑地形

定 P1 成分电极点主要位于 PO3、PO7、POz、PO4、PO8 五个电极点。采用 SPSS 17.0 对不同应激水平、速度类型以及电极位置的 P1 峰潜伏期与峰波幅进行描述性统计,所得结果见表 8 - 1、表 8 - 2。

表 8 - 1   不同应激水平与速度类型下 P1 峰潜伏期的平均结果 ($M \pm SD$)   单位:ms

电极位置	应激条件			控制条件		
	匀加速	匀减速	匀速	匀加速	匀减速	匀速
PO3	140.04 ± 24.20	140.92 ± 21.80	137.29 ± 20.14	131.67 ± 22.52	147.33 ± 12.71	141.29 ± 20.64
PO7	141.17 ± 24.57	141.17 ± 17.73	139.21 ± 15.21	136.25 ± 23.18	149.37 ± 15.13	141.71 ± 21.32
POz	135.67 ± 27.88	143.88 ± 18.59	143.04 ± 12.85	136.67 ± 16.68	148.62 ± 11.11	147.13 ± 11.82
PO4	135.92 ± 27.28	147.25 ± 11.26	140.83 ± 14.72	139.92 ± 10.98	149.75 ± 12.97	145.21 ± 11.22
PO8	137.79 ± 17.99	143.88 ± 17.16	144.37 ± 16.88	137.71 ± 15.72	146.67 ± 22.71	141.00 ± 19.55

在 P1 峰潜伏期方面,应激水平主效应不显著,$F_{(1, 23)}$ = 0.73,$p > 0.05$,$\eta_p^2 = 0.03$;电极位置主效应不显著,$F_{(2.11, 48.58)}$ = 0.70,$p > 0.05$,$\eta_p^2 = 0.03$;速度类型主效应显著,$F_{(2, 46)}$ = 7.07,$p = 0.004 < 0.01$,$\eta_p^2 = 0.24$,三种速度类型 P1 潜伏期 ($M \pm SD$):匀加速为 137.28 ± 2.47ms,匀减速为 145.88 ± 1.99ms,匀速为 142.11 ± 2.10ms。进一步事后检验发现:被试对匀加速运动

判断的 P1 峰潜伏期要显著短于匀减速运动（p = 0.01），其余两两比较不存在显著性差异；电极位置与应激水平交互作用不显著，F (2.71, 62.43) = 0.70，$p > 0.05$，$\eta_p^2 = 0.03$；其他两两交互均不存在显著性差异（$p > 0.05$）。从图 8 - 5 左侧 P1 成分总平均波形图与描述性统计结果可以发现，匀减速运动的峰潜伏期与峰波幅要大于匀加速运动、匀速运动的光点刺激。

表 8 - 2　　不同应激水平与速度类型下 P1 峰波幅平均结果（$M \pm SD$）　单位：μV

电极位置	应激条件			控制条件		
	匀加速	匀减速	匀速	匀加速	匀减速	匀速
PO3	6.85 ± 3.02	7.39 ± 3.75	6.48 ± 3.36	6.23 ± 2.77	6.53 ± 2.42	6.57 ± 3.54
PO7	6.55 ± 2.69	7.56 ± 4.34	6.23 ± 3.03	6.22 ± 3.42	6.52 ± 3.40	6.93 ± 3.71
POz	5.83 ± 2.70	6.06 ± 3.23	5.62 ± 3.01	5.33 ± 2.59	5.31 ± 2.12	5.51 ± 3.25
PO4	6.69 ± 2.92	7.65 ± 3.04	7.18 ± 3.51	6.72 ± 3.24	6.82 ± 2.78	7.13 ± 2.98
PO8	5.50 ± 3.27	6.72 ± 3.52	6.04 ± 3.12	5.48 ± 3.08	6.09 ± 2.89	6.32 ± 3.39

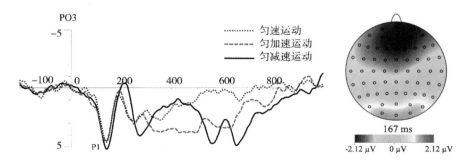

图 8 - 5　不同运动速度条件下 P1 成分总平均波形图及差异
脑地形图（匀减速—匀加速）

在 P1 峰波幅方面，应激水平主效应不显著，F (1, 23) = 1.00，$p > 0.05$，$\eta_p^2 = 0.04$；电极位置主效应显著，F (2.16, 49.61) = 3.28，$p = 0.04 < 0.05$，$\eta_p^2 = 0.13$，五个电极位置 P1 峰波

幅 ($M \pm SD$)：PO3 为 $6.68 \pm 0.56\mu V$，PO7 为 $6.67 \pm 0.61\mu V$，POz 为 $5.61 \pm 0.49\mu V$，PO4 为 $7.03 \pm 0.54\mu V$，PO8 为 $6.03 \pm 0.58\mu V$。进一步事后检验发现：PO3 电极点 P1 峰波幅显著大于 POz 电极点 ($p = 0.002$)，POz 电极点 P1 峰波幅显著小于 PO4 电极点 ($p = 0.004$)，其余两两比较差异均不显著 ($p > 0.05$)；速度类型主效应不显著，$F_{(2, 46)} = 2.00$，$p > 0.05$，$\eta_p^2 = 0.08$；三个自变量两两交互均不存在显著性差异 ($p > 0.05$)。

N2 成分：依据脑地形图（图 8 - 6）以及相关研究，可以发现 N2 成分主要出现在颞枕区 CP5、P7、CP6、P8 四个电极位置。采用 SPSS 17.0 对不同应激水平、速度类型以及电极位置的 N2 成分峰潜伏期与峰波幅进行描述性统计，所得结果见表 8 - 3、表 8 - 4。

表 8 - 3   不同应激水平与速度类型下 N2 峰潜伏期平均结果 ($M \pm SD$)   单位：ms

电极位置	应激条件			控制条件		
	匀加速	匀减速	匀速	匀加速	匀减速	匀速
CP5	176.42 ± 18.78	184.46 ± 24.02	178.75 ± 16.17	187.79 ± 16.46	174.83 ± 19.04	175.13 ± 15.29
P7	190.58 ± 17.51	211.92 ± 21.80	203.75 ± 17.34	202.54 ± 18.56	216.79 ± 24.40	206.00 ± 22.33
CP6	183.50 ± 13.21	192.17 ± 25.24	194.92 ± 23.95	189.63 ± 21.76	193.17 ± 28.26	188.92 ± 21.37
P8	202.67 ± 21.11	217.25 ± 21.43	199.92 ± 19.64	200.58 ± 16.10	221.00 ± 17.32	209.83 ± 19.00

对应激水平、速度类型与电极位置的 N2 峰潜伏期与峰波幅进行三因素重复测量方差分析，结果显示：对 N2 峰潜伏期而言，电极位置主效应显著，$F_{(3, 69)} = 37.89$，$p < 0.01$，$\eta_p^2 = 0.08$，四个电极点 N2 峰潜伏期 ($M \pm SD$)：CP5 为 179.56 ± 2.42ms，P7 为 205.26 ± 2.35ms，CP6 为 190.38 ± 2.67ms，P8 为 208.54 ± 2.46ms。进一步事后检验发现：CP5 电极点 N2 潜伏期显著小于 P7、CP6、P8 三个电极点 (p 值均小于 0.01)，P7 电极点 N2 潜伏期显著大于 CP6 电极点 ($p < 0.01$)，CP6 电极点 N2 潜伏期显著小于 P8 电极点 ($p < 0.01$)；应激水平主效应不显著，$F_{(1, 23)} = 1.61$，$p > 0.05$，$\eta_p^2 =$

0.07，$M_{应} = 194.69\text{ms}$，$M_{控} = 197.18\text{ms}$，可以发现应激条件下 N2 潜伏期略小于控制条件；速度类型主效应显著，F（2，46）$= 9.55$，$p < 0.01$，$\eta_p^2 = 0.29$，三种速度类型 N2 潜伏期（$M \pm SD$）：匀加速为 $191.71 \pm 1.84\text{ms}$，匀减速为 $201.45 \pm 2.37\text{ms}$，匀速为 $194.65 \pm 1.96\text{ms}$。进一步事后检验发现：匀加速运动诱发的 N2 潜伏期显著短于匀减速运动（$p < 0.01$），匀速运动诱发的 N2 潜伏期显著短于匀减速运动（$p = 0.05$），匀加速与匀速运动之间差异不显著（$p > 0.05$），从 N2 总平均波形图（图 8-6，左上图）可以发现，相比较于匀加速运动与匀速运动，匀减速运动诱发的 N2 成分出现较晚。

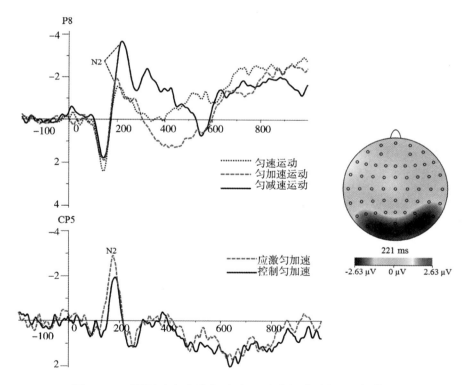

图 8-6　不同速度与应激水平下 N2 成分的总平均波形与差异脑地形（匀减速—匀加速）

交互作用分析表明：电极位置与应激水平交互作用不显著，F

（3，69） = 1.24，$p > 0.05$，$\eta_p^2 = 0.05$；电极位置与速度类型交互作用显著，F（6，138） = 4.20，$p < 0.01$，$\eta_p^2 = 0.15$。进一步做简单效应分析发现：在匀加速运动条件与匀减速条件下 CP5、CP6 电极点 N2 潜伏期显著短于 P7、P8 电极点（$p < 0.01$），在匀速运动条件下 CP5 电极点 N2 潜伏期显著短于 P7、CP6、P8 电极点（$p < 0.01$）以及 CP6 电极点 N2 潜伏期显著短于 P8 电极点（$p < 0.01$）；应激水平与速度类型交互作用不显著，F（1.43，32.99） = 1.58，$p > 0.05$，$\eta_p^2 = 0.06$。

电极位置、应激水平与速度类型交互作用显著，F（6，138） = 3.40，$p = 0.007$，$\eta_p^2 = 0.13$。对电极位置、应激水平与速度类型三者交互作用进一步做简单效应发现：在应激状态与匀加速/匀减速运动条件下 CP5 电极点 N2 峰潜伏期显著小于 P7、P8 电极点（p 均小于 0.01）以及 CP6 电极点 N2 潜伏期显著小于 P8 电极点（$p < 0.01$）。在应激状态与匀减速运动条件下 P7 电极点 N2 潜伏期显著大于 CP6 电极点（$p < 0.05$）。在应激状态与匀速运动条件下 CP5 电极点 N2 峰潜伏期显著小于 P7、P8 电极点（$p < 0.01$）。在控制状态与匀加速条件下 CP5 电极点 N2 峰潜伏期显著小于 P7、P8 电极点（p 均小于 0.05）以及 CP6 电极点 N2 潜伏期显著小于 P8 电极点（$p < 0.05$）。在控制状态与匀减速条件下 CP5 电极点 N2 峰潜伏期显著小于 P7、CP6、P8 电极点（p 均小于 0.05）以及 CP6 电极点 N2 潜伏期显著小于 P7、P8 电极点（$p < 0.05$）。在控制状态与匀速条件下 CP5 电极点 N2 峰潜伏期显著小于 P7、CP6、P8 电极点（p 均小于 0.05）以及 CP6 电极点 N2 潜伏期显著小于 P8 电极点（$p < 0.01$）。在 CP5 电极点与匀加速条件下应激状态的 N2 潜伏期显著短于控制条件（$p < 0.05$），从图 8 - 6（左下）N2 总平均波形图可以看出，应激状态下匀加速运动诱发的 N2 成分略早于控制条件下出现。在 CP5 电极点与匀减速条件下应激状态的 N2 潜伏期显著大于控制条件（$p < 0.05$）。在 P8 电极点与匀速条件下应激状态的 N2 潜伏期显著小于控制条件（$p < 0.05$）。在 CP5 电极点与控制状态下匀加速运动 N2 潜伏期显著

大于匀减速运动、匀速运动（p 均小于 0.05）。在 P7 电极点与应激状态下匀加速运动 N2 潜伏期显著小于匀减速运动、匀速运动（p 均小于 0.05）。在 P7 电极点与控制状态下匀加速运动 N2 潜伏期显著小于匀减速运动（$p < 0.05$）。在 P8 电极点与应激状态下匀减速运动 N2 峰潜伏期显著大于匀速运动（$p < 0.01$）。在 P8 电极点与控制状态下匀加速运动 N2 潜伏期显著小于匀减速运动、匀速运动（$p < 0.05$）。

表 8 - 4 　　　　　　不同应激水平与速度类型在不同电极点

N2 峰波幅平均结果（$M \pm SD$）　　　　　　单位：μV

电极位置	应激条件			控制条件		
	匀加速	匀减速	匀速	匀加速	匀减速	匀速
CP5	-4.24 ± 2.37	-4.65 ± 2.52	-4.63 ± 2.97	-3.01 ± 1.87	-4.08 ± 2.54	-3.83 ± 2.55
P7	-2.57 ± 2.71	-4.07 ± 2.33	-2.88 ± 2.34	-2.71 ± 1.86	-3.91 ± 2.56	-2.45 ± 2.61
CP6	-3.96 ± 2.30	-4.46 ± 2.21	-4.44 ± 2.58	-3.80 ± 2.31	-4.17 ± 2.29	-4.12 ± 1.98
P8	-3.28 ± 2.30	-5.42 ± 2.94	-3.26 ± 2.42	-3.52 ± 2.49	-5.55 ± 3.19	-3.56 ± 2.67

在 N2 峰波幅方面，电极位置主效应显著，$F (1.78, 40.97) = 3.45$，$p = 0.046 < 0.05$，$\eta_p^2 = 0.13$，四个电极点 N2 峰波幅（$M \pm SD$）：CP5 为 -4.07 ± 0.39μV，P7 为 -3.10 ± 0.40μV，CP6 为 -4.16 ± 0.34μV，P8 为 -4.10 ± 0.38μV。进一步事后检验发现：CP5 电极点的 N2 峰波幅显著大于 P7 电极点（$p < 0.01$），其余两两电极点之间比较不存在显著性差异（$p > 0.05$）；应激水平主效应不显著，$F (1, 23) = 0.70$，$p > 0.05$，$\eta_p^2 = 0.03$，$M_{应} = -3.99$μV，$M_{控} = -3.73$μV，可见应激状态下的 N2 峰波幅稍大于控制条件。速度类型主效应显著，$F (2, 46) = 13.14$，$p < 0.01$，$\eta_p^2 = 0.36$。三种速度类型的 N2 潜波幅（$M \pm SD$）：匀加速为 -3.39 ± 0.29μV，匀减速为 -4.54 ± 0.34μV，匀速为 -3.65 ± 0.34μV，进一步事后检验

发现匀减速运动诱发的 N2 峰波幅显著大于匀加速运动与匀速运动（p 均小于 0.01），匀加速运动与匀速运动之间的差异不显著（$p >$ 0.05）。

交互作用分析表明：电极位置与应激水平交互作用显著，F（2.22，51.14）= 4.83，$p = 0.01$，$\eta_p^2 = 0.17$，进一步做简单效应分析发现：在 CP5 电极点应激条件下的 N2 峰波幅（$-4.51 \pm 0.48 \mu V$）显著大于控制条件（$-3.64 \pm 0.37 \mu V$）（$p < 0.05$），从图 8-6（左下）N2 总平均波形图来看，应激条件下的 N2 峰波幅要大于控制条件，在应激状态下 CP5 电极点的 N2 峰波幅（$-4.51 \pm 0.48 \mu V$）显著大于 P7 电极点（$-3.17 \pm 0.45 \mu V$）（$p < 0.01$）。电极位置与速度类型交互作用显著，F（3.52，80.93）= 4.75，$p < 0.01$，$\eta_p^2 = 0.17$。进一步做简单效应分析发现：在 P7、P8 电极点上匀减速运动的 N2 峰波幅显著大于匀加速运动与匀速运动（p 均小于 0.01），从图 8-6（左上）N2 总平均波形图可以发现，相比较于匀加速与匀速运动，匀减速运动诱发的 N2 峰波幅值更大，在匀加速运动下 CP5 电极点 N2 峰波幅显著大于 P7 电极点（$p < 0.01$），在匀速运动下 P7 电极点 N2 峰波幅显著小于 CP5、CP6 电极点（$p < 0.01$）。应激水平与速度类型交互作用不显著，F（2，46）= 0.02，$p > 0.05$，$\eta_p^2 = 0.001$。电极位置、应激水平与速度类型交互作用不显著，F（6，138）= 0.54，$p > 0.05$，$\eta_p^2 = 0.02$。

晚期负慢波（400—800ms）：

由于有 6 名被试的 EEG 数据中晚期负慢波（400—800ms）的平均值大于 0μV 而被剔除，故本部分数据分析共纳入 18 名被试（10 男，8 女，平均年龄为 19.5 岁）。从图 8-7 中的 SW 脑地形图来看，确定 SW 的电极点为 F1、F2、Fz 三个点。采用 SPSS 17.0 对不同应激水平、速度类型以及电极点的晚期负慢波的平均波幅进行描述性统计，所得结果见表 8-5。

表 8 - 5　　　　　　　　**不同应激水平与速度类型下晚期**

负慢波 SW 的平均波幅结果（M ± SD）　　　单位：μV

电极位置	应激条件			控制条件		
	匀加速	匀减速	匀速	匀加速	匀减速	匀速
Fz	- 4.84 ± 3.70	- 3.57 ± 3.52	- 5.04 ± 3.66	- 2.40 ± 2.16	- 0.40 ± 3.62	- 2.47 ± 4.07
F1	- 4.24 ± 3.83	- 2.67 ± 3.54	- 4.34 ± 3.51	- 2.09 ± 1.90	0.19 ± 3.65	- 1.86 ± 2.88
F2	- 4.37 ± 3.58	- 3.41 ± 2.68	- 4.94 ± 3.16	- 2.22 ± 2.38	- 0.59 ± 4.03	- 2.48 ± 3.35

对不同应激水平、速度类型及电极点晚期负慢波的平均波幅进行三因素重复测量方差分析，结果显示：电极位置主效应显著，F $(2, 34) = 4.23$，$p = 0.023 < 0.05$，$\eta_p^2 = 0.20$，三个电极点晚期负慢波的平均波幅（$M \pm SD$）：Fz 为 - 3.12 ± 0.52μV，F1 为 - 2.50 ± 0.48μV，F2 为 - 3.00 ± 0.47μV。进一步事后检验发现：Fz 电极点晚期负慢波的平均波幅显著大于 F1 电极点（$p < 0.05$），其余两个电极点两两比较差异不显著（$p > 0.05$）。应激水平主效应显著，F $(1, 17) = 12.60$，$p = 0.002 < 0.01$，$\eta_p^2 = 0.43$，$M_{应} = - 4.16μV$，$M_{控} = - 1.59μV$。进一步事后检验发现：应激条件下晚期负慢波的平均波幅显著大于控制条件（$p < 0.01$），从图 8 - 7（左上）SW 总平均波形图来看，应激条件下 400—800ms 的晚期负慢波要大于控制条件，同时从图 8 - 7 右侧来看，应激条件下晚期负慢波的持续时间、持续深度以及平均峰波幅值均要大于控制条件。速度类型主效应显著，F $(1.52, 25.89) = 4.98$，$p = 0.013 < 0.05$，$\eta_p^2 = 0.23$，三种速度类型晚期负慢波平均波幅（$M \pm SD$）：匀加速运动为 - 3.36 ± 0.44μV，匀减速运动为 - 1.74 ± 0.68μV，匀速运动为 - 3.52 ± 0.63μV。进一步事后检验发现：匀加速运动晚期负慢波 SW 的平均波幅显著大于匀减速运动（$p < 0.05$），其余两两比较均不存在显著性差异（$p > 0.05$），从图 8 - 7（左下）来看匀加速运动或匀速运动知觉判断中晚期负慢波 SW 的平均波幅要大于匀减速运动。其他各实验条件之间交互比较均无显著性差异（$p > 0.05$）。

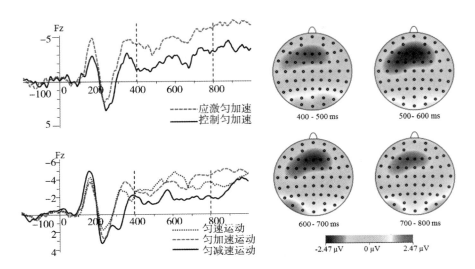

图 8 - 7　不同应激与速度水平下 SW 总平均波形及差异
脑地形（应激匀加—控制匀加）

第四节　讨论与小结

一　讨论

本章旨在通过双任务范式探究急性心理应激对运动速度知觉的影响及其机制的 ERP 特征，改良后的 MIST 任务（包括不可控制性与社会威胁性）作为先行刺激任务，用于诱发急性心理应激状态；光点的扩展任务作为后行刺激任务，用于评价个体的运动速度知觉能力。结果显示，急性心理应激状态下运动速度知觉判断反应时更短；应激状态下运动速度知觉任务判断中 N2 峰波幅值和 SW 平均波幅均较大；应激条件下的匀加速与匀速运动的 N2 潜伏期要小于控制条件。

（一）应激诱发的效果分析

在行为学方面，被试在急性心理应激状态下的乘法估算反应时要显著小于控制条件且正确率也显著低于控制条件。该结果与前面三个研究的结果基本一致，有研究发现被试应激状态下反应时较短且正确率较低[1]，有研究发现被试在应激条件下正确率较低[2]。可见，被试在应激与控制条件下采用了两种不同的认知加工策略，即应激条件下为速度优先型，控制条件下为准确率优先型。

在 ERP 成分方面，应激条件下的 N1 成分峰波幅显著大于控制条件，以及应激诱发条件下 P2 成分潜伏期与波幅值均小于控制条件。前期研究发现，N1 成分表示有机体的感知觉过程，它代表人们在压力刺激下注意警觉性水平以及感觉信息输入升高的现象。[3] 本研究结果表明相比较于控制条件，应激条件下的注意警觉性水平要更高。应激与控制状态下产生的 P2 成分反映了有机体的注意加工过程，P2 成分波幅值的大小与有机体视知觉任务中的注意资源分配有密切关系，即 P2 波幅值大则表明注意资源分配增加。[4] 由于被试在急性应激条件下需要较多注意资源来应付警觉性水平，而参与心算任务的注意资源就会降低，故其 P2 波幅值较低。有研究发现被试在应激状态下的 P2 成分潜伏期要显著小于控制条件，这与本研究的结果一致，即被试在应激条件下对外在刺激信息具有更快的注意

① Qi Mingming et al., "Subjective Stress, Salivary Cortisol, And Electrophysiological Responses to Psychological Stress", *Frontiers in Psychology*, Vol. 7, No. 229, February 2016, p. 1.

② Yang Juan et al., "The Time Course of Psychological Stress as Revealed by Event-Related Potentials", *Neuroscience Letters*, Vol. 530, No. 1, November 2012, p. 1.

③ Shackman Alexander J. et al., "Stress Potentiates Early and Attenuates Late Stages of Visual Processing", *Journal of Neuroscience*, Vol. 31, No. 3, January 2011, p. 1156.

④ Lenartowicz Agatha et al., "Electroencephalography Correlates of Spatial Working Memory Deficits in Attention-Deficit/Hyperactivity Disorder: Vigilance, Encoding, And Maintenance", *Journal of Neuroscience*, Vol. 34, No. 4, January 2014, p. 1171. Löw Andreas et al., "When Threat is Near, Get out of Here: Dynamics of Defensive Behavior During Freezing and Active Avoidance", *Psychological Science*, Vol. 26, No. 11, September 2015, p. 1706.

定向过程。[1] 综合行为学、ERP 结果以及前人研究结果，本实验较为成功地诱发了被试的急性心理应激状态。

　　（二）急性心理应激对运动速度知觉判断影响的行为学特征分析

　　在急性心理应激对运动速度知觉影响的行为学层面，本研究发现相比较于控制条件，应激条件下运动速度知觉判断反应时更短，支持了研究假设，这说明被试在应激条件下对运动速度知觉的任务绩效较好。有研究发现有机体在时间压力下其注意范围变得狭窄，造成其对知觉加工效率较低，表现为反应速度较快而正确率较低的现象。[2] 有研究发现个体在应激条件下知觉加工速度升高而准确性下降。[3] 这些研究表明有机体在应激压力状态下警觉性水平会增高以及身体自我防御意识升高，进而表现出知觉反应速度较快，所以有机体在应激条件下运动速度知觉反应更快。运动速度知觉是一种基于空间知觉和时间知觉的知觉形式。前期研究发现，急性心理应激与时间敏感性下降幅度较大有关。基于该研究结果，可以推测急性心理应激可能在一定程度上会提升个体的空间知觉能力。在现实生活中，这种警觉性或自我防卫意识可以使人们在面对危险刺激时提前做出规避动作。

　　此外，本研究还发现相较于匀速运动与匀加速运动，被试对匀减速运动的点刺激类型知觉判断速度更快且反应正确率更高，这说明匀减速运动的辨别更加容易。三种运动速度类型有不同的特点，匀减速运动先快后慢，匀加速运动先慢后快，匀速运动前后一致。

---

　　[1]　Yang Juan et al. , "The Time Course of Psychological Stress as Revealed by Event-Related Potentials", *Neuroscience Letters*, Vol. 530, No. 1, November 2012, p. 1.

　　[2]　Dambacher Michael and Ronald Hübner, "Time Pressure Affects the Efficiency of Perceptual Processing in Decisions Under Conflict", *Psychological research*, Vol. 79, No. 1, February 2014, p. 83.

　　[3]　Bertsch Katja et al. , "Exogenous Cortisol Facilitates Responses to Social Threat Under High Provocation", *Hormones and Behavior*, Vol. 59, No. 4, April 2011, p. 428.

前期研究发现，人们对外在刺激物加速或减速之前的速度知觉过程是不同的①。有研究发现加速与减速条件下的速度知觉存在差异，被试在加速条件下知觉物体的速度要慢于减速条件，且还发现加速条件的速度知觉灵敏度要大于减速条件。② 不过，有学者采用左右平行移动来研究人与猴子的速度知觉敏感度差异，这与本研究中采用的扩展运动范式有一定的差异。有学者研究发现点移动速度相同情况下，扩展运动的点移动速度看起来要比旋转的点移动速度更快，且还发现平移的点移动速度感知敏感度介于扩展与旋转模式之间。③ 有学者发现，运动的知觉速度取决于运动刺激物对比度，在 16Hz 时对比度的降低会提高知觉的速度。④ 有学者研究发现，在低对比度下，运动速度较快的刺激似乎比它们的真实速度快。运动开始时匀减速的对比度匀加速和匀速运动的对比度大。⑤ 本研究发现匀减速条件下点扩展速度先快后慢，比较容易辨别，故被试的反应时较短。

（三）急性心理应激对运动速度知觉判断过程影响的 ERP 特征分析

在本研究中，运动速度知觉加工过程中出现的 ERP 成分主要有 P1、N2、SW（晚期负慢波）。其中，最先出现的 P1 成分，它主要分布在枕颞区，潜伏期范围为 80—200ms，其峰值主要出现在 140ms

① Bex Peter J. et al. , "Apparent Speed and Speed Sensitivity During Adaptation to Motion", *Journal of the Optical Society of America A*, Vol. 16, No. 12, December 1999, p. 2817.

② Schlack Anja et al. , "Speed Perception During Acceleration and Deceleration", *Journal of Vision*, Vol. 8, No. 8, June 2008, p. 1.

③ Geesaman Bard J. and Ning Qian, "The Effect of Complex Motion Pattern on Speed Perception", *Vision Research*, Vol. 38, No. 9, November 1998, p. 1223.

④ Thompson Peter, "Perceived Rate of Movement Depends on Contrast", *Vision Research*, Vol. 22, No. 3, March 1982, p. 377.

⑤ Thompson Peter et al. , "Speed Can Go Up as Well as Down at Low Contrast: Implications for Models of Motion Perception", *Vision Research*, Vol. 46, No. 6, March 2006, p. 782.

左右；N2 成分主要分布在颞区，潜伏期范围为 150—250ms，其峰值主要出现在 200ms 左右；晚期负慢波（SW）主要分布在额区，潜伏期范围为 400—800ms。速度知觉过程的脑区位置与前人研究结果基本相似，但在有些位置也存在一定的差异。

1. P1 成分的特点

对于 P1 成分而言，本实验研究发现，相比较于匀减速运动光点刺激，被试在匀加速运动知觉判断过程中诱发的 P1 成分潜伏期较小。研究发现 P1 成分是关于早期视觉信息加工阶段的主要成分，其主要代表视觉信息刺激的初级特征（大小、形状以及颜色等）编码阶段，P1 和无意识的注意偏向的抑制过程还有一定关系。① 当外在刺激信息通过视觉感受器输入大脑皮层中枢时，中枢感觉分析器对外在物体的形状、轮廓进行初级的认知加工，也就是注意的早期加工过程。也就是说，相比较于匀减速运动，匀加速运动最开始速度较慢，大部分点刺激聚在一起（形状较小），可以更早地引起个体的注意，而匀减速运动最外围的点运动速度很快，运动范围较大（形状较大），被试需要集中注意力去辨别，故而其 P1 成分的潜伏期出现得更晚些。

2. N2 成分的特点

关于 N2 成分，前期研究发现 N2 成分与真实运动感知有密切关系，它出现在运动启动后的 150—200ms 左右。② 有学者认为 N2 成分是有关注意控制的策略认知控制过程中的一种 ERP 成分。③ 研究

---

① Luck S. J. et al., *The Oxford Handbook of Event-Related Potential Components*, Oxford: Oxford University Press, 2011, p. 10.

② Niedeggen Michael and Eugene R Wist, "Characteristics of Visual Evoked Potentials Generated by Motion Coherence Onset", *Brain Research Cognitive Brain Research*, Vol. 8, No. 2, July 1999, p. 95.

③ Olson Ryan L. et al., "Neurophysiological and Behavioral Correlates of Cognitive Control During Low and Moderate Intensity Exercise", *Neuroimage*, Vol. 131, No. 1, May 2016, p. 171.

发现，N2 波幅值增加说明个体注意控制力的增强。[①] 此外，N2 成分的变化还会受到有机体焦虑水平的影响，个体焦虑水平的增加会使脑部 N2 成分的波幅值升高，这说明焦虑激活了有机体的认知控制策略，即处于焦虑与紧张心理状态下的人们对其注意过程的认知控制能力会更好些。[②] 从这些研究可以发现，N2 成分代表了个体注意控制能力的大小以及会受到焦虑与紧张等因素的影响。

本实验研究发现匀减速运动知觉诱发的 N2 成分峰潜伏期要显著大于匀加速运动与匀速运动知觉。还发现应激条件下运动速度知觉诱发的 N2 峰波幅要显著大于控制条件下的运动速度知觉。类似于 P1 成分，匀减速运动最外围的点运动速度很快，运动范围较大，被试需要集中控制自身注意力，那么最佳的注意控制状态出现会较晚，即相对于匀加速与匀速运动，匀减速运动的 N2 成分较晚出现。此外，本研究还发现在特定的电极点上，应激条件下不同速度类型知觉判断的 N2 潜伏期与控制条件比较结果不一致，比如在 CP5 电极位置上（左侧颞叶）应激条件下匀加速运动知觉诱发的 N2 峰潜伏期要显著小于控制条件下的匀加速运动，而应激条件下匀减速运动知觉诱发的 N2 峰潜伏期要显著大于控制条件下的匀减速运动；以及在 P8 电极位置上（右侧枕颞叶）应激条件下匀速运动知觉诱发的 N2 峰潜伏期要显著小于控制条件下的匀速运动。究其原因，结合前人研究，可以发现对于需要有机体集中注意力的刺激类型，被试注意控制能力则需要一个过程来进行提升，故 N2 潜伏期越大则表明注意控制能力最佳状态出现时间越晚。从本实验结果来看，匀加速与匀速运动的点最开始运动时的点速度均低于匀减速运动，也就是说匀

①　Dennis-tiwary Tracy A. et al. , "For Whom the Bell Tolls: Neurocognitive Individual Differences in the Acute Stress-Reduction Effects of an Attention Bias Modification Game for Anxiety", *Behaviour Research Therapy*, Vol. 77, No. 6, February 2016, p. 105.

②　Gao Heming et al. , "Two Stages of Directed Forgetting: Electrophysiological Evidence from a Short-Term Memory Task", *Psychophysiology*, Vol. 53, No. 6, February 2016, p. 806.

减速运动更需要被试集中注意力，再加上心理应激会增加被试的警觉性水平，故应激条件下匀减速运动的 N2 潜伏期要大于控制条件，而应激条件下的匀加速与匀速运动的 N2 潜伏期要小于控制条件。

关于 N2 波幅值，研究发现匀减速运动知觉过程诱发的 N2 峰波幅显著大于匀加速运动与匀速运动知觉过程。依据前人研究结果，也即是说匀减速运动过程中的注意控制能力要好于匀加速运动与匀速运动。相比较于匀加速与匀速运动，匀减速运动的点最开始运动速度最快，被试需要集中注意力去认真观察，即被试需要能够较好地控制注意力才能够快速辨别。此外，研究还发现在 CP5 电极位置上（左侧颞叶），应激条件下运动速度知觉诱发的 N2 峰波幅要显著大于控制条件下的运动速度知觉。前人研究发现，急性心理应激会诱发有机体处于高唤醒与高警觉的心理状态[1]，进而产生焦虑心理反应。且研究还发现压力下个体注意力范围缩小并影响知觉加工效率。[2] 同时，焦虑与紧张状态会使有机体注意过程的认知控制能力加强。[3] 因此，应激条件下被试在运动速度知觉任务中注意控制能力增强，反应时相应减少，N2 波幅值也相应增大，这与前人研究结果基本一致。

3. 晚期负慢波（SW）的特点

对于晚期负慢波（SW）而言，本实验研究发现应激条件下运动速度知觉过程的晚期负慢波的平均波幅显著大于控制条件下的运动

---

[1]　Wang Jiongjiong et al. , "Perfusion Functional Mri Reveals Cerebral Blood Flow Pattern Under Psychological Stress", *Proceedings of the National Academy of Sciences*, Vol. 102, No. 49, November 2005, p. 17804.

[2]　Dambacher Michael and Ronald Hübner, "Time Pressure Affects the Efficiency of Perceptual Processing in Decisions Under Conflict", *Psychological Research*, Vol. 79, No. 1, February 2014, p. 83.

[3]　Righi Stefania et al. , "Anxiety, Cognitive Self-Evaluation and Performance: ERP Correlates", *Journal of Anxiety Disorders*, Vol. 23, No. 8, December 2009, p. 1132. Hum Kathryn M. et al. , "Neural Mechanisms of Emotion Regulation in Childhood Anxiety", *Journal of Child Psychology and Psychiatry*, Vol. 54, No. 5, May 2013, p. 552.

速度知觉过程。研究发现 SW 成分是代表视觉工作记忆表征的一种
ERP 成分。[①] 长时间持续负慢波反映的是视觉空间信息编码过程的
一种 ERP 成分。[②] 晚期负慢波（SW）是与记忆中编码阶段有关的成
分且它在脑区的分布位置因感觉通道和刺激类型的不同而不同。[③] 从
这些研究中可以看出，SW 是与外在视觉空间认知过程以及工作记忆
标准过程相关的一种晚期 ERP 成分。此外，还有研究发现记忆负荷
对视觉空间信息编码过程具有影响，具体表现在记忆负荷越大，则
SW 波幅值越大，这表明晚期负慢波波幅值与记忆负荷大小有密切关
系。[④] 可见，SW 波幅值越大则说明该视觉信息编码过程所需认知资
源越多。

　　因此，可以看出应激条件下被试对运动速度类型的辨别过程所
需的认知资源较多。前期研究发现，急性心理应激会促使有机体进
入高唤醒与高警觉的心理状态。[⑤] 可以看出，应激状态下被试需要消
耗部分注意资源用于警觉性心理状态，同时还需要付出较多认知资
源参与运动速度类型的辨识过程。此外，本实验还发现匀减速运动
知觉产生的晚期负慢波的平均波幅要小于匀加速运动与匀速运动。
依据以往的研究，匀减速运动的刺激对比度要大于匀加速运动和匀

---

　　① 陈彩琦：《视觉选择性注意与工作记忆的交互关系——认知行为与 ERP 的研
究》，博士学位论文，华南师范大学，2004 年。

　　② Barceló Francisco et al. , "Event-Related Potentials During Memorization of Spatial
Locations in the Auditory and Visual Modalities", *Electroencephalography and Clinical Neuro-
physiology*, Vol. 103, No. 2, August 1997, p. 257.

　　③ Ruchkin Daniel S. et al, "Working Memory and Preparation Elicit Different Patterns
of Slow Wave Event-Related Brain Potentials", *Psychophysiology*, Vol. 32, No. 4, July
1995, p. 399.

　　④ Mecklinger Alex and Erdmut Pfeifer, "Event-Related Potentials Reveal Topographi-
cal and Temporal Distinct Neuronal Activation Patterns for Spatial and Object Working Memo-
ry", *Cognitive Brain Research*, Vol. 4, No. 3, October 1996, p. 211.

　　⑤ Wang Jiongjiong et al. , "Perfusion Functional Mri Reveals Cerebral Blood Flow Pat-
tern Under Psychological Stress", *Proceedings of the National Academy of Sciences*, Vol. 102,
No. 49, November 2005, p. 17804.

速运动刺激物的对比度。① 故从速度类型本身特点以及前述来看，匀减速运动的点先快后慢，快速运动的点更易引起人们的视觉注意，所消耗的认知资源就会相对较少。有研究发现加速与减速条件下的速度知觉存在差异，被试在加速条件下知觉物体的速度要慢于减速条件。② 这也说明人们对减速运动刺激的判断任务绩效更好，即匀减速运动的辨别过程所需认知资源较少。

（四）行为学结果与 ERP 结果的内在联系

在行为学结果方面，本研究发现相比较于控制条件，应激条件下运动速度知觉加工速度更快。在脑电结果分析方面，本研究发现急性心理应激状态下运动速度知觉诱发的 N2 峰波幅值和 SW 平均波幅均增大；应激条件下的匀加速与匀速运动的 N2 潜伏期要小于控制条件。综合行为学和脑电结果分析来看，可以推测出应激状态下运动速度知觉任务中的反应时缩短与 N2 成分的活动高度相关。前人研究发现，急性心理应激会诱发有机体处于高唤醒与高警觉的心理状态，同时也会使感觉信息输入与早期视觉加工过程变得更加敏感③，有研究发现在应激状态下人们的知觉加工速度会加快。④ 研究还发现人们在紧张状态下其注意控制能力会有所提升。⑤ 综合这些研究来

① Thompson Peter, "Perceived Rate of Movement Depends on Contrast", *Vision Research*, Vol. 22, No. 3, March 1982, p. 377. Thompson Peter et al., "Speed Can Go Up as Well as Down at Low Contrast: Implications for Models of Motion Perception", *Vision Research*, Vol. 46, No. 6, March 2006, p. 782.

② Schlack Anja et al., "Speed Perception During Acceleration and Deceleration", *Journal of Vision*, Vol. 8, No. 8, June 2008, p. 1.

③ Davis Michaeland Paul J. Whalen, "The Amygdala: Vigilance and Emotion", *Molecular Psychiatry*, Vol. 6, No. 1, January 2001, p. 13.

④ Bertsch Katja et al., "Exogenous Cortisol Facilitates Responses to Social Threat Under High Provocation", *Hormones and Behavior*, Vol. 59, No. 4, April 2011, p. 428.

⑤ Righi Stefania et al., "Anxiety, Cognitive Self-Evaluation and Performance: ERP Correlates", *Journal of Anxiety Disorders*, Vol. 23, No. 8, December 2009, p. 1132. Hum Kathryn M. et al., "Neural Mechanisms of Emotion Regulation in Childhood Anxiety", *Journal of Child Psychology and Psychiatry*, Vol. 54, No. 5, May 2013, p. 552.

看，人们在应激状态下知觉反应速度会加快，同时其注意控制能力也会有所增加。

此外，相比较于匀加速和匀速运动，匀减速运动知觉任务中反应时更短、正确率更高以及 N2 峰波幅更大。有研究发现人们在减速条件下知觉物体的速度要快于加速条件。[1] 说明人们在匀减速知觉任务中注意控制能力较好，表现出较好的行为绩效。总之，从行为学与脑电结果来看，二者具有一定的相关性。本研究结果从现实意义来看，可以发现急性心理应激在一定程度上对运动速度知觉任务表现具有促进作用。这一结果符合倒 "U" 形假设模型[2]和神经运动干扰理论[3]，即适度的心理唤醒水平有助于人们的操作表现。可见，人们在急性心理应激状态下的知觉加工过程表现出了较好的自适应状态。

二　小结

通过本章的研究可以发现：（1）相比较于匀速运动和匀加速运动知觉，匀减速运动知觉判断过程中的任务绩效更好、注意控制能力较高；匀减速运动知觉过程中认知资源投入较少且其注意控制的最佳状态出现较晚。（2）急性心理应激状态下运动速度类型判断速度更快、注意控制能力更好；应激状态下速度知觉过程中认知资源投入更多，且匀加速与匀速判断过程中注意控制的最佳状态出现较早。

---

① Schlack Anja et al. , "Speed Perception During Acceleration and Deceleration", *Journal of Vision*, Vol. 8, No. 8, June 2008, p. 1.

② Yerkes Robert M. and John D. Dodson, "The Relation of Strength of Stimulus to Rapidity of Habit-Formation", *Journal of Comparative Neurology and Psychology*, Vol. 18, No. 5, December 1908, p. 459.

③ Van Gemmert et al. , "Stress, Neuromotor Noise, And Human Performance: A Theoretical Perspective", *Journal of Experimental Psychology: Human Perception and Performance*, Vol. 23, No. 5, May 1997, p. 1299.

第 九 章

急性心理应激对深度
运动知觉的影响机制

在前述章节的研究基础上，深度运动知觉是视运动知觉的第四个分类，本章旨在采用双任务范式探究急性心理应激对深度运动知觉加工过程影响的内在 ERP 特点。研究采用具有不可控制性与社会威胁评价的乘法估算任务来诱发急性心理应激状态，以及采用有碰撞任务范式来评价深度运动知觉能力的大小。结果发现相比较于深度运动中较早碰撞的靠近球体，较晚碰撞的球体辨别精确性较高且认知资源投入较少。此外，急性心理应激对深度运动知觉任务反应过程产生了影响，具体体现在：在急性心理应激条件下，深度运动知觉判断行为学层面任务绩效较好，并且注意资源出现增强现象以及认知资源投入更多。

第一节 引言

深度运动过程的研究是视运动知觉研究中一个非常重要的课题。深度运动知觉（Motion-in-depth Perception）与深度知觉之间存在紧密的联系，深度知觉线索依靠单眼线索或双眼线索来提供，大脑对各种客观线索与有机体内部活动进行整合分析，进一步推断出物体远近距离的知觉。[①] 在日常生活中更常见的是深度运动知觉，如判断乒乓球飞来的过程、街上汽车向自己接近的过程等。深度运动知觉不仅涉及物体的空间特征，还具有时间与空间相结合的特征。其中，碰撞过程是深度运动知觉过程中最一般的表现形式。[②] 在深度运动知觉过程中，人们需要判断靠近的物体与自身的距离是否在安全距离以外，以便做出合理的避让或相应迎接动作。在这一过程中，人们需要精确计算靠近物体何时越过安全距离（即计算碰撞时间 Time-to-Collision 或者 Time-to-Contact，TTC），因为这关系到是否会对观察者身体造成伤害或使观察者准确地做出相应动作完成运动表现。碰撞时间是指从人们察觉朝向自己运动的物体开始到物体碰到观察者额面瞬间结束的时间区间。[③] 换一句话说就是从某一时刻起，到物体与观察者发生实际碰撞所剩余的时间，这一过程需要较多的认知资源参与，并且容易受到其他因素的影响。有学者研究发现可以通过特殊的训练来改善个体的 TTC 知觉能力。[④] 研究发现，深度运动知觉主要受到知觉物体及其速度的大小[⑤]、运动专长[⑥]、观察时间或视野、干扰物体、情绪状态[⑦]等因素的影响。

---

① 叶奕乾等:《普通心理学》，华中师范大学出版社 2016 年版，第 87 页。

② 王玲、尧德中:《深度运动知觉的 ERP 时空分析——大小因素对认知的影响》，《生物医学工程学杂志》2009 年第 2 期。

③ Heuer Herbert, "Estimates of Time to Contact Based on Changing Size and Changing Target Vergence", *Perception*, Vol. 22, No. 5, May 1993, p. 549.

④ Adam M. Braly and Patricia R. Delucia, "Can Stroboscopic Training Improve Judgments of Time-To-Collision?", *Human Factors*, Vol. 62, No. 1, April 2019, p. 152.

⑤ 王玲、尧德中:《深度运动知觉的 ERP 时空分析——大小因素对认知的影响》，《生物医学工程学杂志》2009 年第 2 期。

⑥ 韦晓娜等:《网球运动专长对深度运动知觉影响的 ERP 研究》，《心理学报》2017 年第 11 期。

⑦ Vagnoni Eleonora et al., "Threat Modulates Neural Responses to Looming Visual Stimuli", *European Journal of Neuroscience*, Vol. 42, No. 5, June 2015, p. 2190. Brendel Esther et al., "Emotional Effects on Time-To-Contact Judgments: Arousal, Threat, And Fear of Spiders Modulate the Effect of Pictorial Content", *Experimental Brain Research*, Vol. 232, No. 7, April 2014, p. 2337.

急性心理应激是指不可控制且不可预期的外在环境要求短时间内超出了身体的调节能力时，个体做出了一种非特异性反应。[1] 由于急性应激是有机体短时内接受超出身体承受范围的外在刺激，它具有持续时间短、无躯体明显痛苦以及强度大等特点。急性心理应激诱发的心理反应主要体现在认知与情绪两个层面：在认知上表现为注意广度增大、感知觉增强、思维与反应加速等积极影响，以及注意广度变窄、意识受到阻碍、决策力下降等消极影响。研究发现，高时间应激压力情境下，无论是高焦虑个体还是低焦虑个体，无论是知觉到还是未知觉到时间压力，决策质量都会显著下降。[2]

在情绪上，急性心理应激反应主要表现为紧张、焦虑、愤怒和恐惧等状态，其中紧张与焦虑是个体对现实应激刺激时所表现出来的一种常见情绪反应，有助于维持有机体的内在平衡，提高有机体主动防御的能力，避免个体形成焦虑障碍。研究发现，在应激情境下，大学生被试以消极情绪体验为主，并伴有动力性的积极情绪体验，消极情绪主要有焦虑、犹豫不决、困惑、沮丧、抑郁及郁闷等。[3] 总之，应激的适应性反应包括各种情绪反应与生理指标的变化，情绪反应有抑郁、焦虑，生理反应如血压升高、呼吸加快等。适度的压力应激有助于提升有机体的行为表现与绩效水平，过大的压力应激则会造成有机体的失衡、代谢的紊乱、注意狭窄、思维水平受到抑制，进而导致行为效率降低，较低的绩效水平。[4]

关于急性心理应激与深度运动知觉之间关系在理论基础与前期研究结果方面均得到了间接支持。首先，在理论基础方面，卡尼曼

---

[1]　Koolhaas J. M. et al. , "Stress Revisited: A Critical Evaluation of the Stress Concept", *Neuroscience & Biobehavioral Reviews*, Vol. 35, No. 5, April 2011, p. 1291.

[2]　王大伟、刘永芳：《时间知觉对决策制定的时间压力效应的影响》，《心理科学》2009 年第 5 期。

[3]　陈建文、王滔：《大学生压力事件、情绪反应及应对方式——基于武汉高校的问卷调查》，《高等教育研究》2012 年第 10 期。

[4]　王亚南：《压力情境下创意自我效能感与创造力的关系》，硕士学位论文，山东师范大学，2009 年。

（Kahneman）提出的认知资源占用学说认为个体的认知资源有限，人们在特定时间内只能对有限资源进行分配，认知资源的本质是将个体可用于完成认知任务时的注意看作是一种有限的资源①；有学者提出②的双竞争理论模型认为个体的认知资源是有限的，认知加工与情绪刺激加工同时进行时，它们会对有限的认知资源进行竞争。可见，急性心理应激属于情绪刺激，而深度运动知觉任务属于认知加工过程，二者在先后加工过程中会出现资源的相互竞争现象。基于此，研究急性心理应激对深度运动知觉的影响具有一定的理论依据，说明本研究具有可行性。

在前期研究基础方面，有研究发现威胁性图片与愉悦图片对TTC 的影响没有差异，说明高唤醒本身的情感效价影响了人们对TTC 的估计，而具有特定恐惧的个体对 TTC 的估计会受到刺激内容的影响，即恐惧情绪状态会降低被试对 TTC 的估计误差。③ 有学者采用 ERP 技术研究发现运动速度与威胁性图片对被试的碰撞时间产生影响，即威胁性图片破坏了感觉运动区域的同步性，同时发现深度运动知觉的脑电成分包括 P1、N1、EPN 及 LPP。④ 韦晓娜⑤研究发现情绪状态会影响深度运动知觉过程中的资源分配，且在正性情绪状态下，个体在模式识别和时间精准性估计过程的早期注意阶段投入更多的认知资源，同时发现深度运动知觉的脑电成分主要包括

---

①　Kahneman Daniel and Amos Tversky, "Prospect Theory: an Analysis of Decision Under Risk", *Econometrica*, Vol. 47, No. 2, February 1979, p. 263.

②　Pessoa Luiz, "How Do Emotion and Motivation Direct Executive Control?", *Trends in Cognitive Sciences*, Vol. 13, No. 4, March 2009, p. 160.

③　Brendel Esther et al., "Emotional Effects on Time-To-Contact Judgments: Arousal, Threat, And Fear of Spiders Modulate the Effect of Pictorial Content", *Experimental Brain Research*, Vol. 232, No. 7, April 2014, p. 2337.

④　Vagnoni Eleonora et al., "Threat Modulates Neural Responses to Looming Visual Stimuli", *European Journal of Neuroscience*, Vol. 42, No. 5, June 2015, p. 2190.

⑤　韦晓娜：《网球运动专长与情绪状态对深度运动知觉的影响及其 ERP 特征研究》，博士学位论文，武汉体育学院，2018 年。

枕颞区的 P1、N1 以及 SW。可见，这几项研究从侧面反映出情绪状态会对深度运动知觉及其碰撞时间估计产生影响。总之，从现有研究来看，急性心理应激与深度运动知觉的关系尚不明确，但有关情绪与认知之间的理论解释认为急性心理应激可能会对个体的深度运动知觉产生一定程度的影响。

为满足 ERP 实验的要求，本章的研究选取乘法估算任务①（改良后的 MIST 任务）作为实验室急性心理应激诱发的手段，改良后的 MIST 任务中主要包括两种急性心理应激情境：不可控性（应激条件下呈现时间很短）与社会性评价威胁（负反馈）。此外，研究选取碰撞范式中的预测运动任务范式②作为深度运动知觉判断任务，该任务中包括时间知觉的因素。本研究旨在通过采用具有高时间分辨率的 ERP 实验技术探究急性心理应激对深度运动知觉影响的深层次内在脑机制。依据认知资源占用学说及双竞争理论模型，研究假设在应激条件下剩余碰撞时间估计值与误差值均减小，P1、N1 成分的峰潜伏期降低、峰波幅增加，以及 SW 慢波的平均波幅较大；相比较于 TTC1 条件（剩余碰撞时间为 400ms）下，TTC2 条件（剩余碰撞时间为 800ms）下剩余碰撞时间估计值较大、误差值较小。

第二节　研究方法

一　实验被试
随机选取某院校 25 名在校大学生（平均年龄 19.8 岁，13 名为

---

① Dedovic Katarina et al., "The Montreal Imaging Stress Task: Using Functional Imaging to Investigate the Effects of Perceiving and Processing Psychosocial Stress in the Human Brain", *J Psychiatry Neurosci*, Vol. 30, No. 5, September 2005, p. 319.

② Tresilian J. R., "Perceptual and Cognitive Processes in Time-To-Contact Estimation: Analysis of Prediction-Motion and Relative Judgment Tasks", *Perception & Psychophysics*, Vol. 57, No. 2, January 1995, p. 231.

男性，12 名为女性），并采用贝克抑郁量表①、情绪状态评价量表②
以及镶嵌图形测验③对所选学生的情绪状态及空间思维能力进行筛
查。结果发现，25 名被试贝克抑郁量表平均得分为 1.32 分，且均小
于 8 分，说明所有被试均不处于抑郁状态；情绪状态量表中，正性
量表平均得分为 20.92 分，负性量表平均得分为 7.68 分，强度量表
总分为 30.48 分，可以看出所有被试情绪状态均未出现过度兴奋或
过度抑郁状态；镶嵌图形测验平均得分为 112.44 分（满分为 122
分），即所有被试的认知风格均为场独立型，都处于同一基线水平。
所有被试矫正视力正常，且均为右利手。

二　实验设计

该研究为两因素被试内实验设计，自变量为应激水平 2（应激
条件与控制条件）×实际剩余碰撞时间 2（TTC1：400ms，TTC2：
800ms），两个自变量均为组内变量。依据以往研究④，采用两种
TTC 条件的原因是为了探究 TTC1 和 TTC2 条件在应激下的差异，并
在实验中尽量减少思维定式和疲劳对实验结果的影响。因变量为剩
余碰撞时间估计值（从深度运动刺激视频呈现到被试按键判断碰撞
瞬间的反应时间）和误差值（估计碰撞瞬间与实际碰撞瞬间的反应
时间误差）、ERP 早成分（P1、N1）的峰波幅与峰潜伏期以及晚期
负慢波 SW 的平均波幅。

---

①　Beck A. T. , *Jama the Journal of the American Medical Association*, Pennsylvania：
University of Pennsylvania Press，1967，p. 10.

②　漆昌柱等：《运动员心理唤醒量表的修订与信效度检验》，《武汉体育学院学
报》2007 年第 6 期。

③　邓铸、曾晓尤：《场依存性认知方式对问题表征及表征转换的影响》，《心理科
学》2008 年第 4 期。

④　韦晓娜、漆昌柱：《情绪与运动专长对深度运动知觉影响的脑机制》，《天津体
育学院学报》2019 年第 6 期。

三 实验材料及设备

(一) 应激诱发材料

急性心理应激诱发方式主要参照改良后的 MIST 任务范式[1],在第五章的基础上,应激诱发材料为 320 个乘法心算题目,如 2.16 × 4.78 等,被试需要判断该相乘结果是大于 10 还是小于 10。若心算题目中两个乘数相乘大于 10 则按 J 键,若小于 10 则按 F 键。

(二) 量表工具

贝克抑郁量表、情绪状态评价量表以及镶嵌图形测验的相关信息详见第五章和第六章。

(三) 深度运动知觉刺激材料

采用深度运动知觉[2]的范式,深度运动的刺激物为一个 3D 球体,碰撞参照物为两条平行于屏幕的竖直轴且长度相等的黑色线段构成的面,两条黑色线段中点到屏幕中心的距离相等,采用 Autodesk 3ds Max 2010 软件制作而成,视频格式为 WMV 格式,且视频大小为 1440 × 900 pixels。深度运动知觉材料包括两种。

1. 一种是用于碰撞知觉演示的两个视频

(1) 剩余碰撞时间为 400ms (以下简称 TTC1 条件) 条件下的碰撞演示视频,首先呈现两条灰线 (呈现时间 400ms),两条灰线间距为 10.4cm,球的初始视角为 1.64° (在屏幕上的直径为 2 厘米),然后沿垂直于屏幕方向由内向外匀速飞行 (6cm/s),为创造真实感觉,球体匀速扩大并以 0.2cm/s 速度匀速下移一段距离,当球体表面接触到由两条灰线组成的平面时 (飞行时间为 1400ms),则球体

---

① Dedovic Katarina et al., "The Montreal Imaging Stress Task: Using Functional Imaging to Investigate the Effects of Perceiving and Processing Psychosocial Stress in the Human Brain", *J Psychiatry Neurosci*, Vol. 30, No. 5, September 2005, p. 319.

② Billington Jac et al., "Neural Processing of Imminent Collision in Humans", *Proceedings of the Royal Society B: Biological Sciences*, Vol. 278, No. 1711, October 2010, p. 1476.

消失，球体由内向外共飞行 8.4cm，最后留白 600ms，TTC1 条件下的碰撞演示视频总时长为 2400ms。

（2）剩余碰撞时间为 800ms（以下简称 TTC2 条件）的碰撞演示视频，首先呈现两条灰线（呈现时间为 400ms），两条灰线间距为 12.8cm，球的初始大小、飞行方向、水平飞行速度以及下移飞行速度与 TTC1 条件一致，球体从出现到消失共飞行 1800ms，飞行距离为 10.8cm，最后留白 600ms，TTC2 条件下的碰撞演示视频总时长为 2800ms。

2. 另一种是用于练习与正式实验的两个视频

（1）首先呈现两条灰线（呈现时间 400ms），两条灰线间距为 10.4cm，球初始大小 1.64°，水平飞行速度为 6cm/s，下移飞行速度为 0.2cm/s，球体从出现到消失共飞行 1000ms（即在碰撞发生前 400ms 球体消失，被试需要估算其碰撞瞬间），实际飞行距离为 6cm，留白 600ms，为方便脑电信号采集，将灰线视频与碰撞视频分开处理。TTC1 视频总时长为 2000ms。

（2）首先呈现两条灰线（呈现时间 400ms），两条灰线间距为 12.8cm，球初始大小、飞行方向、水平飞行速度以及下移飞行速度与 TTC1 条件一致，球体从出现到消失共飞行 1000ms（即在碰撞发生前 800ms 球体消失，被试需要估算其碰撞瞬间），实际飞行距离为 6cm，留白 600ms，为方便脑电信号采集，将灰线视频与碰撞视频分开处理。TTC2 视频总时长为 2400ms。

（四）实验设备

E – Prime 2.0 编程软件及采用德国 Brain Products 公司生产的 64 导联事件相关电位记录仪来记录脑电信号，采用 BrainVision Analyzer 2 软件对脑电数据进行离线分析处理。

四　实验具体流程

1. 被试进入实验室后，填写被试知情同意书、贝克抑郁量表（基本信息部分包括利手测验）、情绪状态评价量表以及镶嵌图形测验，然后并对其结果进行筛查，排除抑郁患者、过度兴奋、负面情绪过多以及空间认知能力较差的被试。

2. 主试为被试佩戴 Easycap 64 导脑电帽，注入导电膏，使所有电极点阻抗均降到 5kΩ 以下。

3. 主试结合具体实验内容以及实验指导语给被试讲解实验的具体任务要求，被试明白实验内容和任务后，身体坐正，并保持眼睛距离电脑屏幕中央 70cm 左右，并告知实验过程中尽量不要出现摆头、摆腿等大的动作。

4. 心率调整阶段。屏幕上呈现一张放松图片，被试仔细观看并表象图片里边的内容，并想象自己身临其境，调整呼吸，放松时间为 60s。

5. 碰撞演示实验阶段。采用 E – Prime 2.0 软件呈现实验刺激，碰撞演示实验包括 10 个 trial，实验流程为"注视点（500ms）—碰撞视频（3000ms）—缓冲界面（100ms）—反馈界面（1500ms）—空白（300/400/500ms）"，其中在碰撞视频阶段，被试需要在球体与两条灰线组成的平面碰撞瞬间按下键盘上的空格键，反馈界面包括被试按键瞬间球体是否超过由两条灰线组成的平面，以及被试未超过或超过碰撞面的时间（有正负值之分），正值代表超过碰撞面，负值表示未超过碰撞面。

6. 练习阶段。碰撞演示实验结束后进入到正式试验前的练习阶段。练习阶段实验包括 10 个 trail，实验流程包括："注视点（500ms）—乘法心算任务（应激条件 1500ms，控制条件 6000ms）—缓冲界面（100ms）—反馈（1000ms）—缓冲界面（200ms）—灰线参照物（400ms）—碰撞视频（3000ms）—缓冲界面（100ms）—反馈（1500ms）—空白（300/400/500ms）"。其中乘法心算任务中的 10 个心算题目是从 320 个题目中随机选取的，应激条件与控制条件心算题目是一致的，若心算题目中两个乘数相乘小于 10 则按 F 键，若大于 10 则按 J 键。

心算任务反馈界面包括两种：应激条件下，反馈内容为被试反应的正确与否以及其反应时与其他大多数人平均反应时（依据研究一中的被试结果，大多数人的平均反应时定在 700—800ms 之间随机）的比较（大于、等于或小于）；控制条件下，反馈内容为星号。由于球体会在其与两条灰线组成的平面碰撞前 400ms 或 800ms 消失，被试需要想象球继续按照原来的速度继续飞行，并估算球与面碰撞的瞬间作出按键反应，碰撞估算结果反馈界面中的内容主要包括被试按键瞬间球体是否超过由两条灰线组成的平面，以及被试未超过或超过碰撞面的时间（有正负值之分），正值代表超过碰撞面，负值表示未超过碰撞面。

7. 正式实验阶段。被试练习完之后，将进入正式实验阶段。正式实验阶段包括两个 block：一个 block 为应激条件（80 个 trail），一个 block 为控制条件（80 个 trail），共 160 个 trail，TTC1 与 TTC2 条件下分别包括 40 个 trail，其中每个 trail 随机呈现。应激条件与控制条件之前均有一个练习 block。实验具体流程与练习阶段基本一致（碰撞按键后无反馈），包括："注视点—乘法心算任务—缓冲界面—反馈—缓冲界面—灰线参照物—碰撞视频—空白"，具体流程见图 9 - 1。由于研究为组内设计，为避免顺序效应造成的实验误差，研究采用 ABBA 设计来进行组间平衡处理，即应激—控制和控制—应激交替进行。除去练习中所用的乘法心算题目，再从余下 310 个乘法题目中随机选取 80 个题目作为应激条件与控制条件下乘法估算的题目，为排除因题目差异对实验结果的影响，应激条件与控制条件下所选的心算题目保持一致。正式实验中，应激条件与控制条件实验之前均表象放松场景 1 分钟，以调整自己的情绪状态。

五　行为学数据

行为学数据包括两个部分：第一部分是量表数据，该部分数据主要由被试填写，并采用 Excel 2007 软件录入并分析处理，计算每名被试的抑郁状态、情绪状态及空间思维能力是否满足实验要求；

第二部分是行为学数据，该部分数据主要由 E - prime 2.0 软件

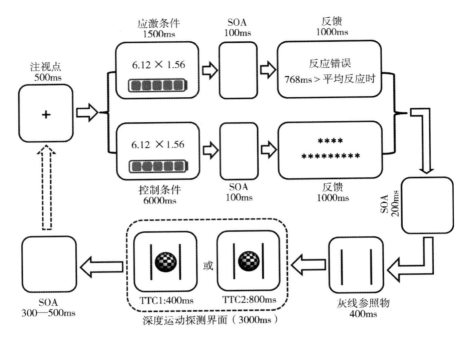

图 9 - 1 急性心理应激对深度运动知觉影响的实验任务流程

采集，同时由于深度运动知觉任务没有正确与否（只考虑反应时），故需剔除反应时 $M \pm 3SD$ 之外的被试，最后计算出每名被试在应激条件与控制条件下 TTC1 与 TTC2 中的反应时（球体呈现到按键反应消失）及误差值（球消失瞬间到被试按键反应的时间减去实际剩余碰撞时间的值），结果发现有一名被试因剩余时间估计值超出 $M \pm 3SD$ 的范围而被剔除，因此实际纳入行为学数据分析的被试为 24 名。采用 SPSS 17.0 对不同条件下的剩余时间估计值与误差值进行描述性统计分析，并对应激水平与实际剩余碰撞时间做两因素重复测量方差分析，若主效应显著，则进行事后检验，若交互作用显著，则进行简单效应分析。

六 脑电记录与分析

脑电数据主要通过 Recorder 软件采集，采用 BrainVision Analyzer

2 软件进行离线叠加分析与处理。实验所采用 BP 设备的 64 导电极帽按照国际 10—10 系统安置电极，AFz 点为接地电极。在线记录的参考电极为 FCz 点，后期离线处理时转换为平均参考。垂直眼电（VEOG）贴于右眼正下方 1cm 处，水平眼电（HEOG）贴于左眼眼角外 1cm 处。信号采样频率为 1000Hz，滤波范围 0.01—100Hz。离线脑电数据处理时滤波范围选择为 0.01—35Hz，采用独立成分分析法（Independent Component Analysis）识别并去除眼动伪迹，同时去除波幅超过 ±80μV 的伪迹（Artifact Rejection）。依据 TTC1 与 TTC2 实验条件，球体飞行 1000ms，消失后最迟 800ms 与两条灰线组成的平面碰撞，故为探究不同应激条件下被试在碰撞时间估计过程中的 ERP 特征，EEG 叠加的时长为 -200—1800ms（共 2000ms）。关于 ERP 的叠加次数，Picton 等人（2000）认为由于 ERP 实验过程中会受到眼跳、肌肉伪迹与反应错误等因素的影响，建议各实验条件叠加次数大于 30 次。[1] 通过统计分析，各实验条件平均叠加次数为 36 次，大于 30 次。

ERP 分析分为两个部分：应激诱发部分与深度运动知觉部分。不同脑区的 ERP 成分反映了不同的认知过程。应激诱发的心理加工主要体现在顶枕区，这与以往有关急性心理应激的 ERP 研究有关。[2] 基于差异波形的脑地形图结果，应激诱发阶段选取 Pz 和 POz（80—200ms）作为分析 N1 成分的电极点，选取 Fz、FCz 和 POz（130—300ms）作为分析 P2 成分的电极点来进行分析。

在深度运动知觉任务中，ERP 电极位置的选择主要参考了前期

① Picton Terence W. et al., "Guidelines for Using Human Event-Related Potentials to Study Cognition: Recording Standards and Publication Criteria", *Psychophysiology*, Vol. 37, No. 2, March 2000, p. 127.

② Qi Mingming et al., "Subjective Stress, Salivary Cortisol, And Electrophysiological Responses to Psychological Stress", *Frontiers in Psychology*, Vol. 7, No. 229, February 2016, p. 1.

研究的结果。[1] 结合脑地形图结果，深度运动知觉选取左右颞枕区
P7、PO7、P8 和 PO8（80—200ms）作为分析 P1 成分电极点，选取
额顶区 F1、F2、FCz 和 Fz（90—200ms）作为分析 N1 成分电极点，
额顶区的 Fz、F1、F2 和 FCz（400—1300ms）作为分析晚期负慢波
（SW）的电极点。依据脑电伪迹（伪迹试次数量大于总试次的 50%
而造成叠加次数过少）与前述行为学纳入标准剔除两名被试，最后
实际纳入 ERP 分析的被试有 23 名。采用两因素重复测量方差分析方
法对应激诱发阶段产生的 N1 与 P2 成分的峰潜伏期与峰波幅进行差
异检验，同时分别对深度运动知觉过程中 N1、P1 成分的峰波幅与峰
潜伏期以及晚期负慢波（SW）的平均波幅进行应激水平、实际剩余
碰撞时间与电极位置三因素重复测量方差分析。重复测量方差分析
中若不满足球形检验，则方差分析的 p 值采用 Greenhouse Geisser 法
校正，所有主效应的多重比较均通过 Bonfferni 方法校正。

第三节　研究结果

一　行为学结果

采用 SPSS 17.0 对应激水平与实际剩余碰撞时间进行描述性统
计与两因素重复测量方差分析。从描述性统计结果来看，控制条件
下被试乘法估算反应时为 2286.83 ± 1002.91ms，正确率为 0.62 ±
0.08，应激条件下被试乘法估算反应时为 986.81 ± 128.81ms，正确
率为 0.54 ± 0.07，见图 9 - 2。配对样本 t 检验分析发现应激条件下
乘法估算反应时显著短于控制条件（$t = 6.88$，$p < 0.01$），应激条件
的反应正确率显著小于控制条件（$t = 4.01$，$p < 0.01$）。说明被试在
应激状态下的心算反应时较短，但正确率较低，且结合急性心理应

---

[1]　韦晓娜、漆昌柱：《情绪与运动专长对深度运动知觉影响的脑机制》，《天津体
育学院学报》2019 年第 6 期。

激刺激诱发有效性的研究结论来看，心算任务起到了应激诱发效果。

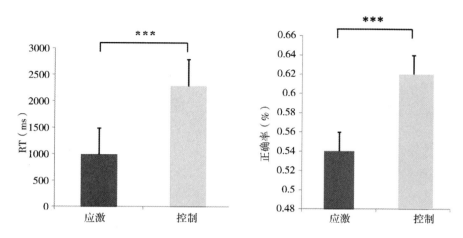

**图9-2　应激条件与控制条件下被试的反应时与正确率
差异结果（误差线代表标准误）**

此外，从剩余碰撞时间估计值来看（见图9-3左），应激条件与控制条件下被试在TTC1中的反应时均大于1400ms（应激：1502.93±181.97ms，控制：1561.38±103.16ms），说明比实际剩余碰撞时间400ms要晚；应激条件被试在TTC2中的反应时（应激：1738.10±204.66ms）比实际剩余碰撞时间800ms要早，而控制条件被试在TTC2中的反应时（控制：1828.86±143.29ms）比实际剩余碰撞时间800ms要晚。从误差值来看（见图9-3右），应激条件下TTC1任务中的误差值为102.93±181.97，TTC2任务下的误差值为-61.90±204.66ms；控制条件下TTC1任务中的误差值为161.38±103.16ms，TTC2任务下的误差值为28.73±143.35ms，两种条件下的标准差数值较大，表明被试间的个体差异比较大。

以应激水平（应激与控制）、实际剩余碰撞时间（TTC1与TTC2）为组内变量，分别对剩余碰撞时间估计值与误差值进行两因素的重复测量方差分析。结果表明，在剩余碰撞时间估计值方面，应激水平主效应显著，$F(1, 23) = 4.30$，$p = 0.049 < 0.05$，$\eta_p^2 =$

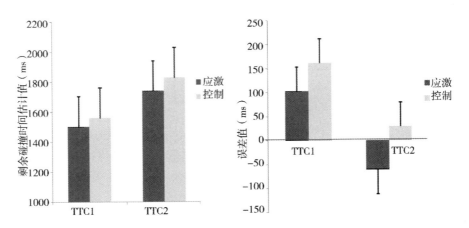

图 9 - 3　不同应激水平下剩余碰撞时间估计值与
误差值（误差线代表标准误）

0. 16，$M_{应} = 1620.51\text{ms} < M_{控} = 1695.12\text{ms}$。实际剩余碰撞时间主效应显著，$F(1, 23) = 209.97$，$p = 0.00 < 0.01$，$\eta_p^2 = 0.90$，$M_{TTC1} = 1532.15\text{ms} < M_{TTC2} = 1783.48\text{ms}$。应激水平与实际剩余碰撞时间交互作用不显著，$F(1, 23) = 3.63$，$p = 0.07$，$v_p^2 = 0.14$。

　　在误差值方面，应激水平主效应显著，$F(1, 23) = 4.30$，$p = 0.05$，$\eta_p^2 = 0.16$，$M_{应} = 20.51\text{ms} < M_{控} = 95.05\text{ms}$。实际剩余碰撞时间主效应显著，$F(1, 23) = 73.51$，$p = 0.00$，$\eta_p^2 = 0.76$，$M_{TTC1} = 132.1\text{ms} > M_{TTC2} = -16.59\text{ms}$。应激水平与实际剩余碰撞时间交互作用不显著，$F(1, 23) = 3.59$，$p = 0.07$，$\eta_p^2 = 0.14$。说明被试在应激条件下剩余碰撞估计值与误差值均显著小于控制条件下，即被试在应激状态下的深度运动知觉行为学层面任务绩效较好。此外，在被试在 TTC1 条件下的反应时显著小于 TTC2 条件，说明实验刺激设计达到了预期区分的效果，而被试在 TTC1 条件下的误差值显著大于 TTC2 条件，说明在实际剩余碰撞时间 800ms 任务中被试有足够的时间去估算球碰撞的瞬间场景。

二　ERP 结果

ERP 结果分析包括两个部分：应激诱发部分与深度运动知觉部分，下面将主要对具有统计学意义（$p < 0.05$）的结果进行报告。

（一）应激诱发部分 ERP 特征分析

N1 成分：

结合前人研究基础，从图 9 - 4 脑地形图中可以看出，N1 成分主要出现在电极点 Pz 与 POz 附近，从左侧波形图可以发现应激与控制条件下 Pz 上 N1 成分差异不明显。进一步采用两因素重复测量方差分析方法发现不同电极点与应激水平下被试分别在 Pz 与 POz 电极点上 N1 成分峰潜伏期与峰波幅主效应与交互效应均不存在显著性差异（$p > 0.05$）。

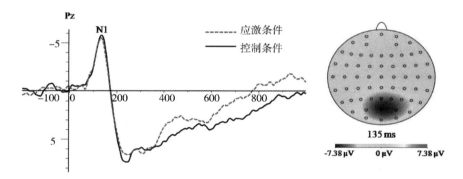

图 9 - 4　不同应激条件下 N1 成分的总平均波形及其应激
条件下的脑地形

P2 成分：

参照以往的研究[1]以及脑地形图（图 9 - 5 右），P2 成分主要出现在 POz、Fz、FCz 电极点。由于 POz 位于顶枕区，而 Fz、FCz 位于额顶区，为分析两个区域之间是否存在差异，故可以将电极位置作

————————

①　Qi Mingming et al. , "Subjective Stress, Salivary Cortisol, And Electrophysiological Responses to Psychological Stress", *Frontiers in Psychology*, Vol. 7, No. 229, February 2016, p. 1.

为组内变量，对应激水平与电极位置进行两因素重复测量方差分析。

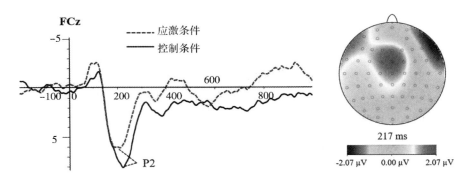

图9-5　不同应激条件下 P2 成分的总平均波形及差异脑地形（控制—应激）

P2 峰潜伏期方面结果表明：应激水平主效应显著，F（1，22）= 18.32，$p < 0.01$，$\eta_p^2 = 0.45$，事后检验发现应激水平下 P2 潜伏期（206.06 ± 4.35ms）显著小于控制条件下 P2 潜伏期（225.06 ± 3.50ms）。电极位置主效应显著，F（1.58，34.77）= 29.62，$p < 0.01$，$\eta_p^2 = 0.57$。各电极点 P2 潜伏期：Fz 为 202.28 ± 4.95ms，FCz 为 207.50 ± 3.99ms，POz 为 236.89 ± 3.88ms，其中两两比较发现 Fz 点潜伏期与 FCz 点潜伏期之间不存在显著差异（$p = 0.41 > 0.05$），Fz 点潜伏期显著短于 POz 点潜伏期（$p < 0.01$），FCz 点潜伏期显著短于 POz 点潜伏期（$p < 0.01$）。应激水平与电极位置交互作用不显著，F（2，44）= 1.99，$p = 0.15 > 0.05$，$\eta_p^2 = 0.08$。

P2 峰波幅方面结果表明：应激水平主效应显著，F（1，22）= 8.33，$p = 0.009 < 0.01$，$\eta_p^2 = 0.28$，事后检验发现应激水平下 P2 波幅（8.13 ± 0.55μV）显著小于控制条件下 P2 波幅（9.38 ± 0.58μV）。电极点位置主效应不显著，F（1.18，25.88）= 1.38，$p = 0.26 > 0.05$，$\eta_p^2 = 0.06$，说明各电极点之间 P2 波幅没有差异。应激水平与电极位置交互作用不显著，F（1.40，30.75）= 1.22，$p = 0.30 > 0.05$，$\eta_p^2 = 0.05$。从图 9 - 5 左图中的 P2 波形图可以看

出，应激条件的 P2 峰潜伏期与峰波幅均要小于控制条件。

（二）深度运动知觉部分 ERP 特征分析

P1 成分：

依据脑地形图（图 9 – 6 右图）以及相关研究，确定 P1 成分的电极位置为 P7、P8、PO7、PO8。对不同应激条件下被试在深度运动知觉任务中 P1 成分的峰潜伏期与峰波幅进行描述性统计，所得结果见表 9 – 1、表 9 – 2。

由于 P8、PO8 位于右颞枕区，而 P7、PO7 位于左颞枕区，为分析左右颞枕区之间是否存在差异，故可以将电极位置作为组内变量。对应激水平、剩余碰撞时间与电极位置进行三因素重复测量方差分析。在 P1 峰潜伏期方面，电极位置主效应显著，$F(1.66, 36.56) = 6.20$，$p = 0.007 < 0.01$，$\eta_p^2 = 0.22$，各电极点 $M \pm SD$：P7 为 138.65 ± 2.81ms，P8 为 141.99 ± 3.33ms，PO7 为 147.57 ± 2.99ms，PO8 为 149.24 ± 2.94ms。事后检验发现，P7 电极位置的 P1 潜伏期显著小于 PO8 电极位置（$p = 0.02 < 0.05$），其余两两比较差异均不显著（$p > 0.05$）；应激水平主效应不显著，$F(1, 22) = 1.17$，$p > 0.05$，$\eta_p^2 = 0.05$，$M_{应} = 145.78$ms，$M_{控} = 142.94$ms；剩余碰撞时间主效应不显著，$F(1, 22) = 0.07$，$p > 0.05$，$\eta_p^2 < 0.01$，$M_{TTC1} = 144.63$ms，$M_{TTC2} = 144.10$ms。

表 9 – 1　**不同应激状态与剩余碰撞时间下 P1 峰潜伏期结果**（$M \pm SD$）　单位：ms

电极位置	应激条件		控制条件	
	TTC1	TTC2	TTC1	TTC2
P7	139.30 ± 18.44	138.17 ± 20.39	143.70 ± 19.61	133.43 ± 19.76
P8	153.65 ± 18.58	147.48 ± 20.06	139.91 ± 21.46	149.22 ± 15.12
PO7	144.96 ± 18.06	142.70 ± 21.69	143.48 ± 21.54	136.83 ± 22.06
PO8	149.87 ± 19.08	150.13 ± 14.76	142.13 ± 21.31	154.83 ± 14.03

交互作用分析表明：电极位置与剩余碰撞时间交互效应边缘显著，F $(1.68, 36.97)$ $=4.37$，$p=0.03<0.05$，$\eta_p^2=0.17$。进一步做简单效应分析表明：在 TTC2 条件下 P7 电极点 P1 成分的潜伏期分别显著小于 P8 $(p<0.05)$ 与 PO8 $(p<0.01)$ 电极点，以及 PO7 电极点 P1 成分的潜伏期显著小于 PO8 电极点 $(p<0.01)$；电极位置、应激水平和剩余碰撞时间交互效应显著，F $(1.65, 36.23)$ $=5.12$，$p=0.015<0.05$，$\eta_p^2=0.19$，进一步做简单效应分析表明：在应激条件与 TTC1 条件下 P7 电极点 P1 成分的潜伏期显著小于 P8 电极点 $(p<0.05)$，在控制条件与 TTC2 条件下 P7 电极点 P1 成分的潜伏期显著小于 P8 $(p<0.05)$ 与 PO8 $(p<0.01)$ 电极点、PO7 电极点 P1 成分的潜伏期显著短于 PO8 电极点 $(p<0.01)$，在 P8 电极点与 TTC1 条件中应激条件下 P1 成分的潜伏期显著大于控制条件 $(p<0.01)$，在 PO8 电极点与控制条件中 TTC1 下 P1 成分的潜伏期显著小于 TTC2 条件 $(p<0.01)$，在 P8 电极点与控制条件中 TTC1 下 P1 成分的潜伏期显著小于 TTC2 条件 $(p<0.05)$。从图 9-6 左图可以看出，TTC1 条件下 P1 成分的潜伏期要稍早于 TTC2 条件出现。其余各实验条件之间交互作用均不显著 $(p>0.05)$。

表 9-2　　不同应激状态与剩余碰撞时间下 P1 峰波幅结果 $(M \pm SD)$　　单位：μV

电极位置	应激条件		控制条件	
	TTC1	TTC2	TTC1	TTC2
P7	3.30 ± 1.93	3.63 ± 2.00	3.17 ± 1.96	3.69 ± 2.40
P8	4.40 ± 2.08	4.67 ± 2.35	4.17 ± 2.05	4.33 ± 1.51
PO7	5.87 ± 2.40	5.79 ± 2.89	5.36 ± 2.97	5.82 ± 3.33
PO8	6.64 ± 3.22	6.87 ± 3.25	6.09 ± 2.70	6.66 ± 2.33

在 P1 峰波幅方面，电极位置主效应显著，F $(3, 66)$ $=25.15$，$p<0.01$，$\eta_p^2=0.53$，各电极点 $M \pm SD$：P7 为 $3.45 \pm$

0.37μV，P8 为 4. 39 ±0. 35μV，PO7 为 5. 71 ±0. 55μV，PO8 为 6. 57
±0. 52μV，事后检验发现，P7 与 P8、PO7 与 PO8 之间差异均不显
著（$p > 0. 05$），P7 电极位置的 P1 成分峰波幅显著小于 PO7、PO8
电极位置（$p < 0. 01$），P8 < PO7（$p < 0. 05$）、P8 < PO8（$p < 0. 01$）；
应激水平主效应不显著，F（1，22）= 1. 63，$p > 0. 05$，$\eta_p^2 = 0. 07$，
$M_{应} = 5. 15μV$，$M_{控} = 4. 91μV$；剩余碰撞时间主效应不显著，F（1，
22）= 1. 40，$p > 0. 05$，$\eta_p^2 = 0. 06$，$M_{TTC1} = 4. 88μV$，$M_{TTC2} = 5. 18μV$；
其他各实验条件之间对比均无显著性差异（$p > 0. 05$）。

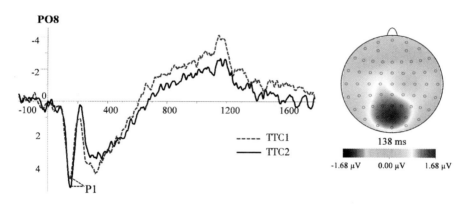

图 9 - 6　不同 TTC 条件下 P1 成分的总平均波形及差异
脑地形（TTC2 - TTC1）

N1 成分：

参照前人研究结果以及 N1 成分的脑地形图（图 9 - 7 右），确
定 N1 成分的电极主要位于额顶区 Fz、F1、F2、FCz 四个电极。对
不同应激条件下被试在深度运动知觉任务中 N1 成分的峰潜伏期与
峰波幅进行描述性统计，所得结果见表 9 - 3、表 9 - 4。从表 9 - 3
平均值可以看出，应激条件下 TTC1 条件下 N1 成分潜伏期均大于
TTC2 条件，而控制条件下 TTC1 条件下 N1 成分潜伏期均小于
TTC2 条件。

表 9 - 3　　　　不同应激状态与剩余碰撞时间下 N1 峰潜伏期结果（$M \pm SD$）　　单位：ms

电极位置	应激条件		控制条件	
	TTC1	TTC2	TTC1	TTC2
Fz	155.35 ± 27.61	150.96 ± 25.82	147.48 ± 26.12	151.04 ± 17.37
F1	158.04 ± 27.71	153.61 ± 25.58	147.04 ± 28.91	152.09 ± 21.00
F2	161.09 ± 26.34	153.74 ± 23.64	148.35 ± 24.61	154.83 ± 16.96
FCz	158.43 ± 28.11	153.52 ± 26.09	149.70 ± 25.28	154.91 ± 17.32

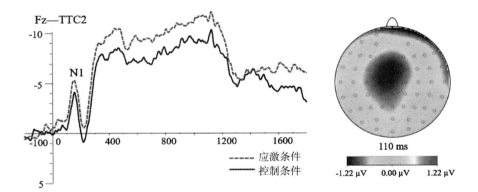

图 9 - 7　不同应激条件下 N1 的总平均波形及 TTC2 条件下的差异
脑地形（应激—控制）

在 N1 峰潜伏期方面，对应激水平、电极位置和剩余碰撞时间进行三因素重复测量方差分析，结果发现：电极位置主效应显著，F（3，66）= 3.97，$p = 0.012 < 0.05$，$\eta_p^2 = 0.15$，$M_{Fz} = 151.21\,\mathrm{ms}$，$M_{F1} = 152.70\,\mathrm{ms}$，$M_{F2} = 154.50\,\mathrm{ms}$，$M_{FCz} = 154.14\,\mathrm{ms}$，进一步做事后检验发现 F2 与 FCz 电极点 N1 峰潜伏期略大于 Fz 与 F1 电极点。应激水平主效应不显著，F（1，22）= 1.01，$p > 0.05$，$\eta_p^2 = 0.04$，$M_{应} = 155.59\,\mathrm{ms}$，$M_{控} = 150.68\,\mathrm{ms}$，从图 9 - 7 中可以看出应激与控制状态下两种 TTC 条件下 N1 潜伏期差异不明显。剩余碰撞时间主效应不显著，F（1，22）= 0.002，$p > 0.05$，$\eta_p^2 < 0.01$，$M_{TTC1} =$

153.19ms，$M_{TTC2}=153.09$ms。电极位置、应激水平和剩余碰撞时间三个变量之间交互作用均不显著（$p>0.05$）。

在 N1 峰波幅方面，对应激水平、电极位置和剩余碰撞时间进行三因素重复测量方差分析，结果发现：应激水平主效应显著，$F(1,22)=16.68$，$p<0.01$，$\eta_p^2=0.43$，$M_{应}=-6.85\mu V$，$M_{控}=-5.40\mu V$，进一步做事后检验发现应激条件下深度运动知觉 N1 成分峰波幅显著大于控制条件，从图 9-7 可以看出应激条件下两种 TTC 条件中 Fz 电极点 N1 成分的峰波幅大于控制条件。电极位置主效应不显著，$F(1.35,29.60)=1.81$，$p>0.05$，$\eta_p^2=0.08$，$M_{Fz}=-6.16\mu V$，$M_{F1}=-6.55\mu V$，$M_{F2}=-6.00\mu V$，$M_{FCz}=-5.78\mu V$。剩余碰撞时间主效应不显著，$F(1,22)=0.19$，$p>0.05$，$\eta_p^2=0.01$，$M_{TTC1}=-6.20\mu V$，$M_{TTC2}=-6.04\mu V$，可见两者差异不明显。三个自变量之间交互作用均不存在显著性差异（$p>0.05$）。

表 9-4　　**不同应激状态与剩余碰撞时间下 N1 峰波幅结果**（$M\pm SD$）　　单位：μV

电极位置	应激条件		控制条件	
	TTC1	TTC2	TTC1	TTC2
Fz	-6.74±3.26	-6.98±3.89	-5.75±3.99	-5.17±3.60
F1	-7.28±4.87	-7.48±4.29	-6.06±4.46	-5.40±3.85
F2	-6.42±3.16	-6.97±3.62	-5.59±3.34	-5.01±3.01
FCz	-6.44±2.90	-6.46±3.34	-5.36±3.17	-4.86±2.66

晚期负慢波（SW，400—1300ms）：

依据脑地形图（图 9-8 右侧）与以往研究，确定 SW 的电极位置为 Fz、F1、F2、FCz 四个点。对不同应激条件下被试在深度运动知觉任务中晚期负慢波的平均波幅进行描述性统计，所得结果见表 9-5，可以发现应激条件与控制条件下 TTC1 的 SW 平均波幅要大于 TTC2 条件。

表9-5   不同应激状态与剩余碰撞时间下 SW 的平均波幅结果($M \pm SD$)   单位：μV

电极位置	应激条件		控制条件	
	TTC1	TTC2	TTC1	TTC2
Fz	-11.19 ± 4.90	-10.24 ± 4.19	-10.79 ± 4.72	-8.21 ± 4.02
F1	-10.17 ± 5.31	-9.56 ± 4.85	-9.43 ± 4.38	-7.26 ± 4.06
F2	-10.92 ± 5.11	-9.70 ± 5.23	-10.22 ± 5.62	-7.85 ± 4.06
FCz	-13.99 ± 5.45	-12.72 ± 5.54	-13.05 ± 5.05	-10.66 ± 4.33

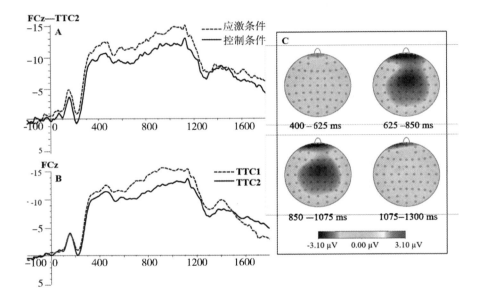

图9-8   不同应激条件与 TTC 条件下 SW 的总平均波形与差异
脑地形 (TTC1 - TTC2)

对应激水平、剩余碰撞时间和电极位置做三因素重复测量方差分析，结果发现应激水平主效应显著，F（1，22）= 4.91，p = 0.037 < 0.05，η_p^2 = 0.18，事后检验发现应激条件下晚期负慢波的平均波幅（-11.06 ± 0.94μV）显著大于控制条件（-9.68 ± 0.79μV）（p < 0.05）；剩余碰撞时间主效应显著，F（1，22）=

15. 80，$p = 0.001 < 0.01$，$\eta_p^2 = 0.42$。事后检验发现，剩余碰撞时间
400ms（TTC1）的晚期负慢波的平均波幅（$-11.22 \pm 0.90 \mu V$）显
著大于剩余碰撞时间 800ms（TTC2）（$-9.53 \pm 0.77 \mu V$）（$p <$
0.01）；电极位置主效应显著，F（2.04，44.79）$= 13.65$，$p <$
0.01，$\eta_p^2 = 0.38$，各电极点 $M \pm SD$：Fz：$-10.11 \pm 0.77 \mu V$，F1：
$-9.10 \pm 0.87 \mu V$，F2：$-9.67 \pm 0.93 \mu V$，FCz：$-12.61 \pm 0.97 \mu V$，
事后检验发现，Fz 与 FCz、F1 与 FCz、F2 与 FCz 之间比较差异均显
著（$p < 0.01$），其他电极点之间两两比较差异均不显著（$p >$
0.05）。其他各实验条件（包括两两交互）之间比较均无显著性差
异（$p > 0.05$）。

　　从晚期负慢波的总平均波形图可以看出（图 9 - 8A），应激条
件下 FCz 电极位置（400—1300ms）的平均波幅要大于控制条件，
进一步验证了重复测量方差分析的结果。同时从图 9 - 8 B 中可以
发现 FCz 电极位置上 TTC1 条件晚期负慢波（400—1300ms）的平
均波幅要大于 TTC2 条件，也进一步验证了上述重复测量方差分析
的结果。

第四节　讨论与小结

一　讨论

　　本章旨在通过双任务范式探究急性心理应激对深度运动知觉的
影响及其机制的 ERP 特征，乘法估算任务（包括不可控制性与社会
威胁性）作为先行任务，用于诱发被试的急性心理应激状态；深度
运动知觉中碰撞范式的预测运动任务范式作为后行任务，用于探测
被试的深度运动知觉能力大小。结果发现，相比较于深度运动中较
早碰撞（剩余碰撞时间短）的靠近球体，较晚碰撞（剩余碰撞时间
长）的球体辨别精确性较高且认知资源投入较少。在急性心理应激
状态下，深度运动知觉判断任务绩效较好、注意资源出现增强现象

和认知资源投入更多，以及应激状态下在较晚碰撞的靠近球体中倾向于提前做出反应。下面将从应激诱发的效果以及急性心理应激影响深度运动知觉的内在特点进行分析讨论。

（一）应激诱发的效果分析

在行为学方面，相比较于控制条件，应激条件下被试对心算任务的反应时较短且正确率较低。该结果与前述章节的研究结果基本一致，有研究发现相比较于控制条件下，应激条件下被试的正确率较低（由于两种条件下题目难度不一致，所以反应时差异不显著）。[1]

此外，还有研究也发现相比较于控制条件，被试在应激条件下心算任务反应时较短且正确率较低[2]，这与本研究结果一致。说明被试在应激与控制两种条件下确实采用了两种不同的策略，即应激条件下被试采取的是速度优先型策略而控制条件下被试采取的是准确率优先型策略。

在 ERP 成分方面，应激条件与控制条件下 N1 成分的峰潜伏期与峰波幅差异不明显，以及应激条件下被试在心算任务中产生的 P2 成分潜伏期与波幅值均小于控制条件。研究发现，P2 成分代表个体的注意早期加工过程，P2 峰波幅的大小反映了个体视知觉任务中的注意资源分配的情况，P2 波幅越小则说明该知觉过程中注意资源分配越少。[3] 从潜伏期来看，应激条件下被试反应速度较快，被试注意

① Yang Juan et al. , "The Time Course of Psychological Stress as Revealed by Event-Related Potentials", *Neuroscience Letters*, Vol. 530, No. 1, November 2012, p. 1.

② Qi Mingming et al. , "Subjective Stress, Salivary Cortisol, And Electrophysiological Responses to Psychological Stress", *Frontiers in Psychology*, Vol. 7, No. 229, February 2016, p. 1.

③ Lenartowicz Agatha et al. , "Electroencephalography Correlates of Spatial Working Memory Deficits in Attention-Deficit/Hyperactivity Disorder: Vigilance, Encoding, And Maintenance", *Journal of Neuroscience*, Vol. 34, No. 4, January 2014, p. 1171. Löw Andreas et al. , "When Threat is Near, Get out of Here: Dynamics of Defensive Behavior During Freezing and Active Avoidance", *Psychological Science*, Vol. 26, No. 11, September 2015, p. 1706.

警觉性水平较高[①]，P2 成分则出现较早，这与杨（Yang）等人[②]的研究一致。应激条件下被试需要较多的注意资源来参与警觉性水平的升高，而介入心算任务的注意资源分配就会减少，故 P2 成分波幅值较小。此外，研究还发现心算任务过程中，顶叶 P2 成分出现时间要早于枕叶。研究发现，视觉知觉过程发生中枢主要位于枕区，本书第六章至第八章中应激诱发 ERP 实验均发现心算任务的脑区位于枕区，这与前人研究结果基本一致。不过，齐（Qi）等人采用 ERP 技术研究发现被试在心算任务中的 P2 成分出现在顶区 Fz 与 FCz 两个电极点。从研究结果来看，大脑顶区产生的 P2 成分要早于枕区。综合行为学、脑电结果以及前期研究结果，可以发现本实验成功地诱发了被试的急性心理应激状态。

（二）急性心理应激对深度运动知觉过程影响的行为学特征分析

在正确率方面，由于实验刺激模式与判断任务难度比较容易，出现了"天花板效应"，即应激条件与控制条件下的正确率差异不明显。在反应时方面，被试在应激条件下剩余碰撞估计值与误差值均显著小于控制条件下，即被试在应激状态下的深度运动知觉行为学层面任务绩效较好，支持了研究假设。前期研究发现，情绪加工会对其后续的认知过程产生一定程度的调节作用，如视觉加工、执行功能和工作记忆等成分。[③] 有研究发现相比较于控制条件，被试在应激条件下知觉加工速度加快而正确率降低。[④] Dambacher 与 Hübner

① Shackman Alexander J. et al. , "Stress Potentiates Early and Attenuates Late Stages of Visual Processing", *Journal of Neuroscience*, Vol. 31, No. 3, January 2011, p. 1156.

② Yang Juan et al. , "The Time Course of Psychological Stress as Revealed by Event-Related Potentials", *Neuroscience Letters*, Vol. 530, No. 1, November 2012, p. 1.

③ 罗跃嘉等：《情绪对认知加工的影响：事件相关脑电位系列研究》，《心理科学进展》2006 年第 4 期；黄琳、周成林：《不同情绪状态下冲突控制能力的 ERP 研究——以篮球运动员为例》，《天津体育学院学报》2013 年第 4 期。

④ Bertsch Katja et al. , "Exogenous Cortisol Facilitates Responses to Social Threat Under High Provocation", *Hormones and Behavior*, Vol. 59, No. 4, April 2011, p. 428.

研究发现人们在压力情境下（时间压力）注意广度变小，阻碍了正常的知觉加工过程，出现了知觉判断任务反应时缩短而准确性降低的现象，即有机体的知觉加工效率降低。① 有研究发现威胁性情绪刺激会诱发有机体较大的心理唤醒，并进一步缩短被试剩余碰撞时间估计值（TTC），即被试做出了较快的反应。② 这些研究说明人们在急性心理应激状态下注意警觉性水平升高且自我保护意识增强，故个体在应激条件下深度运动知觉任务判断反应时加快。

此外，应激条件下被试在深度运动知觉任务中剩余碰撞估计时间的误差值要显著小于控制条件，这说明被试在应激状态下碰撞瞬间的估计准确性有所提高，即应激状态下深度运动知觉任务绩效较好。在反应时方面还发现在被试在 TTC1 条件下的反应时显著小于 TTC2 条件，说明实验刺激设计达到了预期区分的效果，TTC1 条件下的实际碰撞瞬间时间点为1400ms，TTC2 条件下的实际碰撞瞬间时间点为1800ms，实验条件的差异造成了二者之间的差异，说明被试认真参与具体的实验过程。

在剩余碰撞估计时间误差值方面，本研究发现被试在 TTC1 条件下的误差值显著大于 TTC2 条件，说明在实际剩余碰撞时间800ms 任务中被试有足够的时间去估算球碰撞的瞬间场景，与研究假设相符。Brendel 等人在研究剩余碰撞时间估计过程中，发现正面攻击和愤怒的面部表情图片比中性图片产生更短的剩余碰撞时间估计值（即被试反应较快）。本研究与 Brendel 的研究范式不一致，本研究范式具有一定的创新性，故所得结果与其具有一定的差异。TTC1 条件下被试实际估算的时间为400ms，要小于 TTC2 条件下的800ms，有机体在较短的时间内估计的精确性要小于较长的时间，亦即 TTC2 条件下

① Dambacher Michael and Ronald Hübner, "Time Pressure Affects the Efficiency of Perceptual Processing in Decisions Under Conflict", *Psychological Research*, Vol. 79, No. 1, February 2014, p. 83.

② Brendel Esther et al., "Threatening Pictures Induce Shortened Time-To-Contact Estimates", *Attention, Perception and Psychophysics*, Vol. 74, No. 5, March 2012, p. 979.

被试的估算精确性较好。研究还发现相比较于控制状态，应激状态下被试在 TTC2 条件下更倾向于提前做出深度运动碰撞知觉判断（TTC2 中误差值为负值）。在 TTC1 条件下被试在应激与控制条件下均倾向于较晚做出深度运动知觉判断（即碰撞后才做出按键反应）。从实验条件来看，TTC2 的实际剩余碰撞时间比 TTC1 要长，被试有足够的时间去进行时间估计，而应激条件下被试注意警觉性水平升高，被试反应速度加快，故此 TTC2 条件被试在应激状态下会提前作出判断。

（三）急性心理应激对深度运动知觉过程影响的 ERP 特征分析

在本研究中，深度运动知觉加工过程中出现的 ERP 成分主要有 P1、N1 以及晚期负慢波（SW）。其中，最先出现的成分是 P1，它主要分布在左右颞枕区，潜伏期范围为 80—200ms，其峰值主要出现在 140ms 左右；N1 成分主要出现在额区，潜伏期范围 90—200ms，其峰值主要出现在 150ms 左右；晚期负慢波（SW）主要分布在额顶区，潜伏期范围为 400—1300ms。深度运动知觉过程的 ERP 成分与脑区位置与前人的研究结果基本一致，但也有一定程度的差异特征。

1. P1 成分的特点

前期研究发现，P1 成分代表视觉信息早期加工阶段的主要成分，它主要反映了视觉信息刺激物的初始特征（形状、大小、颜色和对比度等）编码过程，且它与阈下的注意偏向抑制过程还具有一定的关系。[1] 此外，有研究发现 P1 成分反映了外在刺激物的参数变化，同时对刺激信息的空间注意指向比较敏感。[2] 可见，视觉刺激信息通过视觉感受器输入大脑皮层中枢时，脑部中枢（枕叶）对刺激

---

[1] Luck S. J. et al., *The Oxford Handbook of Event-Related Potential Components*, Oxford: Oxford University Press, 2011, p. 10.

[2] Hillyard Steven A. et al., "Sensory Gain Control (Amplification) as a Mechanism of Selective Attention: Electrophysiological and Neuroimaging Evidence", *Philosophical Transactions of the Royal Society Biological Sciences*, Vol. 353, No. 1373, August 1998, p. 1257.

物的颜色、形状、运动轨迹等初始特征进行认知加工，即注意的早期加工阶段。

本实验发现，在 P8 电极位置上，应激条件下深度运动知觉任务中剩余碰撞时间 400ms 诱发的 P1 成分潜伏期要显著大于控制条件。有研究发现当威胁性情绪图片靠近个体时，在脑部顶枕区诱发的 P1 成分波幅值要大于中性图片刺激。[①] 可见，威胁性图片可以诱发有机体产生较高的心理唤醒水平，进而影响其在 TTC 任务中的 P1 成分。虽然该研究所采用范式与本研究范式有所不同，但可以发现 TTC 任务会在顶枕区产生 P1 成分，且心理唤醒会对其产生一定程度的影响。前期研究发现，心理应激会诱发被试产生高唤醒与高警觉的精神状态。[②] 可见被试在应激状态下需要付出部分注意资源参与警觉状态中，而参与 TTC 任务的注意资源就相应减少。由于所采用范式不同，TTC1 条件下实际碰撞预留时间较短，再加上被试心理唤醒水平较高，注意资源调用速度受到影响，应激条件下 P1 成分出现较晚，故这一结果与前期研究结果存在一定程度的差异。

本研究还发现深度运动知觉任务中，相较于右侧枕颞区，P1 成分在左侧枕颞区中出现时间较早。这与前期研究具有相似的结果[③]，即深度运动知觉任务中出现了偏左侧化优势，即左侧脑部顶枕区率先对深度运动的球体进行注意指向，随后右侧脑区也参与该任务中。此外，研究还发现在右侧枕颞叶中，控制条件下剩余碰撞时间 400ms 诱发的 P1 成分潜伏期要显著小于控制剩余碰撞时间 800ms。TTC1 与 TTC2 两种条件下的任务参数基本相同，不同之处在于实际

---

① Vagnoni Eleonora et al. , "Threat Modulates Neural Responses to Looming Visual Stimuli", *European Journal of Neuroscience*, Vol. 42, No. 5, June 2015, p. 2190.

② Wang Jiongjiong et al. , "Perfusion Functional Mri Reveals Cerebral Blood Flow Pattern Under Psychological Stress", *Proceedings of the National Academy of Sciences*, Vol. 102, No. 49, November 2005, p. 17804.

③ 韦晓娜：《网球运动专长与情绪状态对深度运动知觉的影响及其 ERP 特征研究》，博士学位论文，武汉体育学院，2018 年。

剩余碰撞时间的差异上，TTC2 条件下实际剩余碰撞时间要长
400ms，而被试在 TTC1 中会投入较多注意资源，而其反应速度也会
较快，故 TTC1 中的 P1 成分也会提前出现。

2. N1 成分的特点

有学者采用 ERP 技术方法研究深度运动知觉过程中发现在 P1
成分之后会出现一个负成分（150ms 左右），该负成分与视觉注意过
程有关，它与经典的 N1 成分相似，故将其命名为 N1 成分。[1] 研究
发现，N1 成分同样也反映了空间注意指向与辨别任务的注意过程。[2]
此外，研究还发现 N1 波幅值大小与注意位置有关，即若 N1 波幅值
增大则表明有机体对该刺激物的注意出现增强，目标探测效果越
好。[3] 本实验研究发现，相比较于控制条件，应激条件下深度运动知
觉诱发的 N1 峰波幅值更大，与研究假设相符。有研究发现 N1 成分
代表了感知觉过程，它表明在威胁性条件下被试的警觉性水平以及
感觉输入的升高。[4] 研究发现，急性心理应激增加了个体的警觉性水
平，促进了选择性注意过程的注意控制。[5] 被试在急性心理应激状态
下注意警觉性水平较高，心理唤醒水平与压力较大，有机体需要付
出部分认知资源来处理警觉性压力过程，同时还有付出较多注意资
源来参与深度运动知觉任务，故急性心理应激条件下深度运动知觉
任务中投入的注意资源较多，出现了注意增强现象。

---

[1]　Lamberty Kathrin et al. , "The Temporal Pattern of Motion in Depth Perception Derived from ERPs in Humans", *Neuroscience Letters*, Vol. 439, No. 2, May 2008, p. 198.

[2]　Hopf Jens-Max et al. , "Localizing Visual Discrimination Processes in Time and Space", *Journal of Neurophysiology*, Vol. 88, No. 4, October 2002, p. 2088.

[3]　Hillyard Steven A. et al. , "Sensory Gain Control (Amplification) as a Mechanism of Selective Attention: Electrophysiological and Neuroimaging Evidence", *Philosophical Transactions of the Royal Society Biological Sciences*, Vol. 353, No. 1373, August1998, p. 1257.

[4]　Shackman Alexander J. et al. , "Stress Potentiates Early and Attenuates Late Stages of Visual Processing", *Journal of Neuroscience*, Vol. 31, No. 3, January 2011, p. 1156.

[5]　Qi Mingming and Heming Gao, "Acute Psychological Stress Promotes General Alertness and Attentional Control Processes: An ERP Study", *Psychophysiology*, Vol. 57, No. 4, January 2020, p. 1.

3. 晚期负慢波（SW）的特点

前期研究发现，SW 与记忆编码有一定关系，SW 的脑区分布随着感觉输入通道与刺激类型的变化而发生变化。[①] 还有学者提出长时间持续负慢波是反映人脑对视觉空间信息编码过程以及工作记忆的一种晚期 ERP 成分。[②] 同样，也有研究认为 SW 是一种反映视觉工作记忆表征形成的晚期 ERP 成分。[③] 可见，SW 是与个体视觉空间信息编码与视觉工作记忆表征有紧密关联的晚成分。有学者采用 EEG 技术研究个体记忆负荷大小对视觉空间信息编码过程影响的机制研究，结果发现 SW 波幅大小与记忆负荷（Memory Load）有很大关系，记忆负荷越大则 SW 波幅越大。[④] 这些结果说明 SW 与个体认知资源的消耗紧密相关，即 SW 波幅值越大说明执行任务中消耗的认知资源越多。

本实验研究发现相比较于控制条件，应激条件下深度运动知觉过程中产生的晚期负慢波（SW）平均波幅值更大，支持了研究假设。前期研究发现，心理应激会诱发被试产生高唤醒与高警觉的精神状态。[⑤] 被试在应激状态下不仅需要付出较多认知资源来参与高唤醒情绪状态的内在调节过程，还需要付出较多认知资源来参与深度

① Ruchkin Daniel S. et al，"Working Memory and Preparation Elicit Different Patterns of Slow Wave Event-Related Brain Potentials"，*Psychophysiology*，Vol. 32，No. 4，July 1995，p. 399.

② Barceló Francisco et al. ，"Event-Related Potentials During Memorization of Spatial Locations in the Auditory and Visual Modalities"，*Electroencephalography and Clinical Neurophysiology*，Vol. 103，No. 2，August 1997，p. 257.

③ 陈彩琦：《视觉选择性注意与工作记忆的交互关系——认知行为与 ERP 的研究》，博士学位论文，华南师范大学，2004 年。

④ Mecklinger Alex and Erdmut Pfeifer，"Event-Related Potentials Reveal Topographical and Temporal Distinct Neuronal Activation Patterns for Spatial and Object Working Memory"，*Cognitive Brain Research*，Vol. 4，No. 3，October 1996，p. 211.

⑤ Wang Jiongjiong et al. ，"Perfusion Functional Mri Reveals Cerebral Blood Flow Pattern Under Psychological Stress"，*Proceedings of the National Academy of Sciences*，Vol. 102，No. 49，November 2005，p. 17804.

运动知觉过程。因此被试在应激状态下需要消耗较多认知资源去对球的剩余碰撞时间进行精确估计。此外，本研究还发现深度运动知觉任务中，剩余碰撞时间400ms（TTC1）产生的晚期负慢波（SW）平均波幅值显著大于剩余碰撞时间800ms（TTC2），说明TTC1条件下消耗认知资源更多。结合具体实验参数，TTC1条件下的实际剩余碰撞时间要比TTC2条件短400ms，被试反应时间较短且需要集中注意力快速做出碰撞瞬间判断，而在TTC2条件下被试有充足的时间进行碰撞判断，故相比较于较晚碰撞时间估计，较早碰撞时间知觉过程中所需的认知资源更多。

（四）行为学结果与ERP结果的内在联系

在行为学结果方面，与控制条件相比，急性心理应激条件下的深度运动知觉任务的行为表现较好，这可以通过较短的反应时来体现出来。在ERP结果方面，在急性心理应激条件下，深度运动知觉任务中N1成分的峰波幅要大于非应激条件，这表明急性心理应激条件下个体的注意控制能力增强。此外，相比较于非应激条件下，应激条件下深度运动知觉任务中的晚期负慢波SW平均波幅值更大（400—1300ms），说明在应激状态下个体在深度运动知觉任务中会投入更多的认知资源。综合行为学结果和ERP结果，可以推测深度运动知觉任务中较好的绩效表现与增大的N1峰波幅和较大的SW平均波幅值有关。这与前期研究结果基本一致。[1] 即当人们的注意力集中时，或者当个体的认知资源投入增加时，深度运动知觉任务中的判断准确率更高。有研究发现在应激状态下人们的知觉加工速度会加快。[2] 研究还发现人们在紧张状态下其注意控制能

---

[1]　Shackman Alexander J. et al. , "Stress Potentiates Early and Attenuates Late Stages of Visual Processing", *Journal of Neuroscience*, Vol. 31, No. 3, January 2011, p. 1156.

[2]　Bertsch Katja et al. , "Exogenous Cortisol Facilitates Responses to Social Threat Under High Provocation", *Hormones and Behavior*, Vol. 59, No. 4, April 2011, p. 428.

力会有所提升。[①] 可见，人们在应激状态下行为表现会发生变化，且在脑电活动中也有所体现。

在研究意义方面，本研究发现改良后的 MIST 任务能够有效诱发个体的急性心理应激状态，进一步佐证了改良后的 MIST 任务具有应激诱发的有效性。同时研究还发现急性心理应激能够提高深度运动知觉任务的绩效表现及脑电活动的积极变化，即应激有利于个体的行为表现。与前述相关理论基础相比，该结果符合倒"U"形假设模型[②]和神经运动干扰理论[③]，即适度的心理唤醒水平有助于提升人们的操作表现。在真实的网球运动场景中，适度的紧张或心理唤醒水平促进运动员的行为表现，做出更好的情绪与行为的自适应状态。这与人们常说的急性心理应激是"有害"的说法相违背，即急性心理应激对深度运动知觉任务表现的影响是积极的，为人们的常识性问题提供了一定的科学依据。

此外，虽然本研究采用了一种与人类真实视觉经验接近的球类碰撞时间知觉范式来模拟深度运动知觉场景，但它与真实运动运动场景还是有很大差别。在未来研究中，可结合浸入式的虚拟现实技术（Virtual Reality Technology）用于研究深度运动知觉过程中的诸多知觉现象，进一步提高研究的生态学效度。

二　小结

通过本实验研究，主要得出以下几个方面的结论：乘法心算任

---

① Righi Stefania et al., "Anxiety, Cognitive Self-Evaluation and Performance: ERP Correlates", *Journal of Anxiety Disorders*, Vol. 23, No. 8, December 2009, p. 1132. Hum Kathryn M. et al., "Neural Mechanisms of Emotion Regulation in Childhood Anxiety", *Journal of Child Psychology and Psychiatry*, Vol. 54, No. 5, May 2013, p. 552.

② Yerkes Robert M. and John D. Dodson, "The Relation of Strength of Stimulus to Rapidity of Habit-Formation", *Journal of Comparative Neurology and Psychology*, Vol. 18, No. 5, December 1908, p. 459.

③ Van Gemmert et al., "Stress, Neuromotor Noise, And Human Performance: A Theoretical Perspective", *Journal of Experimental Psychology: Human Perception and Performance*, Vol. 23, No. 5, May 1997, p. 1299.

务成功诱发了个体急性心理应激反应且削弱了注意资源分配；相比较于深度运动中较早碰撞（剩余碰撞时间短）的靠近球体，较晚碰撞（剩余碰撞时间长）的球体辨别精确性较高且认知资源投入较少；深度知觉过程中出现了脑的偏左侧化优势，且在右侧枕颞叶中控制状态下较早碰撞（剩余碰撞时间短）的球体辨别过程中注意资源投入较早；急性心理应激对深度运动知觉过程产生了影响，具体体现在应激状态下深度运动知觉判断行为学层面任务绩效较好、注意资源出现增强现象和认知资源投入更多，以及应激状态下在较晚碰撞（剩余碰撞时间长）的靠近球体中倾向于提前做出反应、在较早碰撞（剩余碰撞时间短）的靠近球体中注意资源的投入较晚。

第 十 章

急性心理应激对视运动知觉
影响的 Mini-Meta 分析

　　适量的应激刺激源可以提升人们的心理唤醒水平，进而提高个体的注意集中程度以及相应的行为表现。通过第六章至第九章的实证研究，发现急性心理应激对视运动知觉各维度产生了不同程度的影响。从这些影响中可以看出，心理应激对认知活动的影响大多数是积极的、有益的，这一结果对人们常常认为应激是"有害"的这一常识作出了反驳。不过，虽然急性心理应激对视运动知觉产生了影响，但这种影响效应究竟有多大？以及急性心理应激对视运动知觉各维度的影响效应是否存在差异？这些问题均未得到解答。因此，元分析可以对若干个实证研究结果进行整合分析并得出相应的效果量。故本章主要采用 Mini-Meta 分析方法对第六章至第九章实证研究的结果进行定量化综述分析。

第一节　引言

　　急性心理应激反应属于刺激—反应模式（S – R 模式），即当面临应激诱发事件的时候，个体会动员全身的资源与能量去应对外在刺激引发的应激压力。研究发现，一定时间内的适度应激对有机体是有益的，能够产生积极的作用，可以为有机体提供驱动力和充足的精力来帮助快速且高效地完成应激刺激任务。急性心理应激不仅会对个体的行为产生影响，同时也会对个体的认知功能产生影响。例如，研究发现急性心理应激通过增加多巴胺，去甲肾上腺素和糖皮质激素介导的信号传导来影响依赖前额叶皮层的认知功能。[①] 此外，在一些简单的任务中，或者当认知负荷不过度时，急性心理应激倾向于促进个体的认知功能。[②] 视运动知觉作为认知功能的重要组成部分，急性心理应激会对其产生诸多影响。从急性心理应激对协同运动、生物运动、运动速度以及深度运动知觉的研究结果来看，急性心理应激的确对视运动知觉的四个维度产生不同的影响，包括行为学层面和 ERP 层面。

　　视运动知觉是有机体的一种重要认知功能，它是运动物体的特性通过视觉感受器、视觉神经通路传递到大脑皮层并被大脑皮层接收和辨识的过程。[③] 这说明大脑皮层参与了视运动知觉的过程，而前期研究发现急性心理应激会通过激素的分泌来影响大脑额叶皮层参与的认知过程。[④] 这也间接说明急性心理应激会对视运动知觉产生影响。此外，视运动知觉受到诸多主观因素与客观因素的影响。主观

---

① Sänger Jessica et al. , "The Influence of Acute Stress on Attention Mechanisms and Its Electrophysiological Correlates", *Frontiers in Behavioral Neuroscience*, Vol. 8, No. 10, October 2014, p. 1. Arnsten Amy F. T. , "Stress Signalling Pathways that Impair Prefrontal Cortex Structure and Function", *Nature Reviews Neuroscience*, Vol. 10, No. 6, June 2009, p. 410.

② Qi Mingming et al. , "Effect of Acute Psychological Stress on Response Inhibition: an Event-Related Potential Study", *Behavioural Brain Research*, Vol. 323, No. 1, January 2017, p. 32.

③ AbreuAna Maria et al. , "Motion Perception and Social Cognition in Autism: Speed Selective Impairments in Socio-Conceptual Processing?", *Journal of Advanced Neuroscience Research*, Vol. 3, No. 2, October 2016, p. 45.

④ Arnsten Amy F. T. , "Stress Signalling Pathways that Impair Prefrontal Cortex Structure and Function", *Nature Reviews Neuroscience*, Vol. 10, No. 6, June 2009, p. 410.

因素包括年龄、智力水平、自闭症、知识与动作经验[1]、认知风格[2]、情绪状态[3]等，客观因素包括刺激特征（刺激类型、呈现时间和呈现速度）、刺激对比度[4]、刺激背景干扰[5]等。应激作为情绪的一个分类，自然也会对视运动知觉过程产生影响。从研究结果来看，急性心理应激加快了视运动知觉任务的反应，提前调取相关注意资源介入视运动知觉任务。虽然研究发现急性心理应激对视运动知觉各维度产生了影响，但研究之间是孤立的，并没有在整体上探究急性心理应激对视运动知觉的影响效应。故需要结合元分析的方法进一步探究其内在影响的总体效应。

　　元分析这一概念是由格拉斯（Glass）首次提出的，原意是指当时科学领域内新兴的积累研究证据的理念。这与人类社会进入信息化阶段后，包括创新科学研究证据在内的"信息大爆炸"有关：如何从大量丰富同时也纷繁复杂的信息中聚积、提取出明确的结论并形成有意义的人类知识积累，成为知识"过剩"带来的新挑战。因此元分析概念的提出，很快受到了科学领域的接受与重视，一方面发展成为一种对多个已有定量研究结果的再次量化综合进行分析的研究方法和研究范式；另一方面也演变成为一系列不断完善的数理

---

①　韦晓娜等：《网球运动专长对深度运动知觉影响的 ERP 研究》，《心理学报》2017 年第 11 期。

②　Ehri Linnea C. and Muzio Irene M. , "Cognitive Style and Reasoning about Speed" , *Journal of Educational Psychology* , Vol. 66 , No. 4 , April 1974 , p. 569.

③　Vagnoni Eleonora et al. , "Threat Modulates Neural Responses to Looming Visual Stimuli" , *European Journal of Neuroscience* , Vol. 42 , No. 5 , June 2015 , p. 2190. Brendel Esther et al. , "Emotional Effects on Time-To-Contact Judgments: Arousal, Threat, And Fear of Spiders Modulate the Effect of Pictorial Content" , *Experimental Brain Research* , Vol. 232 , No. 7 , April 2014 , p. 2337.

④　Gegenfurtner Karl R. and Michael J. Hawken , "Perceived Velocity of Luminance, Chromatic and Non-Fourier Stimuli: Influence of Contrast and Temporal Frequency" , *Vision Research* , Vol. 36 , No. 9 , May 1996 , p. 1281.

⑤　Zhou Shiyu et al. , "Blind Video Quality Assessment Based on Human Visual Speed Perception and Nature Scene Statistic" , *International Conference on Signal and Information Processing* , *Networking and Computers* , December 2017 , p. 365.

统计程序。相对于传统的叙述性文献综述研究，这种方法能够较为客观地吸收同化并量化多个相互独立的实证性研究的效果量（Effects Size），同时可排除研究中的内部偏差。[①] 元分析也称之为 Meta 分析，它是一种成熟的统计技术，可以综合两项或者多项研究结果，以便增加相应研究的说服力。[②] 不过，一篇典型的行为研究论文对一种普遍现象进行了多项研究，这些研究仅仅是孤立地进行分析。因为这些研究具有普遍性，所以这种做法效率低下，那么只有进行单篇论文元分析（Single-Paper Meta-Analysis，SPM）才能获得重要的效果。[③]

随后，有学者于 2016 年提出了 Mini-Meta 分析的概念，Mini-Meta 分析被称之为微型 - 元分析，属于元分析中的一种，它旨在针对合并几项研究而进行元分析，符合本研究的特点。[④] 因此，本研究采用 Mini-Meta 分析方法对第六章至第九章中的四个研究得到的行为学与脑电数据进行荟萃分析，考察急性心理应激对协同运动知觉、生物运动知觉、运动速度知觉、深度运动知觉以及视运动知觉的整体影响效果大小，旨在探究改良后的 MIST 任务作为急性心理应激诱发手段的有效性，以及急性心理应激对视运动知觉各维度影响的因变

---

① Weed Mike，"Interpretive Qualitative Synthesis in the Sport & Exercise Sciences：The Meta-Interpretation Approach"，*European Journal of Sport Science*，Vol. 6，No. 2，August 2006，p. 127. Hagger M. S.，"Meta-Analysis in Sport and Exercise Research：Review，Recent Developments，and Recommendations"，*European Journal of Sport Science*，Vol. 6，No. 2，August 2006，p. 103.

② Donnellan M. Brent et al.，"On the Association Between Loneliness and Bathing Habits：Nine Replications of Bargh and Shalev (2012) Study 1"，*Emotion*，Vol. 15，No. 1，February 2015，p. 109.

③ McShane Blakeley B. and Ulf Böckenholt，"Single-Paper Meta-Analysis：Benefits for Study Summary, Theory Testing, And Replicability"，*Journal of Consumer Research*，Vol. 43，No. 6，April 2017，p. 1048.

④ Goh Jin X. et al.，"Mini Meta-Analysis of Your Own Studies：Some Arguments on Why and a Primer on How"，*Social and Personality Psychology Compass*，Vol. 19，No. 10，October 2016，p. 535.

量间的差异特点，进一步探析急性心理应激对视运动知觉影响的内在机制。

第二节　研究方法

一　元分析方法

相比较于 Meta 分析方法，传统叙述性综述对已有研究的结果，如某一自变量（如急性心理应激）对因变量（如视运动知觉）的影响效果（关系假设）进行综合分析时，只能就已有研究发现的共同趋势给出叙述性的总结和评价，或者对能否支持上述关系假设（即零假设检验是否达到显著水平）的已有实证研究的个数进行简单计数统计。但是对于这些已有实证研究的质量和代表性等问题缺乏必要的考虑，而且对于每个实证研究所包含的信息也是很大的浪费。也就是说，叙述性综述使用的计数统计只采用了每个研究的（显著性检验）结果信息，而对研究中的其他信息，如样本量（实验组，对照组）、均值、个性特征、方差等数据无法加以有效利用。

元分析统计方法中的核心度量标准是效果量（Effects Size）。这一统计学概念代表的是变量间假设关系的强度——如本研究中的关于急性心理应激（自变量）对视运动知觉及其各维度（因变量）有影响效果的假设，或者两个变量不同水平之间差异的大小。这些效果量可用原始分（Raw-Score）形式或标准化的形式表达，而后者更为常见。最常使用的标准化效果量的形式是反映两个变量平均数差异程度的 Cohen's d 或 Hedges'g 以及反映两个变量之间相关强度的皮尔逊积差相关系数（r）。[1] 其他效果量统计还包括可释方差（Ex-

---

① Field Andy P. , "The Problems in Using Fixed-Effects Models of Meta-Analysis on Real-World Data", *Understanding Statistics*, Vol. 2, No. 2, June 2003, p. 105.

plained Variance) 和组间相关 (Intraclass Correlation) 等。本 Meta 分析所采用的核心度量标准为 ES (Effects Size)。

二 Mini-Meta 分析方法

有学者提出了 Mini-Meta 分析的具体操作流程① (见图10 – 1),主要包括选题、计算公式以及异质性检验等十个基本步骤,具体操作步骤如下。

(1) 确定研究主题。将要结合的研究涉及相同的概念、方向假设和概念上相似的度量等。

(2) 确定 ES 的特征。若一个研究包含两个或两个以上的具有重复被试的 ES,那么应将 ES 平均在一起,形成一个用于该研究的 ES。在每个 ES 中,还需要确定它所依据的样本量。

(3) 查找和计算 ES。阅读文献资料,找出每一研究的 ES。对于使用 r 等线性相关系数的研究,r 本身就是 ES。计算每一研究的 Cohen's d, Hedges'g, 或 r。

(4) 计算加权平均 ES。如果研究之间在方法上存在较大差异,且样本量与这些差异有关,应选择完全随机效应模型计算 ES。

(5) 理解 ES。研究需要解释 Mini-Meta 分析的总体平均 ES。依据相对于一个绝对标准而言,ES 一般包括小效应、中等效应和大效应。

(6) Stouffer's Z 测试。对于每个研究的 p 值,找出与其对应的 Z(标准正态偏离),并加上适当的符号(应与各自 ES 上的符号相匹配),然后应用公式:$Z_{combined} = \sum Z / \sqrt{k}$。k 是值被组合在一起的独立 Z 的个数。

(7) 随机效应方法。在完全随机效应方法中,总体效应只是全

---

① Goh Jin X. et al., "Mini Meta-Analysis of Your Own Studies: Some Arguments on Why and a Primer on How", *Social and Personality Psychology Compass*, Vol. 19, No. 10, October 2016, p. 535.

部 ES 的算术平均值。平均 ES 是否大于零的检验为单样本 t 检验，其中 N 为独立 ES 个数。

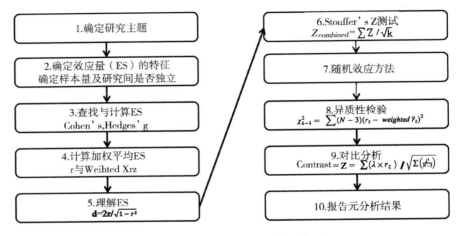

图 10 - 1 Mini-Meta **分析具体流程**

（8）异质性检验（Heterogeneity Test）。采用固定效应模型的元分析的 ES 具有较大的变数，故需要进行卡方检验（$\chi^2_{k-1} = \sum (N - 3)(r_z - weighted\ \bar{r}_2)^2$。当 df 等于研究数减去 1 时，一个显著结果比正常样本变异的预期异质性更大。

（9）对比分析。依据调节变量对比分析各研究的 ES，例如男性样本与女性样本之间的 ES 比较，不同研究方法之间的比较，年龄比较或趋势比较。每个研究的对比权重反映所期望的对比或趋势。

（10）报告元分析结果。元分析的报告没有标准的格式，特别是 Mini-Meta 分析。故关于 Mini-Meta 分析的报告格式差异很大。如有的仅报告一般性的讨论[1]，有的只报告 Mini-Meta 而不报告个别研究

---

[1] Case Charleen R. et al., "Affiliation-Seeking Among the Powerless: Lacking Power Increases Social Affiliative Motivation", *European Journal of Social Psychology*, Vol. 45, No. 3, March 2015, p. 378.

结果①，有的通过表格显示每个研究的结果或者跨研究的元分析结果②。总之，无论报告什么，重点需要报告元分析使用的方法类型（例如 d 作为衡量 ES 的指标，固定效应，Stouffer 测试等）。

可见，Mini-Meta 分析步骤详细合理③，由于它属于元分析的一种，所以主要步骤类似于元分析的操作步骤。确定问题是关键一步，选择模型是核心步骤。故本研究依据 Mini-Meta 分析方法的具体操作流程对第六章至第九章四个关于急性心理应激对视运动知觉影响研究的行为学与脑电研究结果进行合并 Meta 分析，并求出各自的效应量与整体效应量，进一步探清急性心理应激对视运动知觉影响的内在机制。

三　数据特征编码

对纳入 Mini-Meta 分析的四项研究从以下几个方面进行编码：(1)样本量、男女性别人数以及被试年龄；（2）因变量指标：反应时、正确率以及协同运动知觉、生物运动知觉、运动速度知觉以及深度运动知觉中各 ERP 成分的峰潜伏期与峰波幅值及晚成分的平均波幅值等相关因变量指标、自变量比较结果；(3)各因变量均值、标准差以及 t 值、p 值等。

四　效应量计算与异质性检验

效应量（Effect Size，ES）是 Meta 分析中的核心概念，也称为效应值或效果量。研究以 Hedges'g 作为急性心理应激对视运动知觉

---

①　Hall Judith A. et al. , "Patients' Health as a Predictor of Physician and Patient Behavior in Medical Visits: A Synthesis of four Studies", *Medical Care*, Vol. 34, No. 12, December 1996, p. 1205.

②　Goh Jin X. et al. , "Who is Interested in Personality? The Interest in Personality Scale and Its Correlates", *Personality and Individual Differences*, Vol. 101, No. 10, October 2016, p. 185.

③　Goh Jin X. et al. , "Mini Meta-Analysis of Your Own Studies: Some Arguments on Why and a Primer on How", *Social and Personality Psychology Compass*, Vol. 19, No. 10, October 2016, p. 535.

影响的效应量指标。效应量的计算公式为：Hedges'g = $[(M1 - M2)$ $\div Sp^2] \times [1 - 3 \div (4N_e + 4N_c - 9)]$，$M1$ 为应激条件下视运动知觉任务因变量指标均值，$M2$ 为控制条件下视运动知觉任务因变量指标均值，Sp^2 为合并方差。合并方差计算公式为 $Sp^2 = \sqrt{(N_e - 1) S_e^2 + (N_c - 1) S_c^2} \div \sqrt{N_e + n_c - 2}$，其中 N_e、S_e^2 与 N_c、S_c^2 分别为应激条件和控制条件下的样本大小与方差，该计算过程由 CMA 2.0 软件来完成。有学者提出效应量的评价标准为：若 ES 值在 0.20 以下为小效应量；若 ES 值介于 0.20—0.80 之间为中等效应量；若 ES 值在 0.80 以上为大效应量。[1]

元分析的主要用途是计算不同研究的效应量并对各个研究的效应量进行合并，而各个研究的样本来自不同的样本总体，故合并时各个研究间可能存在异质性。因此，不同研究之间的合并前需要进行异质性检验，也称为 Q 检验。Q 值计算公式为：$Q = \sum W_i d_i^2 - (\sum W_i d_i)^2 \div \sum W_i$，其中 W_i 为各研究的权重，其计算公式为：$W_i = 1 \div Var (d_i)$，Q 值服从自由度为 $K - 1$ 的卡方分布。[2] Q 值不仅可以评判各个研究间的异质性程度，还可以作为是否需要进行亚组分析的重要指标。当各研究间存在异质时则需要进一步做调节效应分析，即亚组分析。此外，I^2 描述各研究的方差在总体方差中所占的比例，它在一定程度上弥补了 Q 值不能判断各研究间异质性程度的缺陷，其计算公式：$I^2 = [Q - (K - 1)] \div Q$，其判断依据为：当 $I^2 < 25\%$ 时为低度异质性，$25\% < I^2 < 75\%$ 时为中度异质性，$I^2 > 75\%$ 时为高度异质性。[3]

---

① Cohen Jacob, *Statistical Power Analysis for the Behavioral Sciences*, New York: Lawrence Earlbaum Associates, 1988, p. 35.

② Noel A Card, *Applied Meta-Analysis for Social Science Res*, New York: The Guilford Press, 2011, p. 86.

③ Higgins Julian P. T. et al., "Measuring Inconsistency in Meta-Analyses", *British Medical Journal*, Vol. 327, No. 7414, September 2003, p. 557.

Meta 分析的 ES 合并一般选取固定效应模型（Fixed Effect Model）或者随机效应模型（Random Effect Model），其中固定效应模型假设各研究之间的样本均值相同，样本均值之间的差异是由随机抽样误差造成的，其合并所得结果推广性较低。随机效应模型兼顾了各研究之间与研究内样本的差异，其所得结论不局限于所纳入元分析的合并研究中，而具有向其他研究推广的普适性。研究发现，当研究间存在异质性群体效应时，一般采用随机效应模型进行合并分析。[①] 因此，考虑到结果的推广性，本章节的 Meta 分析过程均采用随机效应模型生成。

五　研究工具

采用 Excel 2007 对纳入 Mini-Meta 分析的四项研究进行特征编码，主要包括样本量、被试年龄、性别人数、各因变量指标的均值及标准差、t 值以及 p 值进行登记。CMA 2.0 软件是专门做 Meta 分析的统计软件、无须编程、更灵活且易操作，图片清晰美观、可以调节颜色、布局、字体并能转成 Word 或 PPT 格式。[②] 因此，采用 CMA 2.0 软件计算出四项研究的效应量、95% 的置信区间、p 值等相关数值。

第三节　结果与分析

一　效应量计算

依据 Mini-Meta 分析的具体步骤[③]，结合本研究特点，计算出急

---

① Field Andy P. , "The Problems in Using Fixed-Effects Models of Meta-Analysis on Real-World Data", *Understanding Statistics*, Vol. 2, No. 2, June 2010, p. 105.

② 刘红煦、曲建升：《主流 Meta 分析软件功能及其在领域知识发现的拓展应用研究》，《现代图书情报技术》2016 年第 5 期。

③ Goh Jin X. et al. , "Mini Meta-Analysis of Your Own Studies: Some Arguments on Why and a Primer on How", *Social and Personality Psychology Compass*, Vol. 19, No. 10, October 2016, p. 535.

性心理应激对协同运动、生物运动、运动速度以及深度运动知觉的效应量及总体效应量，并进一步探究急性心理应激对视运动知觉各维度影响的差异特点，具体结果见表 10-1。该表呈现了四项研究中的视运动知觉类型、应激水平比较结果、因变量指标类型、Hedges'g、标准误、95% CI 以及 p 值。从表 10-1 中可以看出 Hedges'g 有正负之分，负号代表自变量对该因变量指标具有负向促进的作用，可以看出四项研究中均存在正向或负向促进的现象，如急性心理应激状态下有机体在协同运动知觉任务的反应时发生了减小的现象。

依据效应量的评价标准①，四项研究中有 12 个效应量的值在 0.20 水平以上，即急性心理应激对视运动知觉某一维度的影响为中等效应量，没有大效应量出现，中等效应量主要体现在急性心理应激影响视运动知觉任务的反应时以及 ERP 特征中晚成分方面；四项研究中有 19 个效应量值小于 0.20 水平，即急性心理应激对视运动知觉某一维度的影响为小效应量，大部分小效应量主要体现在急性心理应激影响视运动知觉任务的正确率以及部分早成分的潜伏期与波幅值方面。从这 31 个效应量的值来看，有 17 个效应量为负值，即急性心理应激对视运动知觉因变量具有负向影响效应，比如急性心理应激对四种视运动知觉任务反应时及晚期正成分平均波幅值均具有中等程度的降低效应；其余 14 个效应量为正值，即急性心理应激对视运动知觉因变量具有正向促进作用，如急性心理应激对视运动知觉晚期负成分平均波幅值具有中等程度的增加效应。

从表 10-1 中可以看出，通过 Mini-Meta 分析得出的自变量对因变量影响的 p 值，发现小于 0.05 的 p 值共有 9 个，即自变量对因变量的影响具有统计学意义，主要包括协同运动知觉中的反应时和 LPP 平均波幅值，生物运动知觉中的反应时、P2 峰波幅值和 LPP 平

---

① Cohen Jacob, *Statistical Power Analysis for the Behavioral Sciences*, New York: Lawrence Earlbaum Associates, 1988, p. 35.

均波幅值，运动速度知觉中反应时和 SW 平均波幅值，以及深度运动知觉中的反应时和 N1 峰波幅值。对比前述各个章节的研究结果，发现 Mini-Meta 分析的结果基本与之相吻合，即急性心理应激对视运动知觉各成分的任务表现均产生正向或者负向的促进效应。

表 10 - 1　　急性心理应激对视运动知觉各指标影响的效应量结果一览

视运动知觉类型	因变量指标	自变量比较	Hedges'g	标准误	95% CI	p 值
协同运动知觉	反应时	应激 < 控制	− 0.63	0.15	(− 0.92, − 0.34)	0.00
	正确率	应激 < 控制	− 0.03	0.15	(− 0.31, 0.26)	0.84
	P1 峰潜伏期	应激 < 控制	− 0.06	0.17	(− 0.38, 0.27)	0.73
	P1 峰波幅	应激 > 控制	0.02	0.17	(− 0.31, 0.34)	0.92
	P2 峰潜伏期	应激 < 控制	− 0.22	0.17	(− 0.55, 0.11)	0.19
	P2 峰波幅	应激 < 控制	− 0.14	0.17	(− 0.46, 0.19)	0.42
	N2 峰潜伏期	应激 > 控制	0.15	0.21	(− 0.26, 0.55)	0.48
	N2 峰波幅	应激 > 控制	0.15	0.21	(− 0.25, 0.55)	0.46
	LPP 平均波幅	应激 < 控制	− 0.56	0.18	(− 0.91, − 0.21)	0.00
生物运动知觉	反应时	应激 < 控制	− 0.73	0.15	(− 1.02, − 0.45)	0.00
	正确率	应激 < 控制	− 0.11	0.14	(− 0.39, 0.17)	0.44
	P1 峰潜伏期	应激 < 控制	− 0.11	0.14	(− 0.39, 0.17)	0.42
	P1 峰波幅	应激 > 控制	0.06	0.14	(− 0.22, 0.34)	0.67
	P2 峰潜伏期	应激 < 控制	− 0.17	0.14	(− 0.45, 0.11)	0.23
	P2 峰波幅	应激 < 控制	− 0.44	0.14	(− 0.73, − 0.16)	0.00
	N330 峰潜伏期	应激 < 控制	− 0.02	0.14	(− 0.30, 0.25)	0.87
	N330 峰波幅	应激 > 控制	0.21	0.16	(− 0.11, 0.52)	0.19
	LPP 平均波幅	应激 < 控制	− 0.53	0.15	(− 0.84, − 0.23)	0.00
运动速度知觉	反应时	应激 < 控制	− 0.50	0.17	(− 0.83, − 0.18)	0.00
	正确率	应激 > 控制	0.05	0.16	(− 0.27, 0.37)	0.76
	P1 峰潜伏期	应激 < 控制	− 0.16	0.16	(− 0.48, 0.17)	0.35
	P1 峰波幅	应激 > 控制	0.12	0.16	(− 0.21, 0.44)	0.48
	N2 峰潜伏期	应激 < 控制	− 0.19	0.16	(− 0.51, 0.14)	0.25
	N2 峰波幅	应激 > 控制	0.14	0.16	(− 0.18, 0.46)	0.40
	SW 平均波幅	应激 > 控制	0.77	0.20	(0.39, 1.15)	0.00

续表

视运动 知觉类型	因变量 指标	自变量比较	Hedges'g	标准误	95% CI	p 值
深度运动 知觉	反应时	应激 < 控制	-0.45	0.20	(-0.85, -0.05)	0.03
	P1 峰潜伏期	应激 > 控制	0.19	0.21	(-0.22, 0.59)	0.36
	P1 峰波幅	应激 > 控制	0.11	0.21	(-0.29, 0.52)	0.58
	N1 峰潜伏期	应激 > 控制	0.18	0.21	(-0.22, 0.59)	0.37
	N1 峰波幅	应激 > 控制	0.41	0.21	(0.01, 0.82)	0.05
	SW 平均波幅	应激 > 控制	0.31	0.21	(-0.09, 0.72)	0.13

二　合并效应量

Meta 分析主要目的就是要合并不同研究的效果量，故为进一步分析急性心理应激对视运动知觉影响的特征，采用 CMA 2.0 软件将四项研究同类指标进行合并，合并结果见表 10 - 2。从该表中可以看出，在行为学层面，急性心理应激对视运动知觉各维度反应时影响的总效应量为 -0.60（中等效应量，ES 介于 0.20—0.80 之间），急性心理应激对协同运动、生物运动以及运动速度知觉任务判断正确率影响的总体效应量为 -0.04（小效应量，小于 0.20 水平）。可见，心理应激对视运动知觉反应时具有中等程度的减小作用而对正确率的影响效果比较小。

在电生理学层面，急性心理应激对协同运动知觉与生物运动知觉任务中诱发的 P2 成分波幅值与 LPP 平均波幅值影响的效应量均存在中等效应量（介于 0.20—0.80 之间）且影响均为负向影响效应，即 P2 峰波幅值减小、LPP 平均波幅值减小；急性心理应激对运动速度知觉与深度运动知觉任务中诱发的晚期负慢波 SW 影响的效应量也为中等效应量且影响均为正向促进作用（即 SW 平均波幅值增大），而关于急性心理应激对其他视运动知觉任务诱发的 ERP 成分影响的效果为小效应量。

表 10-2

急性心理应激对视运动知觉影响的 Mini-Meta 分析结果

知觉类型	因变量	g 值	95% CI	双尾检验		异质性检验			I^2（%）
				z	p	Q	df	p	
协同—生物—速度—深度	反应时	-0.60	(-0.76, -0.44)	-7.30	0.00	1.70	3	0.64	0
协同—生物—速度	正确率	-0.04	(-0.21, 0.13)	-0.43	0.67	0.57	2	0.75	0
协同—生物—速度—深度	P1 潜伏期	-0.07	(-0.23, 0.10)	-0.79	0.43	1.93	3	0.59	0
协同—生物—速度—深度	P1 波幅值	0.08	(-0.09, 0.24)	0.90	0.37	0.22	3	0.97	0
协同—生物	P2 潜伏期	-0.19	(-0.40, 0.02)	-1.76	0.08	0.05	1	0.82	0
协同—生物	P2 波幅值	-0.31	(-0.60, -0.01)	-2.05	0.04	1.86	1	0.17	46
协同—速度	N2 潜伏期	-0.05	(-0.38, 0.28)	-0.28	0.78	1.66	1	0.20	40
协同—速度	N2 波幅值	0.14	(-0.11, 0.39)	1.13	0.26	0.001	1	0.97	0
协同—生物	LPP 波幅值	-0.54	(-0.77, -0.32)	-4.71	0.00	0.02	1	0.90	0
速度—深度	SW 波幅值	0.54	(0.09, 1.00)	2.37	0.02	2.52	1	0.11	60

三 异质性检验

由于 Meta 分析是对多个研究结果进行合并分析,而不同的研究之间存在抽样误差及系统误差等不同质现象,故合并前需进行异质性检验。从表 10 - 2 中可以看出,在对视运动知觉各因变量指标进行合并的时候,发现 Q 值相对比较小,小于 0.05 水平上的卡方值,说明合并时各研究之间并不存在异质性。为进一步检验各研究之间的异质性程度,采用 CMA 2.0 软件计算出各自 I^2,结果发现仅有三项因变量合并时 I^2 属于中度异质性(25%—75% 之间),如运动速度知觉与深度运动知觉的 SW 平均波幅合并时 $I^2 = 60\%$,说明所选模型中 ES 的真正差异所造成的观察变异占总变异的 60%,剩下 40% 的变异而来源于随机误差,说明速度知觉与深度运动知觉之间具有中度异质性。一般情况下,异质性程度属于高度异质性时需进行自变量与因变量之间的调节变量分析[①],故此本研究无须进行亚组分析(调节变量分析)。因此,视运动知觉各因变量指标合并效应量的结果未受到研究间异质性的影响。

第四节 讨论与小结

一 讨论

本章旨在通过 Mini-Meta 分析的方法探究急性心理应激对视运动知觉各维度影响的效应大小及急性心理应急对视运动知觉影响的整体效应量。结果发现,急性心理应激对视运动知觉各维度的反应时影响为中等效应量,正确率的影响为小效应量,P1 峰潜伏期与峰波波幅的影响为小效应量,协同运动和生物运动的 P2 潜伏期的影响为

---

① Cooper Harris M., "Integrating Research: A Guide for Literature Reviews, 2nd ed", Newbury Park, CA: SAGE, 1989, p. 20.

小效应量、P2 波幅值的影响为中等效应量，协同运动和速度运动的 N2 潜伏期和波幅值的影响均为小效应量，协同运动和生物运动的 LPP 平均波幅值以及速度运动和深度运动的 SW 平均波幅值的影响均为中等效应量。下面将对这些结果进行详细的解释。

（一）行为学层面的 Mini-Meta 分析

从 Mini-Meta 分析结果来看，急性心理应激对视运动知觉四个维度影响的任务中反应时具有中等程度的降低效应，ES = -0.60，95% CI 为（-0.76，-0.44），即相对于控制条件下，被试在急性应激状态下协同运动知觉（ES = -0.63）、生物运动知觉（ES = -0.73）、运动速度知觉（ES = -0.50）以及深度运动知觉任务（ES = -0.45）反应时出现了大幅度降低的现象。这与前期有研究结果具有一定的一致性。Dambacher 与 Hübner 研究也发现时间压力下个体的注意范围缩小，个体知觉加工任务绩效受到影响，表现出反应速度加快而准确性降低的现象。[1] 可见，心理应激等情绪刺激会对个体的视觉加工过程产生一定程度的影响作用。从视运动知觉各维度反应时影响效应大小的差异来看，虽然对四个维度的反应时影响均为中等效应，但急性心理应激对生物运动知觉任务判断反应时影响的效应量最大，其次是协同运动知觉、运动速度知觉以及深度运动知觉。究其原因，主要是由于刺激物的特点及刺激任务难度存在差异。例如，生物运动知觉是人体形态的判断与识别，相对较容易；由于协同运动刺激材料的协同率不同，反应时也不相同，越低的协同性水平，难度越大；运动速度知觉过程中需要光点移动一定时间才能做出判断；深度运动知觉为碰撞时间估计，难度较大。可见，视运动知觉四个维度之间存在一定的差异性。

在急性心理应激对视运动知觉影响的正确率方面，急性心理应

---

① Dambacher Michael and Ronald Hübner, "Time Pressure Affects the Efficiency of Perceptual Processing in Decisions Under Conflict", *Psychological Research*, Vol. 79, No. 1, February 2014, p. 83.

激的影响效应却很小，ES = - 0.04，95% CI 为（- 0.21，0.13）。前期研究发现，人们在应激诱发状态下知觉加工速度较快，但知觉任务的正确率有所下降。[1] 此外，许多研究发现情绪信息刺激加工对后续的认知任务产生一定程度的调节影响作用，这些认知任务包括执行功能、工作记忆以及视觉加工过程等成分。[2] 总之，由于应激刺激源的作用，人们的心理紧张度会提升，表现急性心理应激状态下视运动知觉反应时上出现中等程度的降低效应而正确率影响效应较小。

（二）ERP 层面的 Mini-Meta 分析

在急性心理应激对视运动知觉过程影响的 ERP 成分进行 Meta 分析时，主要发现以下几点现象：首先，急性心理应激对协同运动与生物运动知觉任务中诱发的 P2 成分波幅值（ES = - 0.31，其中对生物运动知觉降低效果大于协同运动知觉）以及 LPP 平均波幅值（ES = - 0.54，二者差异不明显）具有中等程度的负向降低趋势，而急性心理应激对运动速度知觉以及深度运动知觉任务中诱发的 SW 平均波幅值（ES = 0.54，其中对速度知觉的提升效果大于深度运动知觉）具有中等程度的正向促进作用。研究发现，P2 成分与个体的视觉工作记忆关系比较密切[3]，若 P2 成分波幅值增加则说明视觉任务中注意资源的分配增加。[4] 因此，急性心理应激状态下被试在视

---

①　Bertsch Katja et al., "Exogenous Cortisol Facilitates Responses to Social Threat Under High Provocation", *Hormones and Behavior*, Vol. 59, No. 4, April 2011, p. 428.

②　罗跃嘉等：《情绪对认知加工的影响：事件相关脑电位系列研究》，《心理科学进展》2006 年第 4 期；黄琳、周成林：《不同情绪状态下冲突控制能力的 ERP 研究——以篮球运动员为例》，《天津体育学院学报》2013 年第 4 期。

③　Finnigan Simon et al., "ERP Measures Indicate Both Attention and Working Memory Encoding Decrements in Aging", *Psychophysiology*, Vol. 48, No. 5, May 2011, p. 601.

④　Lenartowicz Agatha et al., "Electroencephalography Correlates of Spatial Working Memory Deficits in Attention-Deficit/Hyperactivity Disorder: Vigilance, Encoding, And Maintenance", *Journal of Neuroscience*, Vol. 34, No. 4, January 2014, p. 1171. Löw Andreas et al., "When Threat is Near, Get out of Here: Dynamics of Defensive Behavior During Freezing and Active Avoidance", *Psychological Science*, Vol. 26, No. 11, September 2015, p. 1706.

运动知觉任务（协同与生物）中注意资源分配降低，这或许是由于应激条件下被试注意警觉性水平升高，有机体需要付出较多注意资源去应对应激环境与体验，造成分配给视运动知觉尤其是生物运动知觉任务中的注意资源相应减少，故出现 P2 峰波幅值降低的现象。

其次，急性心理应激对协同运动与运动速度知觉影响的 N2 峰潜伏期与峰波幅值均具有小效应，其中 N2 峰潜伏期为负向效应，N2 峰波幅为正向效应。N2 成分是运动刺激诱发的一个电位活动。例如，研究发现在述评运动刺激诱发的脑电位活动特征中发现在枕叶存在与运动有关的 ERP 成分，即 150—200ms 的负成分 N2[①]。此外，有学者认为 N2 成分是有关注意控制的策略认知控制过程中的一种 ERP 成分。[②] 本研究发现协同运动与运动速度知觉的 N2 成分提前出现，即在急性心理应激状态下个体心理唤醒水平会升高，然后提前对需要观察的运动物体进行注意控制，进而表现出较好的任务绩效。这符合倒"U"形假说的基本观点。此外，研究还发现急性心理应激状态下个体在协同运动与速度运动知觉任务中的 N2 峰波幅值有所增加。这说明心理应激调用了有机体的认知资源与机体能量应对需要辨别的运动刺激物，增加了对认知任务的注意控制能力。由于协同运动知觉与运动速度知觉均涉及了时间知觉与空间知觉。故在两种任务中，人们需要仔细观察刺激物特点，并快速地作出判断，同时需要个体对刺激物进行较好的注意控制才能表现出较佳的任务绩效。虽然急性心理应激对两种任务 N2 成分的影响为小效应，但诸多研究发现应激状态下个体的注意

---

① Kuba Miroslav et al., "Motion-Onset Veps: Characteristics, Methods, And Diagnostic Use", *Vision Research*, Vol. 47, No. 2, January 2007, p. 189.

② Olson Ryan L. et al., "Neurophysiological and Behavioral Correlates of Cognitive Control During Low and Moderate Intensity Exercise", *Neuroimage*, Vol. 131, No. 1, May 2016, p. 171.

控制能力有所提高。① 这与前期研究结果基本一致，即急性心理应激状态下个体的视运动知觉的注意控制能力得到加强。

最后，急性心理应激对协同运动与生物运动知觉影响的 LPP 平均波幅以及对运动速度与深度运动知觉影响的 SW 平均波幅具有中等效应。研究发现，晚期正成分 LPP 与情绪刺激信息加工活动的选择密切相关，它反映了视觉皮层区域活动的整体抑制性，同时它也是情绪调节的一个重要参考指标。② 研究发现 LPP 代表自上而下的认知加工过程或者对外在刺激信息进行主动编码的过程。③ 还有研究发现 LPP 与个体的高级信息加工过程以及工作记忆刷新存在密切关系。④ 本研究发现急性心理应激状态下被试在视运动知觉任务判断过程（协同与生物）中的抑制持续性较弱，且协同运动知觉与生物运动知觉之间差异不明显。被试在应激状态下需要付出部分注意资源来维持有机体警觉性水平，而在视运动知觉任务中的注意分配相对减少，造成被试在协同与生物运动知觉任务中的整体抑制持续性也会降低。此外，晚期负慢波 SW 是反映了视觉工作记忆表征的一种

① Qi Mingming et al. , "Effect of Acute Psychological Stress on Response Inhibition: an Event-Related Potential Study", *Behavioural brain research*, Vol. 323, No. 1, January 2017, p. 32. Qi Mingming and Heming Gao, "Acute Psychological Stress Promotes General Alertness and Attentional Control Processes: An ERP Study", *Psychophysiology*, Vol. 57, No. 4, January 2020, p. 1.

② Thom Nathaniel et al. , "Emotional Scenes Elicit More Pronounced Self-Reported Emotional Experience and Greater EPN and LPP Modulation when Compared to Emotional Faces", *Cognitive Affective and Behavioral Neuroscience*, Vol. 14, No. 2, February 2014, p. 849.

③ Krakowski Aaron I. et al. , "The Neurophysiology of Human Biological Motion Processing: A High-Density Electrical Mapping Study", *Neuroimage*, Vol. 56, No. 1, May 2011, p. 373.

④ Hajcak Greg et al. , "Event-Related Potentials, Emotion, And Emotion Regulation: an Integrative Review", *Developmental Neuropsychology*, Vol. 35, No. 2, February 2010, p. 129.

ERP 成分。① SW 平均波幅值与记忆负荷大小存在密切联系，一项关于记忆负荷对视觉空间刺激信息编码影响效果的研究中发现记忆负荷越大则 SW 平均波幅值越大②，即 SW 波幅值反映的是视觉信息编码过程中所需认知资源的多少。本书研究发现急性心理应激状态下被试在视运动知觉任务判断过程中（速度与深度知觉）所需的认知资源较多，且运动速度知觉过程所需的认知资源要多于深度运动知觉但差异不明显（Q 值不显著）。急性心理应激状态下被试需要一定的注意资源参与保护自身，警觉性水平升高，同时还需要较多认知资源才能完成相关视运动知觉任务。

（三）Mini-Meta 分析的合并效应量

从合并效应量来看，急性心理应激对视运动知觉任务的反应时、P2 成分、LPP 以及 SW 具有中等程度的影响作用，以及对 N2 成分具有较小程度的影响效应，包括正向升高或者负向降低。情绪刺激影响有机体的认知与感知加工过程，许多研究发现影响视知觉的情感因素主要是基于个体的心理唤醒水平和个性特征，比如恐惧与焦虑③。这些前期研究结果表明急性心理应激对个体的视运动知觉存在一定的影响，这与本研究结果在某些方面存在一致性。由于协同运动知觉、生物运动知觉、运动速度知觉以及深度运动知觉四个任务之间存在差异性，并且刺激的形式与特点、任务的难度也难以保持一致，所以视运动知觉的四个维度之间在 ERP 成分上的表现势必存在些许差异。但 Mini-Meta 分析通过异质性分析以及模型的选取可以对不同研究之间进行合并，已达到预期的合并效应量，并计算出急

①　陈彩琦：《视觉选择性注意与工作记忆的交互关系——认知行为与 ERP 的研究》，博士学位论文，华南师范大学，2004 年。

②　Mecklinger Alex and Erdmut Pfeifer, "Event-Related Potentials Reveal Topographical and Temporal Distinct Neuronal Activation Patterns for Spatial and Object Working Memory", *Cognitive Brain Research*, Vol. 4, No. 3, October 1996, p. 211.

③　Brendel Esther et al., "Emotional Effects on Time-To-Contact Judgments: Arousal, Threat, And Fear of Spiders Modulate the Effect of Pictorial Content", *Experimental Brain Research*, Vol. 232, No. 7, April 2014, p. 2337.

性心理应激对视运动知觉影响的总体效应量特征。

此外，Mini-Meta 分析纳入的研究较少，故异质性检验结果未出现显著性差异的现象，即四项研究之间不存在异质性，这也说明样本来源具有同质性。虽然 Meta 分析过程中选取了随机效应模型，但由于样本量较小，故本研究结果并不具有很好的可推广性。今后研究可以继续增大样本量，提高研究结果的信度并扩大该领域研究的推广程度。元分析一般需要进行发表偏倚分析。发表偏倚（Publication Bias）是指由于一些不具有统计学意义的研究不易发表，进而导致元分析过程纳入的研究不全，由于样本不全导致元分析过程与实际情况之间存在的系统性偏差。① 不过，由于 Mini-Meta 分析是对一个研究中的几个子研究进行微型元分析，故未进行有关发表偏倚的分析。这与 Mini-Meta 分析步骤基本一致。② 总之，Mini-Meta 分析解决了第六章至第九章各研究相对独立的问题，通过分析得出急性心理应激对视运动知觉过程中的部分指标起到了中等程度的促进作用，进一步证明适量的急性心理应激对有机体行为表现是有益的。

二 小结

通过对第六章至第九章中的研究结果进行 Mini-Meta 分析后发现：急性心理应激对视运动知觉任务判断反应时具有中等程度的降低效应而对正确率影响效应不大。急性心理应激使协同运动与生物运动知觉任务判断过程中注意资源分配与大脑整体抑制持续性均出现降低现象（中等效应）。急性心理应激促使运动速度知觉与深度运动知觉判断任务中认知资源出现中等程度的增加效应。

---

① 项明强等：《自我损耗对运动表现影响的元分析》，《心理科学进展》2017 年第 4 期。

② Goh Jin X. et al., "Mini Meta-Analysis of Your Own Studies: Some Arguments on Why and a Primer on How", *Social and Personality Psychology Compass*, Vol. 19, No. 10, October 2016, p. 535.

第十一章

急性心理应激对视运动
知觉影响的特点分析

　　心理应激是有机体对环境变化的一种反应，来自内外环境的各种压力影响身心健康。当有机体受到强烈刺激时，应激反应过程的神经内分泌主要是通过蓝斑—去甲肾上腺素能神经元/交感—肾上腺髓质轴和下丘脑—垂体—肾上腺皮质轴来实现的。急性应激可以通过增加多巴胺，去甲肾上腺素和糖皮质激素的分泌来影响依赖前额叶皮层的认知功能。[①] 应激导致的外周各个系统的功能变化，其目的是防止这些应激源对有机体的损害反应，它是一种生物进化过程中逐渐建立和完善的一系列防御反应。本书中的研究主要采用 ERP 技术来探究急性心理应激对视运动知觉影响的内在电生理学机制，以进一步扩展急性心理应激的研究领域及其影响的效应。

---

　　① Sänger Jessica et al., "The Influence of Acute Stress on Attention Mechanisms and Its Electrophysiological Correlates", *Frontiers in Behavioral Neuroscience*, Vol. 8, No. 10, October 2014, p. 1. Arnsten Amy F. T., "Stress Signalling Pathways that Impair Prefrontal Cortex Structure and Function", *Nature Reviews Neuroscience*, Vol. 10, No. 6, June 2009, p. 410.

第一节　应激诱发的总体效果

一　主观变化

急性心理应激引发有机体主观上的变化主要包括紧张、焦虑、愤怒和恐惧方面的反应，其中紧张和焦虑是人们对真实应激源情境所展现出来一种最常见的主观上的变化。研究发现，在心理应激状态下，大学生表现出的情绪较为消极，具体体现为焦虑、困惑、沮丧、抑郁、郁闷以及犹豫不决等消极情绪体验。[①] 应激诱发的主观变化结果主要通过主观问卷评分所得出，本书中的研究发现相比较于非应激状态，急性心理应激状态下个体的积极情绪较低且状态焦虑水平较高。这与前人的研究结果基本一致，即急性心理应激会增加个体的紧张感与焦虑感，进一步提高其心理唤醒水平。例如，有学者通过 MIST 任务范式诱发被试的急性心理应激状态，结果发现被试在应激状态下会体验到较高水平的焦虑感与紧张感。[②] 有学者采用改良后的 MIST 任务成功地诱发被试的急性心理应激状态，结果发现被试应激状态下状态焦虑水平升高以及负性情绪有所增加。[③] 不过，依据多得森和耶克斯的倒 "U" 形假说等理论解释，适度的紧张与应激有助于个体的运动表现。这是由于急性心理应激在一定程度上可以提高个体的警觉性水平，同时也可以增强个体的注意控制能力，进而促使个体表现出了较为积极的行为表现。

---

① 陈建文、王滔：《大学生压力事件、情绪反应及应对方式——基于武汉高校的问卷调查》，《高等教育研究》2012 年第 10 期。

② Dedovic Katarina et al. , "The Montreal Imaging Stress Task：Using Functional Imaging to Investigate the Effects of Perceiving and Processing Psychosocial Stress in the Human Brain", *J Psychiatry Neurosci*, Vol. 30, No. 5, September 2005, p. 319.

③ Qi Mingming et al. , "Subjective Stress, Salivary Cortisol, And Electrophysiological Responses to Psychological Stress", *Frontiers in Psychology*, Vol. 7, No. 229, February 2016, p. 1.

二 行为变化

在急性心理应激状态下，人们除了在主观情绪维度方面发生了诸多变化，还在任务反应时、准确性、心率、血压等客观指标方面发生了变化。

一方面，本研究通过生理指标方面的测量，结果发现相比较于非应激状态下，应激状态下个体的心率增加以及迷走神经的活性降低。研究发现急性心理应激是由具有威胁性因素的社会刺激因素诱发的一种情感系统与身体内在活动的亢奋或唤醒状态。[1] 生理应激会诱发不愉快的感觉、情绪和主观体验，这些体验与身体组织和身体威胁的潜在损害之间有一定的联系。[2] 即当身体受到外在刺激威胁时，个体的心率会有所增加。此外，迷走神经活性的降低说明个体出现了情绪激动和精神紧张的现象。研究发现高应激状态下有机体的迷走神经活性会降低，说明迷走神经活性与应激状态关系较为紧密。[3] 可见，急性心理应激诱发了个体心率指标的变化。除这些变化之外，在应激状态下个体的血压会升高、肌肉紧张、手心出汗。

另一方面，本研究采用乘法估算任务来诱发被试的急性心理应激状态，通过应激诱发效果的验证性实验，再到协同运动、生物运动、运动速度和深度运动知觉的具体实验，分别采用了反应时、正确率、心率以及 ERP 相关成分来检验应激条件与控制条件下的差异特点，通过 Mini-Meta 分析的方法对五项研究的心算任务测试指标进

---

① Kogler Lydia, "Psychosocial Versus Physiological Stress-Meta-Analyses on Deactivations and Activations of the Neural Correlates of Stress Reactions", *Neuroimage*, Vol. 119, No. 1, October 2015, p. 235.

② Peyron Roland et al., "Functional Imaging of Brain Responses to Pain: A Review and Meta-Analysis (2000)", *Neurophysiologie Clinique*, Vol. 30, No. 5, October 2000, p. 263.

③ Michels Karin B. et al., "Recommendations for the Design and Analysis of Epigenome-Wide Association Studies", *Nature Methods*, Vol. 10, No. 10, September 2013, p. 949.

行合并处理，结果发现相比较于控制条件，应激条件下被试心算任务反应时（ES = - 2.05）与正确率（ES = - 1.13）均出现减小的大效应（效果量大于 0.80）。该结果与前人研究结果一致，如 Bertsh 等人研究发现有机体在应激状态下知觉加工的速度会加快，但是其准确性会有所下降。[1] 这表明个体在应激状态下会提高速度准确性权衡速率，在保证准确率的前提下尽快做出行为反应。

总体来说，虽然已有研究从 HPA 轴[2]（唾液皮质醇）与 SAM 轴[3]（心率）等指标证明改良后的 MIST 范式具有诱发急性心理应激的作用，本书中的研究仅对改良后的 MIST 范式进行了界面优化，并结合自身实验条件进一步从 SAM 轴、ERP 指标变化等途径验证了该范式应激诱发的有效性。如有研究发现被试应激状态下反应时较短且正确率较低，有研究发现被试在应激条件下正确率较低[4]，这与本研究的行为学结果基本一致，即个体在改良后的 MIST 任务诱发的应激水平下其在行为方面的变化主要体现在心率升高、迷走神经活性降低、应激任务反应时减小及正确率降低。除了上述行为变化外，心理应激还会引发一些消极的行为变化，例如敌对与攻击、冷漠、病态固执、逃避与回避、无助与自怜等。

三　脑电变化

在 ERP 指标方面，通过改良后的 MIST 任务来诱发人们的急性心理应激状态，结果发现在应激诱发任务中人们的脑电活动也发生

---

[1]　Bertsch Katja et al. , "Exogenous Cortisol Facilitates Responses to Social Threat Under High Provocation", *Hormones and Behavior*, Vol. 59, No. 4, April 2011, p. 428.

[2]　Qi Mingming et al. , "Subjective Stress, Salivary Cortisol, And Electrophysiological Responses to Psychological Stress", *Frontiers in Psychology*, Vol. 7, No. 229, February 2016, p. 1.

[3]　齐铭铭：《急性心理性应激对注意加工过程的影响》，博士学位论文，西南大学，2017 年，第 76 页。

[4]　Yang Juan et al. , "The Time Course of Psychological Stress as Revealed by Event-Related Potentials", *Neuroscience Letters*, Vol. 530, No. 1, November 2012, p. 1.

了一些变化，如 N1 成分的潜伏期变化不明显（ES = - 0.01），N1
成分的波幅值出现增加趋势（ES = 0.12，小效应量），P2 成分的潜
伏期（ES = -0.78）与 P2 成分的波幅值（ES = -0.64）均出现中
等程度的减小效应。前期研究发现，N1 成分代表了感知觉过程，它
表明在威胁性条件下被试的警觉性水平以及感觉输入的升高[①]，说明
被试在应激状态下警觉性水平升高（N1 波幅值增加）。P2 成分与注
意加工过程有紧密关联，即在视觉任务中若注意资源分配增加则会
造成 P2 波幅值的显著增加[②]，说明被试在急性心理应激削弱了后期
注意资源分配。有研究发现被试在应激状态下的 P2 成分潜伏期要显
著小于控制条件，这与本研究结果基本一致，说明被试在应激条件
下对心算任务注意定向的速度会加快。此外，从第五章关于急性心
理应激诱发任务验证实验的客观心率结果来看，急性心理应激通过
SAM 轴来加快有机体的心率水平，并产生焦虑等情绪反应，同时也
降低了迷走神经的活性。

　　总之，结合前人研究基础，无论是从主观情绪体验、客观心率
指标与行为学指标还是 ERP 成分变化来看，均可以看出改良后的
MIST 任务成功地诱发了被试的急性心理应激反应，亦即具有一定难
度、时间压力以及社会性威胁评价的 MIST 任务可以作为实验室环境
中较易获取的急性心理应激诱发来源，进一步验证了改良后的 MIST
任务诱发急性心理应激的有效性，增加了急性心理应激诱发方法的
科学性与合理性。

---

①　Shackman Alexander J. et al. , "Stress Potentiates Early and Attenuates Late Stages of Visual Processing", *Journal of Neuroscience*, Vol. 31, No. 3, January 2011, p. 1156.

②　Lenartowicz Agatha et al. , "Electroencephalography Correlates of Spatial Working Memory Deficits in Attention-Deficit/Hyperactivity Disorder: Vigilance, Encoding, And Maintenance", *Journal of Neuroscience*, Vol. 34, No. 4, January 2014, p. 1171. Löw Andreas et al. , "When Threat is Near, Get out of Here: Dynamics of Defensive Behavior During Freezing and Active Avoidance", *Psychological Science*, Vol. 26, No. 11, September 2015, p. 1706.

第二节　视运动知觉的反应特征

依据前人研究结果[1]以及 Cite-Space 分析结果发现视运动知觉主要可以分为协同运动知觉、生物运动知觉、运动速度知觉以及深度运动知觉。不同视运动知觉类型所表现出的特征也有一定差异。协同运动知觉随着协同性水平的升高其任务要求难度会逐渐降低，且个体的协同性知觉能力受到感受力大小的影响。[2] 生物运动知觉会因为生物运动形式的不同其任务表现也会有差异，如是否正立或倒立运动、整体与局部运动、刺激材料的性质、光点的清晰度与朝向[3]等均会对生物运动知觉产生影响。运动速度知觉会受到运动方向、刺激对比度[4]、背景干扰[5]、运动形式[6]、情绪状态[7]和认知风格[8]等因素的影响，如扩展运动、旋转运动以及线性运动之间速度知觉存在

---

① 李开云等：《自闭症谱系障碍者的视运动知觉》，《心理科学进展》2018 年第 5 期。

② 胡奂：《运动形式对方向和形状一致性侦测的影响》，硕士学位论文，浙江理工大学，2013 年。

③ Kuhlmann Simone et al. , "Perception of Limited-Lifetime Biological Motion from Different Viewpoints", *Journal of Vision*, Vol. 9, No. 10, September 2009, p. 1.

④ Gegenfurtner Karl R. and Michael J. Hawken, "Perceived Velocity of Luminance, Chromatic and Non-Fourier Stimuli: Influence of Contrast and Temporal Frequency", *Vision Research*, Vol. 36, No. 9, May 1996, p. 1281.

⑤ Zhou Shiyu et al. , "Blind Video Quality Assessment Based on Human Visual Speed Perception and Nature Scene Statistic", *International Conference on Signal and Information Processing*, *Networking and Computers*, December 2017, p. 365.

⑥ Geesaman Bard J. and Ning Qian, "The Effect of Complex Motion Pattern on Speed Perception", *Vision Research*, Vol. 38, No. 9, November 1998, p. 1223.

⑦ Roidl Ernst et al. , "Emotional States of Drivers and the Impact on Speed, Acceleration and Traffic Violations—A Simulator Study", *Accident Analysis and Prevention*, Vol. 70, No. 4, September 2014, p. 282.

⑧ Ehri Linnea C. and Muzio Irene M. , "Cognitive Style and Reasoning about Speed", *Journal of Educational Psychology*, Vol. 66, No. 4, April 1974, p. 569.

一定程度的差异。深度运动知觉也会受到运动方向与速度、球体大小、运动专长以及情绪状态①等因素的影响，积极情绪与消极情绪、快速与慢速条件下个体对深度运动知觉任务的反应特征也不尽相同。

可见，视运动知觉不同维度其刺激信息呈现特点、任务难度及其影响因素均存在差异，故其任务的行为表现也会展现出不同的特征。本书中的研究采用行为学与 ERP 技术手段对视运动知觉各维度的任务反应特征进行测量，各维度均表现出了属于自身的反应特点与变化规律，下面就这些特点及其相互关系进行讨论。

一　协同运动与生物运动知觉的反应特点及其关系

在刺激任务的形式上，协同运动与生物运动知觉刺激类型均为光点的运动，通过光点的运动来达成具体的实验任务要求。在刺激任务要求方面，协同运动知觉主要侧重光点的一致性运动，主要是通过控制协同率的大小来评价个体的协同运动知觉能力；而生物运动知觉侧重的是个体对光点所组成人体结构框架识别的过程，通过人体的关键节点的光点运动来判断人体运动的方向，进而评价个体的生物运动知觉能力。可见，二者任务的反应特征存在一定的差异。

首先，在协同运动知觉方面，研究发现随着协同性水平的增加，被试的反应时逐渐减小而正确率逐渐增大且注意资源调用速度逐渐提前，且相比较于 0.75 与 1.00 水平协同运动，0.50 水平协同运动知觉任务中注意资源的投入更早、更多以及脑部抑制控制能力较低。这与前人的研究结果一致。有研究发现随着协同性水平的升高，个体在协同性知觉任务中表现出的正确率逐渐增加且反应时逐渐缩短。② 在 ERP 成分方面，相较于 0.75 与 1.00 水平，0.5 水平协同运动的 P1 成分及 P2 成分峰波幅值出现增大现象以及 LPP 波幅减小现

---

① 韦晓娜：《网球运动专长与情绪状态对深度运动知觉的影响及其 ERP 特征研究》，博士学位论文，武汉体育学院，2018 年。

② Robertson Caroline E. et al. , "Global Motion Perception Deficits in Autism are Reflected as Early as Primary Visual Cortex", *Brain*, Vol. 137, No. 9, July 2014, p. 2588.

象。这是因为三种水平中 0.5 水平协同运动任务难度最大，被试需要付出较多注意资源与认知资源去辨别协同运动的方向。也就是说，0.5 水平任务中与注意有关的波幅值会增大且用于大脑整体抑制能力的认知资源相应减少。可见，随着光点的协同性水平逐渐提高，人们的协同运动知觉的方向判断更加容易，且所需要的注意资源与认知资源也会逐渐减少。

其次，在生物运动知觉方面，研究发现相比较于倒立行走生物运动知觉，正立行走任务绩效较好且注意资源投入速度更快，即出现了生物运动知觉中常见的"倒置效应"。Bertenthal 与 Pinto 在研究生物运动知觉中也发现了"倒置效应"，即生物运动光点倒置后其方向辨别反应时增加[1]。此外，整体正立知觉反应速度比局部正立更快，应激状态下整体生物运动反应准确性比局部生物运动更大。有研究发现生物运动光点前后左右行走方向知觉判断更依赖于生物运动的整体形状信息。[2] 整体生物运动知觉所提供的信息更多，被试加工速度会更快。在 ERP 结果方面，研究发现相比较于正立行走，倒立行走的 P1 成分出现较晚；相比较于局部正立行走，整体正立行走的 P1、P2 成分出现较晚，P2 峰波幅值较大，LPP 平均波幅值较大；相比较于整体倒立行走，局部倒立行走的 P2 峰波幅值较大，N330 成分出现较早且其波幅值较小，以及 LPP 平均波幅值较大。可见，生物运动知觉过程中，生物运动的结构越复杂，识别所需要的线索越模糊，则其所需要的反应时越长且准确率越低，同时相应脑电成分的出现越晚则说明其付出的认知资源越多。

最后，虽然两种刺激任务特点有相似之处，即均为光点运动，不过从刺激任务难度以及运动形式来看，二者之间存在一定的差异，这种差异源于协同运动与生物运动的固有特征。协同率

---

[1]　Bertenthal Bennett I. and Jeannine Pinto, "Global Processing of Biological Motions", *Psychological Science*, Vol. 5, No. 4, July 1994, p. 221.

[2]　Beintema J. A. and Markus Lappe et al., "Perception of Biological Motion Without Local Image Motion", *National Academy of Sciences*, Vol. 99, No. 8, April 2002, p. 5661.

与协同运动知觉任务表现成正比，即协同率越高，人们越容易判断，不易受其他因素的影响。生物运动结构特点与生物运动表现成反比，即生物运动结构越复杂，人们的判断越困难。可见，除了在两种任务中运动形式的差异，其任务的内在特点与规律也存在一定的差异性。

二　运动速度与深度运动知觉的反应特点及其关系

在刺激任务的特点方面，运动速度与深度运动知觉维度均涉及速度的成分，运动速度知觉是判断速度的类型，包括匀速、匀加速和匀减速运动，涉及时间知觉与空间知觉；深度运动知觉任务中要求被试判断球与平面碰撞的瞬间作出反应，它也与球的运动速度有关，同样也会涉及时间知觉与空间知觉。在刺激任务的判断方面，运动速度知觉主要侧重个体判断其速度的类型，而深度运动知觉侧重的是快速运动的球与平面碰撞瞬间的时间估计，两者在实际任务反应中均存在各自的特征。

首先，在运动速度知觉方面，研究发现相比较于匀速运动和匀加速运动知觉，匀减速运动知觉判断过程中的任务绩效更好、注意控制能力较高且注意控制最佳点出现时间较晚以及所投入的认知资源较少。Bex 等人研究发现个体对物体加速或减速之前速度知觉过程是存在差异的[1]。研究发现个体在加速条件下知觉物体的速度要慢于减速条件[2]。从三种速度知觉判断类型来看，匀减速先快后慢、匀加速先慢后快以及匀速运动其速度一致，说明快速运动的物体更易引起有机体的注意。也就是说，在日常生活中，高速行驶的汽车、快速飞过来的球等更易引起人们的注意，进而以最快的速度做出规

① Bex Peter J. et al. , "Apparent Speed and Speed Sensitivity During Adaptation to Motion", *Journal of the Optical Society of America A*, Vol. 16, No. 12, December 1999, p. 2817.

② Schlack Anja et al. , "Speed Perception During Acceleration and Deceleration", *Journal of Vision*, Vol. 8, No. 8, June 2008, p. 1.

避动作。

其次，在深度运动知觉方面，研究发现相比较于深度运动中较早碰撞（TTC1）的靠近球体，较晚碰撞（TTC2）的球体辨别精确性较高且认知资源投入较少，且在右侧枕颞叶中控制状态下较早碰撞（TTC1）的球体辨别过程中注意资源投入较早。TTC1 与 TTC2 条件的主要区别在于剩余碰撞时间上，剩余碰撞时间越长，则给被试估计预留的时间就越充足，其紧张性水平就越低，投入的认知资源就会相对较少，估计的准确性就会相对高一些，这符合基本的认知常识。可见，在运动过程中，知觉经验或者运动经验越丰富，其越能较早地做出动作准备，那么预留的碰撞时间间隔就越长，就越容易表现出较好的运动表现。

最后，虽然两者视知觉刺激均从视觉通道介入，以及均涉及时间知觉与空间知觉的元素且均与速度有关，具有一定的相似性。不过，从两者结果来看，由于二者任务运动形式以及刺激类型的差异，其所表现出的差异特征也有所不同。在运动速度知觉判断过程中，越快的速度越容易被人们识别，而在深度运动知觉任务中，运动速度越快，碰撞时间预留就越少，人们的准备时间就不足，不利于个体运动表现的发挥。这说明两种运动知觉任务除了刺激判断特点不同外，在知觉任务的内在规律方面也存在差异性。

三　视运动知觉各成分的脑区定位

通过四个实验的研究，可以发现视运动知觉四个维度各自成分的特征均存在差异，其主要原因这四个成分的视角不同且涉及不同的模式识别过程。其中，协同运动知觉具有"共同命运"的知觉特性，其知觉过程的中枢位置主要发生在枕颞区。生物运动知觉同样具有"共同命运"的知觉特性，但其运动形式主要是关于人体框架的运动，其知觉中枢主要发生在枕颞区与额区。运动速度知觉主要探究人们对物体运动速度大小的知觉判断，与时间知觉有一定关系，其知觉中枢主要发生在枕颞区与额区。深度运动知觉主要涉及深度运动过程中的碰撞问题，与人们的生活息息相关，其知觉中枢主要发生在枕颞区与额顶区。可以看出，视运动知觉四个维度发生的主要脑区均在枕颞区，同时也涉及额区与顶区，这与前期研究基本一致，视觉的发生中枢主要在枕区。

虽然视运动知觉四种维度均存在属于自身的固有特征，比如反应时、P1、P2 以及 N2 与晚期成分均存在差异，但发生脑区有共通之处，说明它们之间存在着区别与联系。在四种维度内在关系上，协同运动与生物运动知觉方面：当有机体面临难度低且易识别的运动物体时，其注意投入速度较快，而当干扰因素越多时，越需要付出更多的注意控制力。运动速度与深度运动知觉方面：两种视运动知觉均涉及速度问题，速度类型与反应绩效存在一定关系，速度骤减的物体更能引起人的注意，后续研究中可以在深度运动知觉研究中加入速度类型这一变量，以增加深度运动知觉的研究范畴与研究深度。可见，视运动知觉四种维度的反应特点有共通之处，也有不同之处，这取决于刺激物的特点、任务要求、知觉经验以及个性特点等诸多内外在因素对其产生的影响效应。

第三节　心理应激对视运动知觉影响的机制

前期研究发现，情绪刺激可以影响认知加工过程，如注意力[1]、

---

[1] Fenske Mark J. and John D. Eastwood, "Modulation of Focused Attention by Faces Expressing Emotion: Evidence from Flanker Tasks", *Emotion*, Vol. 3, No. 4, December 2003, p. 327.

视觉搜索①、空间信息处理②、记忆③以及低水平的对比灵敏度④。依据认知资源占用学说以及双竞争理论模型⑤认为情绪与认知加工同时进行的时候，它们会对有限的认知资源进行竞争，即情绪加工会占用部分认知资源，留给认知加工过程的资源就会相应减少。这说明有机体的情绪刺激与认知任务加工之间存在一定的相互影响。此外，许多研究发现影响视知觉的情感因素主要是基于个体的心理唤醒水平和个性特征，比如恐惧与焦虑。⑥ 可见，从理论基础与前期研究基础来看，心理唤醒或情绪刺激对个体的视知觉会产生一定程度的影响，这也与本研究的结果进一步相吻合。研究采用 ERP 技术以及 Mini-Meta 分析的方法探究了急性心理应激对视运动知觉各成分影响的特征与内在变化机制，结果发现急性心理应激对视运动知觉各成分产生了影响，且影响的效应与特点存在一定的差异。

一 急性心理应激对协同运动与生物运动知觉影响的机制

虽然协同运动知觉与生物运动知觉均属于视运动知觉的成分，

---

① Öhman Arne et al. , "The Face in the Crowd Revisited: A Threat Advantage with Schematic Stimuli", *Journal of Personality and Social Psychology*, Vol. 80, No. 3, March 2001, p. 381.

② Crawford L. Elizabeth and John T. Cacioppo, "Learning Where to Look for Danger: Integrating Affective and Spatial Information", *Psychological Science*, Vol. 13, No. 5, September 2002, p. 449.

③ Bradley Margaret M. et al. , "Remembering Pictures: Pleasure and Arousal in Memory", *Journal of Experimental Psychology: Learning, Memory, and Cognition*, Vol. 18, No. 2, March 1992, p. 379.

④ Phelps Elizabeth A. et al. , "Emotion Facilitates Perception and Potentiates the Perceptual Benefits of Attention", *Psychological Science*, Vol. 17, No. 4, April 2006, p. 292.

⑤ Pessoa Luiz, "How Do Emotion and Motivation Direct Executive Control?", *Trends in Cognitive Sciences*, Vol. 13, No. 4, March 2009, p. 160.

⑥ Brendel Esther et al. , "Emotional Effects on Time-To-Contact Judgments: Arousal, Threat, And Fear of Spiders Modulate the Effect of Pictorial Content", *Experimental Brain Research*, Vol. 232, No. 7, April 2014, p. 2337.

生物运动中包含有一定的协同成分，即在刺激的形式上存在相同点，但在刺激任务的要求方面各自的知觉特征存在一定的区别。故急性心理应激对协同运动与生物运动知觉影响也存在一定的差异特征。

首先，在急性心理应激对协同运动知觉影响的研究中发现急性心理应激条件下协同运动知觉反应速度较快、较早调用注意资源参与知觉过程以及0.75水平上注意控制能力增强以及协同运动知觉过程后期抑制持续性较弱。从Mini-Meta分析结果来看，急性心理应激对协同运动知觉任务反应时、P2潜伏期以及LPP平均波幅值具有中等程度的减小效应。这说明急性心理应激提高了个体的心理唤醒水平，当人们在较为紧张的情况下提高了个体的行为表现且注意资源的参与也会有所提前，例如研究发现紧张状态会使个体的注意控制能力得到进一步增强。①

其次，在急性心理应激对生物运动知觉影响的研究中发现在急性心理应激条件下生物运动知觉反应速度较快、注意资源调用时间较早且注意资源投入较少、注意控制能力得到增强以及生物运动知觉过程后期抑制持续性较弱。从Mini-Meta分析结果来看，急性心理应激对生物运动知觉任务反应时、P2波幅值以及LPP平均波幅具有中等程度的减小效应，以及对N330波幅值具有中等程度的增大效应。这说明急性心理应激状态下促进了人们在生物运动知觉过程中的任务表现，在紧张状态下加快了大脑对各种注意资源的调用，同时也增强了个体的注意控制能力。这种结果与急性心理应激的作用是分不开的，如急性心理应激可以使个体处于高唤醒与高警觉的精

---

① Righi Stefania et al., "Anxiety, Cognitive Self-Evaluation and Performance: ERP Correlates", *Journal of Anxiety Disorders*, Vol. 23, No. 8, December 2009, p. 1132. Hum Kathryn M. et al., "Neural Mechanisms of Emotion Regulation in Childhood Anxiety", *Journal of Child Psychology and Psychiatry*, Vol. 54, No. 5, May 2013, p. 552.

神状态①，且在应激状态下人们的知觉加工速度会加快。②

最后，从急性心理应激对协同运动与生物运动知觉影响效果来看，应激条件均促进了二者反应速度、注意资源投入速度以及降低了知觉过程脑区抑制持续性，这符合前期研究结果，如急性心理应激会使有机体的感觉信息输入与早期视觉加工过程变得更加敏感③，焦虑与紧张状态会让个体的注意控制能力得到进一步加强④。这表明急性心理应激对协同与生物运动知觉任务绩效具有中等程度的促进作用。

二　急性心理应激对运动速度与深度运动知觉影响的机制

从运动速度与深度运动知觉各自特征来看，它们均存在一定相同点与不同点。深度运动知觉任务中的碰撞时间估计包含有时间知觉的成分，而速度知觉中也包含有时间知觉的成分，故二者有共通之处。不过，在刺激任务的判断要求方面，二者存在一定的差异，即深度运动为 TTC 的估计，而速度知觉为速度类型的判断。可见，急性心理应激对运动速度与深度运动知觉影响的特征也存在异同点。

首先，在急性心理应激对运动速度知觉影响的研究中发现在急性心理应激条件下运动速度类型判断速度更快、注意控制能力更好、投入认知资源更多以及匀加速与匀速判断过程中注意控制最佳状态

---

①　Wang Jiongjiong et al. , "Perfusion Functional Mri Reveals Cerebral Blood Flow Pattern Under Psychological Stress", *Proceedings of the National Academy of Sciences*, Vol. 102, No. 49, November 2005, p. 17804.

②　Bertsch Katja et al. , "Exogenous Cortisol Facilitates Responses to Social Threat Under High Provocation", *Hormones and Behavior*, Vol. 59, No. 4, April 2011, p. 428.

③　Davis Michaeland Paul J. Whalen, "The Amygdala: Vigilance and Emotion", *Molecular Psychiatry*, Vol. 6, No. 1, January 2001, p. 13.

④　Righi Stefania et al. , "Anxiety, Cognitive Self-Evaluation and Performance: ERP Correlates", *Journal of Anxiety Disorders*, Vol. 23, No. 8, December 2009, p. 1132. Hum Kathryn M. et al. , "Neural Mechanisms of Emotion Regulation in Childhood Anxiety", *Journal of Child Psychology and Psychiatry*, Vol. 54, No. 5, May 2013, p. 552.

出现较早。从 Mini-Meta 分析结果来看，急性心理应激对运动速度知觉任务反应时具有中等程度的减小效应。行为学结果与其他学者的研究结果基本一致。[①] 由于速度知觉中掺杂着时间知觉，而急性心理应激中含有时间压力成分，说明二者之间存在交互影响现象。结果发现，在急性心理应激下，速度知觉过程中认知资源投入较多。这说明在急性心理应激状态下，个体的心理唤醒水平有所升高，其时间知觉敏感性也会进一步提高，所以体现出速度知觉过程中的任务表现较好。

其次，在急性心理应激对深度运动知觉影响的研究中发现在急性心理应激条件下深度运动知觉判断速度更快、注意资源出现增强现象和认知资源投入更多，以及 TTC2 条件中倾向于提前做出反应、在 TTC1 条件中注意资源的投入较晚。从 Mini-Meta 分析结果来看，急性心理应激对深度运动知觉任务反应时具有中等程度的减小效应，以及对 N1 波幅值与 SW 平均波幅值具有中等程度的增加效应。虽然许多研究学者认为剩余碰撞时间估计（TTC）是基于视网膜成像中简单光学参数分析的低级过程，但有研究发现 TTC 过程中有认知成分的参与，且情绪因素会影响该认知过程。[②] 随后，有学者[③]研究发现威胁性图片与愉快图片的剩余碰撞时间估计值差异不明显，说明影响 TTC 的是心理唤醒本身而不是恐惧的情感效价。此外，关于情绪对剩余碰撞时间估计值影响的背后机制：生理唤醒刺激可以加速生物钟的变化，在预测—运动范式需要时钟进程来计算剩余碰撞时间估计值，且唤醒图片对刺激呈现后的时间知觉（Time Perception）

[①] Schlack Anja et al. , "Speed Perception During Acceleration and Deceleration", *Journal of Vision*, Vol. 8, No. 8, June 2008, p. 1.

[②] Brendel Esther et al. , "Threatening Pictures Induce Shortened Time-To-Contact Estimates", *Attention, Perception and Psychophysics*, Vol. 74, No. 5, March 2012, p. 979.

[③] Brendel Esther et al. , "Emotional Effects on Time-To-Contact Judgments: Arousal, Threat, And Fear of Spiders Modulate the Effect of Pictorial Content", *Experimental Brain Research*, Vol. 232, No. 7, April 2014, p. 2337.

产生一定程度的影响。[①] 可见，结合前人研究结果，深度运动碰撞时间估计过程中含有认知成分，而该认知成分易受到心理唤醒的影响，亦即易受到急性心理应激的影响。

最后，从急性心理应激对运动速度与深度运动知觉影响特点来看，应激条件下均提高了两种任务的反应速度且认知资源投入增多。这符合 Wang 等人[②]的研究观点，即急性心理应激会让个体的唤醒水平与警觉性水平得到显著性提高。在这种心理状态下有机体会增加认知资源投入以便顺利完成知觉任务要求，即急性心理应激对运动速度与深度运动知觉过程产生了积极的影响机制。

三 急性心理应激对视运动知觉影响的总体特点

结合各研究结果与 Mini-Meta 分析结果，可以发现：在行为学层面，急性心理应激对视运动知觉四个维度的任务反应时具有中等程度的减少效应。这与其他学者[③]的发现类似，即应激条件下知觉加工速度会加快。同时这也符合倒"U"形假说的理论观点，即一定水平的心理唤醒对认知操作的任务表现具有促进作用。

在 ERP 特征方面，主要表现在注意资源投入速度、多少以及注意控制力大小、脑区抑制持续性等几个方面，具体表现为：其一，在急性心理应激下协同运动与生物运动的早期注意资源投入较早、P2 成分波幅值出现中等程度的降低效应以及大脑整体抑制持续性降低（中等效应）；其二，急性心理应激条件下协同运动、生物运动以及运动速度三种运动知觉类型的注意控制能力增强；其三，急性心

① Shi Zhuanghua et al. , "Modulation of Tactile Duration Judgments by Emotional Pictures", *Front Integr Neurosci*, Vol. 6, No. 24, May 2012, p. 1.

② Wang Jiongjiong et al. , "Perfusion Functional Mri Reveals Cerebral Blood Flow Pattern Under Psychological Stress", *Proceedings of the National Academy of Sciences*, Vol. 102, No. 49, November 2005, p. 17804.

③ Bertsch Katja et al. , "Exogenous Cortisol Facilitates Responses to Social Threat Under High Provocation", *Hormones and Behavior*, Vol. 59, No. 4, April 2011, p. 428.

理应激对运动速度、深度运动知觉任务过程中认知资源投入增多（SW 波幅值呈现中等效应）。可见，由于视运动知觉四种类型的刺激特点、模式识别过程以及脑区位置均存在其固有特征，所以急性心理应激对视运动知觉四种类型影响的 ERP 特征存在一定差异性。

不过，从整体来看，急性心理应激条件下较少涉及时间因素的视运动知觉任务中（如生物运动知觉）早期注意资源投入相对较少，而在较多涉及时间因素的视运动知觉任务（如运动速度与深度运动知觉）中晚期认知资源投入增多。这种现象的产生是由于有机体在急性应激条件下的一种自我调节效应。研究发现，有机体在自动化程度较高的任务中认知资源消耗较少以避免应激反应产生的负面影响①。这与本研究结果有些类似，即有机体在应激条件下会使大脑的早期知觉加工与视觉输入加强。在急性心理应激的反应过程中，交感神经与副交感神经均会被激活。其中，交感神经的激活可以使身体在高于正常功能之上的水平活动起来，如激起增快的心率、循环、供氧和代谢，以控制具有威胁性的或危害性的境遇。副交感神经的激活主要是使有机体功能减速和促进恢复。可见，急性心理应激状态下个体的交感神经的激活会对个体的视运动知觉任务及其各成分的影响产生了积极促进的作用。

四 急性心理应激影响视运动知觉的理论解释

通过比较分析，可以发现不论是在行为学层面还是 ERP 层面，急性心理应激对视运动知觉均产生了诸多影响，这些影响以积极作用为主，也存在少许消极的作用，如生物运动知觉任务中的 P2 成分峰波幅值的增加等。这些结果也得到诸多理论假说的解释：过程效

---

① Eran Chajut and Algom Daniel, "Selective Attention Improves Under Stress: Implications for Theories of Social Cognition", *Journal of Personality and Social Psychology*, Vol. 85, No. 2, February 2003, p. 231.

能理论①认为个体在压力应激下会产生两种应对策略——消极应对策略与积极应对策略,即在应激条件下有机体也会产生积极的操作表现②。这与本研究结果存在一定的吻合现象,即应激条件下视运动知觉过程出现了积极的变化,表现为早期注意资源投入加快等现象。倒"U"形假说③认为有机体在一定压力应激下,个体的行为绩效会出现积极变化,这种变化与神经运动干扰理论④的部分观点一致,即资源的干扰并不意味着任务绩效会出现消极变化。可见,人们在压力应激情况下其认知表现并未出现下降趋势,有研究结合挑战威胁理论⑤与注意控制理论⑥发现可以将压力解释为挑战对高压下的行为表现和视觉注意控制起到积极作用⑦。这与本研究发现的个体在应激条件下其在部分视运动知觉任务中表现出注意控制能力增强的现象相符。

此外,依据注意控制理论的观点,焦虑或压力应激会削弱个体的抑制控制功能。⑧ 这一观点与本研究中发现的人们在应激条件下其

---

① 王进:《解读"反胜为败"的现象:一个"Choking"过程理论》,《心理学报》2004 年第 5 期。

② Mullen Richardetal. , "The Effects of Anxiety on Motor Performance: A Test of the Conscious Processing Hypothesis", *Journal of Sport and Exercise Psychology*, Vol. 27, No. 2, February 2005, p. 212.

③ 季浏等:《体育运动心理学导论》,北京体育大学出版社 2007 年版,第 163 页。

④ Van Gemmert et al. , "Stress, Neuromotor Noise, And Human Performance: A Theoretical Perspective", *Journal of Experimental Psychology: Human Perception and Performance*, Vol. 23, No. 5, May 1997, p. 1299.

⑤ Jones Marc et al. , "A Theory of Challenge and Threat States in Athletes", *International Review of Sport and Exercise Psychology*, Vol. 2, No. 2, October 2009, p. 161.

⑥ Eysenck Michael W. et al. , "Anxiety and Cognitive Performance: Attentional Control Theory", *Emotion*, Vol. 7, No. 2, February 2007, p. 336.

⑦ Vine Samuel J. et al. , "Evaluating Stress as a Challenge is Associated with Superior Attentional Control and Motor Skill Performance: Testing the Predictions of the Biopsychosocial Model of Challenge and Threat", *Journal of Experimental Psychology Applied*, Vol. 19, No. 3, March 2013, p. 185.

⑧ 魏华、周仁来:《焦虑个体抑制控制缺陷的研究现状和争议:基于注意控制理论视角》,《心理科学进展》2019 年第 11 期。

协同运动与生物运动知觉任务中后期脑部抑制持续性减弱现象相吻合。研究发现，倒"U"形假说认为血液中肾上腺素可能与遗忘有关，且与记忆增强有一定的关系。[1]本研究发现应激条件下个体在运动速度与深度运动知觉任务后期工作记忆负荷增大，被试需要结合过去知识图式准确判断出速度类型及碰撞瞬间的估计值，这需要较多的认知资源参与到工作记忆当中去，故出现了记忆增强的现象。这与倒"U"形假说的部分观点相符合。

总之，急性心理应激反应是生命为了生存和发展所必需的防御保护性反应，以对抗各种强烈刺激的损伤性作用，它是有机体适应、保护机制的重要组成部分。应激反应可以提高有机体的警觉状态，有利于机体的战斗或逃避，在变动的环境中维持有机体的自稳态，以增强个体的知觉—情绪—行为的串联式自适应能力。本书中的研究采用改良后的 MIST 任务考察人们在应激与非应激下其视运动知觉任务表现的内在机制特点，发现人们认为急性心理应激往往是有害的这一"常识"并非准确，即人们在应激状态下也会出现了一些积极的变化，这在理论层面也到了一定程度的解释。

第四节　研究创新点、局限和展望

一　研究创新点

（一）研究方法维度

在研究方法上，本书中的研究首次将改良后的 MIST 范式运用到视运动知觉的研究领域中，并在 MIST 任务中增加社会性评价反馈与时间进度条，以便提高被试的自我卷入程度，增加急性心理应激诱

---

①　Baldi Elisabetta and Bucherelli Corrado, "Theinverted 'U-Shaped' Dose-Effect Relationships in Learning and Memory: Modulation of Arousal and Consolidation", *Nonlinearity in Biology*, *Toxicology*, *Medicine*, Vol. 3, No. 1, January 2005, p. 9.

发的效果，具有一定的创新性。其次，首次采用 ERP 技术从行为学与脑电生理学层面来探究急性心理应激对视运动知觉影响的作用机制。最后，由于单个研究对结果的解释缺乏一定的效度，本书中的研究首次采用 Mini-Meta 分析的方法对各个研究之间得出的行为学与脑电数据进行合并分析，旨在增加研究结果的说服力。

（二）研究内容维度

在研究内容上，本研究首次探究急性心理应激对视运动知觉影响的神经作用机制，分析脑电成分的变化规律及其特征，为丰富该领域的研究成果作出了一定的贡献。其次，基于近十年的知识图谱分析结果及前人研究基础，本书中的研究将视运动知觉分为协同运动知觉、生物运动知觉、运动速度知觉以及深度运动知觉四个种类，增加了视运动知觉的研究范畴与研究广度。最后，本书在最后章节中首次采用荟萃分析的方法进一步探究急性心理应激对视运动知觉四个维度影响的效应量差异特点，同时考察人们在应激状态下知觉加工过程的差异化机制。从视运动知觉的四个层面来揭示人们认为急性心理应激总是"有害的"这一常识是缺乏合理的科学依据的，加深人们对应激在人类知觉加工过程中的作用和价值的认识。

二　研究局限与展望

（一）研究范式缺乏一定的生态学效度

关于急性心理应激诱发的范式，虽然在前人的研究基础之上进行了改良，纳入了时间压力以及社会评价压力，同时优化了界面呈现，以提高被试的紧张性水平，达到了实验室实验的要求。但在日常生活中，应激源包括考试、比赛、面试、地震等，这些应激源会给人们带来真实的感觉，而乘法估算任务缺乏日常生活场景中的真实感，具有一定的局限性。此外，虽然生物运动知觉采用类似于人体光点运动的刺激，被试可以从这些光点中判断出人体运动，但其生态学效度偏低，以及深度运动知觉任务范式虽然满足了 ERP 实验的要求，但在真实场景中的深度运动具有距离线索，而非屏幕上的球体运动。整体而言，实验室研究所采用的范式由于与真实场景具有一定的差距，故其生态学效度偏低。在未来研究中，学者们可以考虑生态学效度（Ecological Validity）较高的实验技术，如虚拟现实技术。

（二）缺乏不同心理应激强度之间的横向比较

应激水平有一定局限性，今后可增加心理应激的强度这一自变量。在前人的研究基础上，本书中的研究从 SAM 轴、行为学以及 ERP 特征对乘法估算任务的效果进行了验证，并得出乘法估算任务可以有效诱发有机体的应激反应，主要考察了急性心理应激对视运动知觉的影响。故本书中的研究仅考虑了急性心理应激因素的作用，未进一步探究不同应激强度对视运动知觉的影响，如倒"U"形假说认为不同唤醒水平下个体的操作任务绩效存在差异[1]，有研究发现较低的压力对个体在简单认知任务中具有促进作用，然而较高压力对复杂的、推理程度高的认知任务具有削弱作用[2]。这说明应激强度与认知任务的难度之间具有一定的交互作用，探究这种交互作用背后的脑机制具有重要意义。此外，本书中的研究是在大量文献的基础之上，结合前人研究结果以及 Cite-Space 分析结果对视运动知觉进行分类的，分类具有一定的依据。不过，在未来的研究中由于研究的细致化，视运动知觉的分类可能会进一步增加。

（三）被试群体的单一性

研究被试为普通大学生，今后可以考虑特殊群体，如自闭症儿童、肥胖人群等。前期研究发现，自闭症谱系障碍者会出现视运动知觉异常现象，如在识别光流运动、协同运动光点刺激、运动速度知觉以及生物运动知觉的能力要差于健康控制组，且自闭症患者会

---

[1]　季浏等：《体育运动心理学导论》，北京体育大学出版社 2007 年版，第 163 页。

[2]　Sandi Carmen，"Stress and Cognition"，*Wires Cognitive Science*，Vol. 4，No. 2，June 2013，p. 245.

过度迷恋重复性运动的物体。[①] 研究还发现自闭症患者的协同运动知觉阈限显著大于健康人群，即自闭症患者只能辨别出协同性水平较高的光点运动方向。[②] 可见，自闭症这种特殊人群的视运动知觉具有特异性，若进一步揭示急性心理应激对自闭症人群的视运动知觉背后的电生理学机制，找出自闭症人群的视运动知觉特异性背后机制显得十分重要。

（四）研究工具的局限性

虽然 ERP 技术手段具有高时间分辨率，但缺乏精确的空间定位能力。在今后研究中，可以引入 fMRI 技术精确定位有机体在不同应激条件下视运动知觉各维度知觉判断任务的脑成像特征，进一步精准揭示急性心理应激对视运动知觉影响的内在脑区定位源问题。同时，还可以结合 Tobii 眼动仪器来进一步探究视运动知觉任务中有机体对运动物体的注意焦点及注意持续时间等问题，以及个体在不同应激条件下在协同运动知觉中是如何搜寻出那些"共同命运"的点和生物运动知觉过程中如何辨识出人体运动的方向等内在注意特征问题。

第五节　研究结论

目前，视运动知觉是在个体知觉领域中占据重要地位，它易受到注意特点与情绪状态（如应激水平）等内在因素的影响。因此，基于认知资源占用学说以及倒"U"形假说等相关理论基础，本书中的研究采用改良后的 MIST 任务作为急性心理应激诱发的范式，并

---

① 李开云等：《自闭症谱系障碍者的视运动知觉》，《心理科学进展》2018 年第 5 期。

② Koldewyn Kami et al., "Neural Correlates of Coherent and Biological Motion Perception in Autism", *Developmental Science*, Vol. 14, No. 5, June 2011, p. 1075.

采用 ERP 技术探究急性心理应激对个体视运动知觉影响的内在机制特征，主要包括对协同运动、生物运动、运动速度以及深度运动知觉影响的内在 ERP 特征。整合各个研究的结果并加以统计分析，主要得出以下几点结论。

（1）改良后的 MIST 任务范式能够有效地诱发急性心理应激反应。具体表现为应激条件下心率升高而迷走神经活性降低，注意警觉性与注意定向速度均升高而后期注意资源分配减少。

（2）视运动知觉加工过程呈现出不同的特点，具体表现如下：协同运动知觉中协同性水平与反应速度呈负相关，而与反应准确性、注意资源调用速度呈正相关。生物运动知觉任务中出现了倒置效应，且其辨别速度及准确性和生物运动知觉的结构特点有关。运动速度知觉中人们对匀减速运动的辨别更容易，且注意控制能力增强、所投入认知资源更少。深度运动知觉中对于较晚碰撞的深度运动球体而言其辨别精确性更高且认知资源投入更少。

（3）急性心理应激影响了视运动知觉的加工过程。应激状态下视运动知觉各成分知觉反应速度加快（中等效应量），且深度运动知觉反应精确性有所提高。应激状态下协同运动与生物运动知觉任务中的早期注意资源投入较早，且晚期脑部抑制持续性出现减弱现象（中等效应量）。应激状态下协同运动、生物运动以及运动速度知觉加工过程的注意控制能力增强，以便能更好地分配注意资源。应激状态下运动速度与深度运动知觉任务中晚期认知资源的投入更多（中等效应量），同时深度运动知觉中早期注意资源也出现增强现象。

参考文献

一 中文文献

（一）著作

陈悦等：《引文空间分析原理与应用：CiteSpace 实用指南》，科学出版社 2014 年版。

季浏等：《体育运动心理学导论》，北京体育大学出版社 2007 年版。

蒋春雷：《应激医学》，上海科学技术出版社 2021 年版。

王甦、汪安圣：《认知心理学》，北京大学出版社 2006 年版。

叶奕乾等：《普通心理学》，华中师范大学出版社 2016 年版。

张力为、毛志雄主编：《运动心理学》，华东师范大学出版社 2012 年版。

（二）论文

陈彩琦：《视觉选择性注意与工作记忆的交互关系——认知行为与 ERP 的研究》，博士学位论文，华南师范大学，2004 年。

陈传锋等：《不同项目运动员压力源与应对方式的比较研究》，《中国体育科技》2009 年第 1 期。

陈建文、王滔：《大学生压力事件、情绪反应及应对方式——基于武汉高校的问卷调查》，《高等教育研究》2012 年第 10 期。

陈婷婷等：《生物运动知觉的神经基础》，《应用心理学》2011 年第 3 期。

邓铸、曾晓尤：《场依存性认知方式对问题表征及表征转换的影响》，《心理科学》2008 年第 4 期。

封雅虹：《生物运动知觉加工的朝向偏向特征》，硕士学位论文，浙江大学，2017年。

高尚秀：《视觉运动知觉影响眼跳的认知神经机制》，硕士学位论文，首都师范大学，2011年。

郭小艳、王振宏：《积极情绪的概念、功能与意义》，《心理科学进展》2007年第5期。

洪晓彬：《对压力下篮球运动员"Choking"现象心理机制的探讨》，硕士学位论文，武汉体育学院，2007年。

胡免：《运动形式对方向和形状一致性侦测的影响》，硕士学位论文，浙江理工大学，2013年。

黄琳、周成林：《不同情绪状态下冲突控制能力的ERP研究——以篮球运动员为例》，《天津体育学院学报》2013年第4期。

姜乾金：《〈压力（应激）系统模型——解读婚姻〉出版》，《中华行为医学与脑科学杂志》2011年第5期。

蒋毅、王莉：《生物运动加工特异性：整体结构和局部运动的作用》，《心理科学进展》2011年第3期。

李开云等：《自闭症谱系障碍者的视运动知觉》，《心理科学进展》2018年第5期。

李权超等：《军人心理应激自评问卷的编制》，《国际中华神经精神医学杂志》2003年第4期。

李婷等：《心理应激的生物学机制研究进展》，《中国行为医学科学》2006年第9期。

梁宝勇、郝志红：《中国大学生心理应激量表》，《心理与行为研究》2005年第2期。

刘红煦、曲建升：《主流Meta分析软件功能及其在领域知识发现的拓展应用研究》，《现代图书情报技术》2016年第5期。

刘溪、梁宝勇：《心算应激与特质焦虑、应对风格的关系》，《心理与行为研究》2008年第1期。

刘贤臣等：《青少年应激性生活事件和应对方式研究》，《中国心理

　　卫生杂志》1998 年第 1 期。

罗跃嘉等：《情绪对认知加工的影响：事件相关脑电位系列研究》，
　　《心理科学进展》2006 年第 4 期。

罗跃嘉等：《应激的认知神经科学研究》，《生理科学进展》2013 年
　　第 5 期。

潘竹君：《压力对时间知觉影响的 ERP 研究》，硕士学位论文，首都
　　体育学院，2009 年。

漆昌柱等：《运动员心理唤醒量表的修订与信效度检验》，《武汉体
　　育学院学报》2007 年第 6 期。

齐铭铭：《急性心理性应激对注意加工过程的影响》，博士学位论文，
　　西南大学，2017 年。

齐铭铭等：《急性心理性应激诱发的神经内分泌反应及其影响因素》，
　　《心理科学进展》2011 年第 9 期。

齐铭铭等：《心理性应激的时间加工进程：来自 ERP 的证据》，《心
　　理与行为研究》2014 年第 2 期。

申艳娥：《正、负性压力情境下教师应对方式的比较研究》，《心理
　　发展与教育》2004 年第 4 期。

王长生等：《运动时间知觉研究现状及其展望》，《北京体育大学学
　　报》2007 年第 6 期。

王大伟、刘永芳：《时间知觉对决策制定的时间压力效应的影响》，
　　《心理科学》2009 年第 5 期。

王积福等：《急性心理应激对协同运动知觉的影响及其机制：基于
　　ERP 的证据》，《体育科学》2021 年第 2 期。

王进：《解读"反胜为败"的现象：一个"Choking"过程理论》，《心
　　理学报》2004 年第 5 期。

王进：《压力下的"Choking"：运动竞赛中努力的反常现象及相关因
　　素》，《体育科学》2005 年第 3 期。

王玲、尧德中：《深度运动知觉的 ERP 时空分析——大小因素对认
　　知的影响》，《生物医学工程学杂志》2009 年第 2 期。

王玲、尧德中：《运动方向对深度运动知觉的影响——ERP 研究》，《电子科技大学学报》2009 年第 4 期。

王亚南：《压力情境下创意自我效能感与创造力的关系》，硕士学位论文，山东师范大学，2009 年。

韦晓娜：《网球运动专长与情绪状态对深度运动知觉的影响及其 ERP 特征研究》，博士学位论文，武汉体育学院，2018 年。

韦晓娜、漆昌柱：《情绪与运动专长对深度运动知觉影响的脑机制》，《天津体育学院学报》2019 年第 6 期。

韦晓娜等：《网球运动专长对深度运动知觉影响的 ERP 研究》，《心理学报》2017 年第 11 期。

魏华、周仁来：《焦虑个体抑制控制缺陷的研究现状和争议：基于注意控制理论视角》，《心理科学进展》2019 年第 11 期。

毋嫘等：《高焦虑个体对负性情绪信息的注意移除发生困难》，《心理科学》2017 年第 2 期。

项明强等：《自我损耗对运动表现影响的元分析》，《心理科学进展》2017 年第 4 期。

杨娟、张庆林：《特里尔社会应激测试技术的介绍以及相关研究》，《心理科学进展》2010 年第 4 期。

于婷婷等：《不同意识水平下认知资源对直觉优势效应的调节》，《心理学报》2018 年第 6 期。

张林等：《大学生心理压力感量表编制理论及其信、效度研究》，《心理学探新》2003 年第 4 期。

张禹等：《急性应激对工作记忆的影响受工作记忆负荷调节：来自电生理的证据》，《心理科学》2015 年第 1 期。

赵丙军等：《基于 CiteSpace 的国内知识图谱研究》，《知识管理论坛》2012 年第 8 期。

赵改等：《急性心理应激影响记忆效果：心理韧性的调节作用》，《心理科学》2018 年第 2 期。

赵颖佳、王桂云：《应激相关激素对视网膜脉络膜的作用》，《中国老年学杂志》2013 年第 20 期。

郑全全、陈树林：《中学生应激源量表的初步编制》，《心理发展与
　　教育》1999 年第 4 期。

二　英文文献

Abreuana Maria et al. , "Motion Perception and Social Cognition in Au-
　　tism: Speed Selective Impairments in Socio-Conceptual Processing?",
　　Journal of Advanced Neuroscience Research, Vol. 3, No. 2,
　　October 2016.

Adam M. Braly and Patricia R. Delucia, "Can Stroboscopic Training Im-
　　prove Judgments of Time-To-Collision?", *Human Factors*, Vol. 62,
　　No. 1, April 2019.

Adolphs Ralph, "The Neurobiology of Social Cognition", *Current Opin-
　　ion in Neurobiology*, Vol. 11, No. 2, April 2001.

Allolio Bruno et al. , "Diurnal Salivary Cortisol Patterns During Pregnancy
　　and After Delivery: Relationship to Plasma Corticotrophin-Releasing-
　　Hormone", *Clinical Endocrinology*, Vol. 33, No. 2, August 1990.

Amaraldavid G and Ricardo Insausti, "Retrograde Transport of D-
　　[^{3}H] -Aspartate Injected into the Monkey Amygdaloid Complex", *Ex-
　　perimental Brain Research*, Vol. 88, No. 2, February 1992.

Angelika Buske-Kirschbaum et al. , "Blunted Cortisol Responses to Psy-
　　chosocial Stress in Asthmatic Children: A General Feature of Atopic
　　Disease?", *Psychosomatic Medicine*, Vol. 65, No. 5, September
　　2003.

Anne KröGer et al. , "Visual Event-Related Potentials to Biological Mo-
　　tion Stimuli in Autism Spectrum Disorders", *Social Cognitive and Affec-
　　tive Neuroscience*, Vol. 9, No. 8, August 2014.

Apter Michael J. , "Reversal Theory: The Dynamics of Motivation, E-
　　motion and Personality", *Oneworld Publications*, 2007.

Arnsten Amy F. T. , "Stress Signalling Pathways that Impair Prefrontal Cortex Structure and Function", *Nature Reviews Neuroscience*, Vol. 10, No. 6, June 2009.

Back Sudie E. et al. , "Effects of Gender and Cigarette Smoking on Reactivity to Psychological and Pharmacological Stress Provocation", *Psychoneuroendocrinology*, Vol. 33, No. 5, June 2008.

Baldi Elisabetta and Bucherelli Corrado, "Theinverted 'U-Shaped' Dose-Effect Relationships in Learning and Memory: Modulation of Arousal and Consolidation", *Nonlinearity in Biology, Toxicology, Medicine*, Vol. 3, No. 1, January 2005.

Barbur John L. et al. , "Conscious Visual Perception Without V1", *Brain*, Vol. 116, No. 6, December 1993.

Barceló Francisco et al. , "Event-Related Potentials During Memorization of Spatial Locations in the Auditory and Visual Modalities", *Electroencephalography and Clinical Neurophysiology*, Vol. 103, No. 2, August 1997.

Beate Ditzen et al. , "Effects of Different Kinds of Couple Interaction on Cortisol and Heart Rate Responses to Stress in Women", *Psychoneuroendocrinology*, Vol. 32, No. 5, June 2007.

Beck A. T. , *Jama the Journal of the American Medical Association*, Pennsylvania: University of Pennsylvania Press, 1967.

Beintema J. A. and Markus Lappe et al. , "Perception of Biological Motion Without Local Image Motion", *National Academy of Sciences*, Vol. 99, No. 8, April 2002.

Bennettpatrickj. et al. , "The Effects of Aging on Motion Detection and Direction Identification", *Vision Research*, Vol. 47, No. 6, March 2007.

Bernadette M. Gadzella et al. , "Student-Life Stress Inventory", *Texas Psychological Association Convention*, No. 9, January 1991.

Bertenthal Bennett I. and Jeannine Pinto, "Global Processing of Biological Motions", *Psychological Science*, Vol. 5, No. 4, July 1994.

Bertsch Katja et al. , "Exogenous Cortisol Facilitates Responses to Social Threat Under High Provocation", *Hormones and Behavior*, Vol. 59, No. 4, April 2011.

Bex Peter J. et al. , "Apparent Speed and Speed Sensitivity During Adaptation to Motion", *Journal of the Optical Society of America A*, Vol. 16, No. 12, December 1999.

Bex Peter J. et al. , "Enhanced Motion Aftereffect for Complex Motions", *Vision Research*, Vol. 39, No. 13, June 1999.

Billington Jac et al. , "Neural Processing of Imminent Collision in Humans", *Proceedings of the Royal Society B: Biological Sciences*, Vol. 278, No. 1711, October 2010.

Bosbach Simone et al. , "A Simon Effect with Stationary Moving Stimuli", *Journal of Experimental Psychology: Human Perception and Performance*, Vol. 30, No. 1, January 2004.

Bourne Lyle E. Jr. and Rita A. Yaroush, *Stress and Cognition: A Cognitive Psychological Perspective*, California: Ames Research Center, 2003.

Braddick Oliver, "A Short-Range Process in Apparent Motion", *Vision Research*, Vol. 14, No. 7, March 1974.

Bradley Margaret M. et al. , "Remembering Pictures: Pleasure and Arousal in Memory", *Journal of Experimental Psychology: Learning, Memory, And Cognition*, Vol. 18, No. 2, March 1992.

Brendel Esther et al. , "Emotional Effects on Time-To-Contact Judgments: Arousal, Threat, And Fear of Spiders Modulate the Effect of Pictorial Content", *Experimental Brain Research*, Vol. 232, No. 7, April 2014.

Brendelesther et al. , "Threatening Pictures Induce Shortened Time-To-

Contact Estimates", *Attention*, *Perception and Psychophysics*, Vol. 74, No. 5, March 2012.

Brittenkenneth H. , "Mechanisms of Self-Motion Perception", *Annu. Rev. Neurosci*, Vol. 31, No. 5, March 2008.

Britten K. H. et al. , "The Analysis of Visual Motion: A Comparison of Neuronal and Psychophysical Performance", *The Journal of Neuroscience*, Vol. 12, No. 12, December 1992.

Buske-Kirschbaum A. et al. , "Hypothalamic-Pituitary-Adrenal Axis Function and the Cellular Immune Response in Former Preterm Children", *Journal of Clinical Endocrinology & Metabolism*, Vol. 92, No. 9, September 2007.

Calvo-Merinobeatriz et al. , "Seeing or Doing? Influence of Visual and Motor Familiarity in Action Observation", *Current Biology*, Vol. 16, No. 19, October 2006.

Case Charleen R. et al. , "Affiliation-Seeking Among the Powerless: Lacking Power Increases Social Affiliative Motivation", *European Journal of Social Psychology*, Vol. 45, No. 3, March 2015.

Chang Dorita H. F. and Nikolaus F. Troje, "Acceleration Carries the Local Inversion Effect in Biological Motion Perception", *Journal of Vision*, Vol. 9, No1, January 2009.

Changdorita H. F. et al. , "Frames of Reference for Biological Motion and Face Perception", *Journal of Vision*, Vol. 10, No. 6, June 2010.

Christine Heim et al. , "The Dexamethasone/Orticotropin-Releasing Factor Test in Men with Major Depression: Role of Childhood Trauma", *Biological Psychiatry*, Vol. 63, No. 4, February 2008.

Clemens Kirschbaum et al. , "Effects of Fasting and Glucose Load on Free Cortisol Responses to Stress and Nicotine", *The Journal of Clinical Endocrinology & Metabolism*, Vol. 82, No. 4, April 1997.

Clifford C. W. G and Ibbotson M. R. , "Fundamental Mechanisms of Visual Motion Detection: Models, Cells and Functions", *Progress in Neurobiology*, Vol. 68, No. 6, December 2002.

Cohen Jacob, *Statistical Power Analysis for the Behavioral Sciences*, New York: Lawrence Earlbaum Associates, 1988.

Cohen Sheldon et al., "Psychological Stress and Disease", *Jama*, Vol. 298, No. 14, October 2007.

Cooper Harris M., "Integrating Research: A Guide for Literature Reviews, 2nd ed." Newbury Park, Ca: Sage, 1989.

Crawford L. Elizabeth and John T. Cacioppo, "Learning Where to Look for Danger: Integrating Affective and Spatial Information", *Psychological Science*, Vol. 13, No. 5, September 2002.

Dambacher Michael and Ronald HüBner, "Time Pressure Affects the Efficiency of Perceptual Processing in Decisions Under Conflict", *Psychological Research*, Vol. 79, No. 1, February 2014.

Davismichaeland Paul J. Whalen, "The Amygdala: Vigilance and Emotion", *Molecular Psychiatry*, Vol. 6, No. 1, January 2001.

Dedovic Katarina et al., "The Montreal Imaging Stress Task: Using Functional Imaging to Investigate the Effects of Perceiving and Processing Psychosocial Stress in the Human Brain", *J Psychiatry Neurosci*, Vol. 30, No. 5, September 2005.

Dennis-Tiwary Tracy A. et al., "For Whom the Bell Tolls: Neurocognitive Individual Differences in the Acute Stress-Reduction Effects of an Attention Bias Modification Game for Anxiety", *Behaviour Research Therapy*, Vol. 77, No. 6, February 2016.

Dickerson Sally S. and Margaret E. Kemeny, "Acute Stressors and Cortisol Responses: A Theoretical Integration and Synthesis of Laboratory Research", *Psychological Bulletin*, Vol. 130, No. 3, March 2004.

Dierolf Angelika Margarete et al., "Influence of Acute Stress on Response Inhibition in Healthy Men: an ERP Study", *Psychophysiology*,

Vol. 54, No. 5, May 2017.

Doniger Glen M. et al. , "Activation Timecourse of Ventral Visual Stream Object-Recognition Areas: High Density Electrical Mapping of Perceptual Closure Processes", *Journal of Cognitive Neuroscience*, Vol. 12, No. 4, July 2000.

Donnellan M. Brent et al. , "On the Association Between Loneliness and Bathing Habits: Nine Replications of Bargh and Shalev (2012) Study 1", *Emotion*, Vol. 15, No. 1, February 2015.

Eduardo Spinedi and R. C. Gaillard, "Stimulation of the Hypothalamo-Pituitary-Adrenocortical Axis by the Central Serotonergic Pathway: Involvement of Endogenous Corticotropin-Releasing Hormone But Not Vasopressin", *Journal of Endocrinological Investigation*, Vol. 14, No. 7, July 1991.

Ehri Linnea C. and Muzio Irene M. , "Cognitive Style and Reasoning about Speed", *Journal of Educational Psychology*, Vol. 66, No. 4, April 1974.

Epel Elissa et al. , "Stress May Add Bite to Appetite in Women: A Laboratory Study of Stress-Induced Cortisol and Eating Behavior", *Psychoneuroendocrinology*, Vol. 26, No. 1, January 2001.

Eran Chajut and Algom Daniel, "Selective Attention Improves Under Stress: Implications for Theories of Social Cognition", *Journal of Personality and Social Psychology*, Vol. 85, No. 2, February 2003.

Ernstmarc O. and Heinrich H. BüLthoff, "Merging the Senses into a Robust Percept", *Trends in Cognitive Sciences*, Vol. 8, No. 4, March 2004.

Exner Sigmund, "Experimentelle Untersuchung Der Einfachsten Psychischen Processe", *Archiv Für Die Gesamte Physiologie Des Menschen Und Der Tiere*, Vol. 11, No. 1, January 1875.

Eysenck Michael W. and Manuel G. Calvo, "Anxiety and Performance:

The Processing Efficiency Theory", *Cognition & Emotion*, Vol. 6, No. 6, January 2008.

Eysenck Michael W. et al., "Anxiety and Cognitive Performance: Attentional Control Theory", *Emotion*, Vol. 7, No. 2, February 2007.

Faul Franz et al., "G × power 3: A Flexible Statistical Power Analysis Program for the Social, Behavioral, And Biomedical Sciences", *Behavior Research Methods*, Vol. 39, No. 2, May 2007.

Fenske Mark J. and John D. Eastwood, "Modulation of Focused Attention by Faces Expressing Emotion: Evidence From Flanker Tasks", *Emotion*, Vol. 3, No. 4, December 2003.

Fetsch Christopher R. et al., "Dynamic Reweighting of Visual and Vestibular Cues During Self-Motion Perception", *Journal of Neuroscience*, Vol. 29, No. 49, December 2009.

Fieldandy P., "The Problems in Using Fixed-Effects Models of Meta-Analysis on Real-World Data", *Understanding Statistics*, Vol. 2, No. 2, June 2003.

Field David T. and John P. Wann, "Perceiving Time to Collision Activates the Sensorimotor Cortex", *Current Biology*, Vol. 15, No. 5, March 2005.

Finnigan Simon et al., "ERP Measures Indicate Both Attention and Working Memory Encoding Decrements in Aging", *Psychophysiology*, Vol. 48, No. 5, May 2011.

Fisher Aaron J. and Michelle G. Newman, "Heart Rate and Autonomic Response to Stress After Experimental Induction of Worry Versus Relaxation in Healthy, High-Worry, And Generalized Anxiety Disorder Individuals", *Biological Psychology*, Vol. 93, No. 1, April 2013.

Friedman Bruce H., "An Autonomic Flexibility-Neurovisceral Integration Model of Anxiety and Cardiac Vagal Tone", *Biological Psychology*, Vol. 74, No. 2, February 2007.

Gaab J. et al. , "Randomized Controlled Evaluation of the Effects of Cognitive-Behavioral Stress Management on Cortisol Responses to Acute Stress in Healthy Subjects", *Psychoneuroendocrinology*, Vol. 28, No. 6, August 2003.

Gao Heming et al. , "Two Stages of Directed Forgetting: Electrophysiological Evidence From a Short-Term Memory Task", *Psychophysiology*, Vol. 53, No. 6, February 2016.

Geesaman Bard J. and Ning Qian, "The Effect of Complex Motion Pattern on Speed Perception", *Vision Research*, Vol. 38, No. 9, November 1998.

Gegenfurtner Karl R. and Michael J. Hawken, "Perceived Velocity of Luminance, Chromatic and Non-Fourier Stimuli: Influence of Contrast and Temporal Frequency", *Vision Research*, Vol. 36, No. 9, May 1996.

Gibson James J. , *The Perception of the Visual World*, Boston: Houghton Mifflin, 1950.

Giese Martin A. and Tomaso Poggio, "Neural Mechanisms for the Recognition of Biological Movements", *Nature Reviews Neuroscience*, Vol. 4, No. 3, March 2003.

Goh Jin X. et al. , "Mini Meta-Analysis of Your Own Studies: Some Arguments on Why and a Primer on How", *Social and Personality Psychology Compass*, Vol. 19, No. 10, October 2016.

Goh Jin X. et al. , "Who is Interested in Personality? The Interest in Personality Scale and Its Correlates", *Personality and Individual Differences*, Vol. 101, No. 10, October 2016.

Goldjoshua I. and Michael N. Shadlen, "The Neural Basis of Decision Making", *Annual Review of Neuroscience*, Vol. 30, No. 1, July 2007.

Goodale Melvyna. , "Action Without Perception in Human Vision", *Cognitive Neuropsychology*, Vol. 25, No. 7, December 2008.

Gori Simone et al. , "Multiple Causal Links Between Magnocellular-Dorsal Pathway Deficit and Developmental Dyslexia", *Cerebral Cortex*, Vol. 26, No. 11, October 2015.

Greg Hajcak et al. , "Event-Related Potentials, Emotion, And Emotion Regulation: an Integrative Review", *Developmental Neuropsychology*, Vol. 35, No. 2, February 2010.

Grinter Emma J. et al. , "Global Visual Processing and Self-Rated Autistic-Like Traits", *Journal of Autism and Developmental Disorders* Vol. 39, No. 9, April 2009.

Grossman Emily D. et al. , "FMR-Adaptation Reveals Invariant Coding of Biological Motion on Human STS", *Frontiers in Human Neuroscience*, Vol. 4, No. 1, March 2010.

Hagger M. S. , "Meta-Analysis in Sport and Exercise Research: Review, Recent Developments, and Recommendations", *European Journal of Sport Science*, Vol. 6, No. 2, August 2006.

Hajcak Greg et al. , "Event-Related Potentials, Emotion, And Emotion Regulation: an Integrative Review", *Developmental Neuropsychology*, Vol. 35, No. 2, February 2010.

Hallen Ruth Van Der et al. , "Global Motion Perception in Autism Spectrum Disorder: A Meta-Analysis", *Journal of Autism and Developmental Disorders*, Vol. 49, No. 12, September 2019.

Hall Judith A. et al. , "Patients' Health as a Predictor of Physician and Patient Behavior in Medical Visits: A Synthesis of four Studies", *Medical Care*, Vol. 34, No. 12, December 1996.

Hammett Stephen T. et al. , "A Ratio Model of Perceived Speed in the Human Visual System", *Proceedings of the Royal Society B: Biological Sciences*, Vol. 272, No. 1579, September 2005.

Hammett Stephen T. et al. , "Perceptual Distortions of Speed at Low Luminance: Evidence Inconsistent with a Bayesian Account of Speed Encoding", *Vision Research*, Vol. 47, No. 4, February 2007.

Hankin Benjamin L. and Abramson Lyn Y. , "Development of Gender Differences in Depression: an Elaborated Cognitive Vulnerability-Transactional Stress Theory", *Psychological Bulletin*, Vol. 127, No. 6, June 2001.

Harriet De Wit et al. , "Does Stress Reactivity or Response to Amphetamine Predict Smoking Progression in Young Adults? a Preliminary Study", *Pharmacology Biochemistry and Behavior*, Vol. 86, No. 2, February 2007.

Harriet De Wit et al. , "Effects of Acute Social Stress on Alcohol Consumption in Healthy Subjects", *Alcoholism: Clinical and Experimental Research*, Vol. 27, No. 8, August 2003.

Hassan Omar and Stephen T. Hammett, "Perceptual Biases are Inconsistent with Bayesian Encoding of Speed in the Human Visual System", *Journal of Vision*, Vol. 15, No. 2, February 2015.

Heekeren H. R. et al. , "A General Mechanism for Perceptual Decision-Making in the Human Brain", *Nature*, Vol. 431, No. 7010, October 2004.

Hennessy J. W. , "Stress, Arousal, And the Pituitary-Adrenal System: A Psychoendocrine Hypothesis", *Progress in Psychobiology and Physiological Psychology*, Vol. 8, August 1979.

Herrington John D. et al. , "The Role of MT + /V5 During Biological Motion Perception in Asperger Syndrome: an fMRi Study", *Research in Autism Spectrum Disorders*, Vol. 1, No. 1, January 2007.

Heuer Herbert, "Estimates of Time to Contact Based on Changing Size and Changing Target Vergence", *Perception*, Vol. 22, No. 5, May 1993.

Hietanen Markus A. et al. , "Differential Changes in Human Perception of Speed Due to Motion Adaptation", *Journal of Vision*, Vol. 8, No. 11,

August 2008.

Higgins Julian P. T. et al. , "Measuring Inconsistency in Meta-Analyses", *British Medical Journal*, Vol. 327, No. 7414, September 2003.

Hillyard Steven A. et al. , "Sensory Gain Control (Amplification) as a Mechanism of Selective Attention: Electrophysiological and Neuroimaging Evidence", *Philosophical Transactions of the Royal Society Biological Sciences*, Vol. 353, No. 1373, August 1998.

Hirai Masahiro and Kazuo Hiraki, "An Event-Related Potentials Study of Biological Motion Perception in Human Infants", *Cognitive Brain Research*, Vol. 22, No. 2, September 2005.

Hirai Masahiroet al. , "Active Processing of Biological Motion Perception: Anerp Study", *Cognitive Brain Research*, Vol. 23, No. 2, May 2005.

ÖHman Arneet al. , "The Face in the Crowd Revisited: A Threat Advantage with Schematic Stimuli", *Journal of Personality and Social Psychology*, Vol. 80, No. 3, March 2001.

Hopf Jens-Max et al. , "Localizing Visual Discrimination Processes in Time and Space", *Journal of Neurophysiology*, Vol. 88, No. 4, October 2002.

Hum Kathryn M. et al. , "Neural Mechanisms of Emotion Regulation in Childhood Anxiety", *Journal of Child Psychology and Psychiatry*, Vol. 54, No. 5, May 2013.

Imura Tomoko et al. , "Asymmetry in the Perception of Motion in Depth Induced by Moving Cast Shadows", *Journal of Vision*, Vol. 8, No. 13, October 2008.

Janine Giese-Davis et al. , "Depression and Stress Reactivity in Metastatic Breast Cancer", *Psychosomatic Medicine*, Vol. 68, No. 5, September 2006.

Jastorffjan and Guy A. Orban, "Human Functional Magnetic Resonance Imaging Reveals Separation and Integration of Shape and Motion Cues in

Biological Motion Processing", *Journal of Neuroscience*, Vol. 29, No. 22, June 2009.

Jin Narumoto et al., "Attention to Emotion Modulates Fmri Activity in Human Right Superior Temporal Sulcus", *Cognitive Brain Research*, Vol. 12, No. 2, October 2001.

Joachim Lange et al., "Visual Perception of Biological Motion by Form: A Template-Matching Analysis", *Journal of Vision*, Vol. 6, No. 8, July 2006.

Johansson Gunnar, "Visual Perception of Biological Motion and a Model for its Analysis", *Perception & Psychophysics*, Vol. 14, No. 2, June 1973.

Jokisch Daniel et al., "Structural Encoding and Recognition of Biological Motion: Evidence From Event-Related Potentials and Source Analysis", *Behavioural Brain Research*, Vol. 157, No. 2, August 2005.

Jones Marcet al., "A Theory of Challenge and Threat States in Athletes", *International Review of Sport and Exercise Psychology*, Vol. 2, No. 2, October 2009.

Julienne E. Bower et al., "Altered Cortisol Response to Psychologic Stress in Breast Cancer Survivors with Persistent Fatigue", *Psychosomatic Medicine*, Vol. 67, No. 2, March 2005.

Kahneman Daniel and Amos Tversky, "Prospect Theory: an Analysis of Decision Under Risk", *Econometrica*, Vol. 47, No. 2, February 1979.

Kelly Megan M. et al., "Sex Differences in Emotional and Physiological Responses to the Trier Social Stress Test", *Journal of Behavior Therapy and Experimental Psychiatry*, Vol. 39, No. 1, March 2008.

Kenneth Vilhelmsen et al., "A High-Density Eeg Study of Differences Between Three High Speeds of Simulated Forward Motion from Optic Flow in Adult Participants", *Frontiers in Systems Neuroscience*, Vol. 9,

No. 146, October 2015.

Kessler Ronald C., "Socialfactors in Psychopathology: Stress, Social Support, And Coping Processes", *Annual Review of Psychology*, Vol. 36, October 1985.

Kim Jejoong et al., "Deficient Biological Motion Perception in Schizophrenia: Results From a Motion Noise Paradigm", *Frontiers in Psychology*, Vol. 4, No. 1, July 2013.

Kimjuno and Stephen Palmisano, "Visually Mediated Eye Movements Regulate the Capture of Optic Flow in Self-Motion Perception", *Experimental Brain Research*, Vol. 202, No. 2, January 2010.

Kirschbaum C. et al., "The 'Trier Social Stress Test' —A Tool for Investigating Psychobiological Stress Responses in a Laboratory Setting", *Neuropsychobiology*, Vol. 28, No. 1, January 1993.

Kobayashi Yuji et al., "Perception of Apparent Motion in Depth: A High-Density Electrical Mapping Study in Humans", *Neuroscience Letters*, Vol. 354, No. 2, January 2004.

Kogler Lydia, "Psychosocial Versus Physiological Stress-Meta-Analyses on Deactivations and Activations of the Neural Correlates of Stress Reactions", *Neuroimage*, Vol. 119, No. 1, October 2015.

Kolarikandrew J. et al., "Precision and Accuracy of Ocular Following: Influence of Age and Type of Eye Movement", *Experimental Brain Research*, Vol. 201, No. 2, October 2010.

Koldewyn Kami et al., "Neural Correlates of Coherent and Biological Motion Perception in Autism", *Developmental Science*, Vol. 14, No. 5, June 2011.

Koldewyn Kamiet al., "The Psychophysics of Visual Motion and Global Form Processing in Autism", *Brain*, Vol. 133, No. 2, February 2010.

Kontaris Ioannis et al., "Dissociation of Extrastriate Body and Biological-

Motion Selective Areas by Manipulation of Visual-Motor Congruency", *Neuropsychologia*, Vol. 47, No. 14, December 2009.

Koolhaas J. M. et al. , "Stress Revisited: A Critical Evaluation of the Stress Concept", *Neuroscience & Biobehavioral Reviews*, Vol. 35, No. 5, April 2011.

Kowalski-Trakofler Kathleen M. et al. , "Judgment and Decision Making Under Stress: an Overview for Emergency Managers", *International Journal of Emergency Management*, Vol. 1, No. 3, January 2003.

Krakowski Aaron I. et al. , "The Neurophysiology of Human Biological Motion Processing: A High-Density Electrical Mapping Study", *Neuroimage*, Vol. 56, No. 1, May 2011.

Kravitz Dwight J. et al. , "A New Neural Framework for Visuospatial Processing", *Nature Reviews Neuroscience*, Vol. 12, No. 4, March 2011.

KröGer Anne et al. , "Visual Event-Related Potentials to Biological Motion Stimuli in Autism Spectrum Disorders", *Social Cognitive and Affective Neuroscience*, Vol. 9, No. 8, August 2014.

KröGeranne et al. , "Visual Processing of Biological Motion in Children and Adolescents with Attention-Deficit/Hyperactivity Disorder: an Event Related Potential-Study", *Plos One*, Vol. 9, No. 2, February 2014.

Krishnangiri P. et al. , "Relationship Between Steady-State and Induced Gamma Activity to Motion", *Neuroreport*, Vol. 16, No. 6, April 2005.

Kronfol Ziad and Daniel G. Remick, "Cytokines and the Brain: Implications for Clinical Psychiatry", *American Journal of Psychiatry*, Vol. 157, No. 5, May 2000.

Kuba Miroslav et al. , "Motion-Onset Veps: Characteristics, Methods, And Diagnostic Use", *Vision Research*, Vol. 47, No. 2, January 2007.

Kubová Zuzana et al. ，"Contrast Dependence of Motion-Onset and Pat-tern-Reversal Evoked Potentials"，*Vision Research*，Vol. 35，No. 2，January 1995.

Kuhlmann Simone et al. ，"Perception of Limited-Lifetime Biological Mo-tion from Different Viewpoints"，*Journal of Vision*，Vol. 9，No. 10，September 2009.

Kumsta R. et al. ，"Cortisol and Acth Responses to Psychosocial Stress are Modulated by Corticosteroid Binding Globulin Levels"，*Psychoneuroen-docrinology*，Vol. 32，No. 8，November 2007.

Kunchulia Marina et al. ，"Associations Between Genetic Variations and Global Motion Perception"，*Experimental Brain Research*，Vol. 237，No. 10，August 2019.

Lamberty Kathrin et al. ，"The Temporal Pattern of Motion in Depth Per-ception Derived from ERPs in Humans"，*Neuroscience Letters*，Vol. 439，No. 2，May 2008.

LandéN Mikael et al. ，"Heart Rate Variability in Premenstrual Dysphoric Disorder"，*Psychoneuroendocrinology*，Vol. 29，No. 6，July 2004.

Lange Joachim and Markus Lappe，"A Model of Biological Motion Per-ception From Configural Form Cues"，*Journal of Neuroscience*，Vol. 26，No. 11，March 2006.

Lazarus Richard S. and Susan Folkman，*Stress：Appraisal and Coping*，New York：Springer，1984.

Legrain ValéRy et al. ，"Shielding Cognition from Nociception with Work-ing Memory"，*Cortex*，Vol. 49，No. 7，September 2012.

Lenartowicz Agatha et al. ，"Electroencephalography Correlates of Spatial Working Memory Deficits in Attention-Deficit/Hyperactivity Disorder：Vigilance，Encoding，And Maintenance"，*Journal of Neuroscience*，Vol. 34，No. 4，January 2014.

Lewisbrian P. and Darwyn E. Linder，"Thinking about Choking？Attentional Processes and Paradoxical Performance", *Personality & Social Psychology Bulletin*, Vol. 23, No. 9, April 1997.

Liang Zhenet al. , "Aging Affects the Direction Selectivity of MT Cells in Rhesus Monkeys", *Neurobiology of Aging*, Vol. 31, No. 11, August 2010.

Lin Chin-Teng et al. , "The Influence of Acute Stress on Brain Dynamics During Task Switching Activities", *Ieee Access*, Vol. 6, No. 1, January 2018.

Loula Fani et al. , "Recognizing People from Their Movement", *Journal of Experimental Psychology: Human Perception and Performance*, Vol. 31, No. 1, March 2005.

Luck S. J. et al. , *The Oxford Handbook of Event-Related Potential Components*, Oxford: Oxford University Press, 2011.

Lunghi Marco et al. , "The Neural Correlates of Orienting to Walking Direction in 6-Month-Old Infants: an Erp Study", *Developmental Science*, Vol. 22, No. 6, November 2019.

LöW Andreas et al. , "When Threat is Near, Get out of Here: Dynamics of Defensive Behavior During Freezing and Active Avoidance", *Psychological Science*, Vol. 26, No. 11, September 2015.

Manning Catherine et al. , "Neural Dynamics Underlying Coherent Motion Perception in Children and Adults", *Developmental Cognitive Neuroscience*, Vol. 38, No. 5, June 2019.

Margaret Altemus et al. , "Responses to Laboratory Psychosocial Stress in Postpartum Women", *Psychosomatic Medicine*, Vol. 63, No. 5, September 2001.

Marinovic Welber et al. , "Preparation and Inhibition of Interceptive Actions", *Experimental Brain Research*, Vol. 174, No. 4, June 2009.

Mark A. Ellenbogen and Sheilagh Hodgins, "Structure Provided by Parents in Middle Childhood Predicts Cortisol Reactivity in Adolescence A-

mong the Offspring of Parents with Bipolar Disorder and Controls",
Psychoneuroendocrinology, Vol. 34, No. 5, June 2009.

Markus Heinrichs et al., "Effects of Suckling on Hypothalamic-Pituitary-
Adrenal Axis Responses to Psychosocial Stress in Postpartum Lactating
Women", *Journal of Clinical Endocrinology & Metabolism*, Vol. 86,
No. 10, October 2001.

Marraymond A. et al., "Detecting Agency from the Biological Motion of
Veridical Vs Animated Agents", *Social Cognitive & Affective Neuro-
science*, Vol. 2, No. 3, September 2007.

Masahiro Hirai and Ryusuke Kakigi, "Differential Cortical Processing of
Local and Global Motion Information in Biological Motion: an Event-
Related Potential Study", *Journal of Vision*, Vol. 8, No. 16, Decem-
ber 2008.

Mc Keefry Declan J. et al., "Induced Deficits in Speed Perception by
Transcranial Magnetic Stimulation of Human Cortical Areas V5/Mt +
and V3 A", *Journal of Neuroscience*, Vol. 28, No. 27, July 2008.

Mcshane Blakeley B. and Ulf BöCkenholt, "Single-Paper Meta-Analysis:
Benefits for Study Summary, Theory Testing, And Replicability",
Journal of Consumer Research, Vol. 43, No. 6, April 2017.

Mecklingeralex and Erdmut Pfeifer, "Event-Related Potentials Reveal
Topographical and Temporal Distinct Neuronal Activation Patterns for
Spatial and Object Working Memory", *Cognitive Brain Research*,
Vol. 4, No. 3, October 1996.

Megan R. Gunnar et al., "Developmental Changes in Hypothalamus-Pitu-
itary-Adrenal Activity Over the Transition to Adolescence: Normative
Changes and Associations with Puberty", *Development & Psychopathol-
ogy*, Vol. 21, No. 1, January 2009.

Meier Kimberly et al., "Neural Correlates of Speed-Tuned Motion Per-
ception in Healthy Adults", *Perception*, Vol. 47, No. 6, April 2018.

Michels Karin B. et al. , "Recommendations for the Design and Analysis of Epigenome-Wide Association Studies", *Nature Methods*, Vol. 10, No. 10, September 2013.

Michelslars et al. , "Brain Activity for Peripheral Biological Motion in the Posterior Superior Temporal Gyrus and the Fusiform Gyrus: Dependence on Visual Hemifield and View Orientation", *Neuroimage*, Vol. 45, No. 1, March 2009.

Milner Davidand Mel Goodale, *The Visual Brain in Action*, Oxford: Oup Oxford, 2006.

Mullenrichardetal. , "The Effects of Anxiety on Motor Performance: A Test of the Conscious Processing Hypothesis", *Journal of Sport and Exercise Psychology*, Vol. 27, No. 2, February 2005.

Mullen, Richard Hugh: State Anxiety, Conscious Processing and Motor Performance, United Kingdom, University of Wales, Bangor, Ph. D. Dissertation, 2000.

Nakamura Shinji, "Additional Oscillation Can Facilitate Visually Induced Self-Motion Perception: The Effects of Its Coherence and Amplitude Gradient", *Perception*, Vol. 39, No. 3, January 2010.

Newsome W. T. and Pare E. B. , "A Selective Impairment of Motion Perception Following Lesions of the Middle Temporal Visual Area (MT)", *Journal of Neuroscience*, Vol. 8, No. 6, June 1988.

Nideffer Robert M. , "Comparison of Self-Report and Performance Measures of Attention: A Second Look", *Perceptual and Motor Skills*, Vol. 45, No. 2, December 1977.

Niedeggen Michael and Eugene R Wist, "Characteristics of Visual Evoked Potentials Generated by Motion Coherence Onset", *Brain Research Cognitive Brain Research*, Vol. 8, No. 2, July 1999.

Niederhut Dillon, Emotion and the Perception of Biological Motion, Williamsburg, VA, M. D. Dissertation, College of William and Mary,

2009.

Nierop Ada et al. , "Prolonged Salivary Cortisol Recovery in Second-Trimester Pregnant Women and Attenuated Salivary α-Amylase Responses to Psychosocial Stress in Human Pregnancy", *Journal of Clinical Endocrinology & Metabolism*, Vol. 91, No. 4, April 2006.

Noel Acard, *Applied Meta-Analysis for Social Science Research*, New York: The Guilford Press, 2011.

Normanj. Farley et al. "Modulatory Effects of Binocular Disparity and Aging Upon the Perception of Speed", *Vision Research*, Vol. 50, No. 1, January 2010.

O'Craven Kathleen M. et al. , "FMRi Evidence for Objects as the Units of Attentional Selection", *Nature*, Vol. 401, No. 6753, October 1999.

Olson Ryan L. et al. , "Neurophysiological and Behavioral Correlates of Cognitive Control During Low and Moderate Intensity Exercise", *Neuroimage*, Vol. 131, No. 1, May 2016.

Olver James S. et al. , "Impairments of Spatial Working Memory and Attention Following Acute Psychosocial Stress", *Stress and Health*, Vol. 31, No. 2, January 2014.

O'Toole Laura and Tracy A. Dennis, "Attention Training and the Threat Bias: an Erp Study", *Brain and Cognition*, Vol. 78, No. 1, February 2012.

Patzwahl Dieter R. and Johannes M. Zanker, "Mechanisms of Human Motion Perception: Combining Evidence from Evoked Potentials, Behavioural Performance and Computational Modelling", *European Journal of Neuroscience*, Vol. 12, No. 1, October 2000.

Peelenmarius V. et al. , "Differential Development of Selectivity for Faces and Bodies in the Fusiform Gyrus", *Developmental Science*, Vol. 12, No. 6, October 2009.

Pelphrey Kevin A. et al. , "Brain Activity Evoked by the Perception of

Human Walking: Controlling for Meaningful Coherent Motion", *Journal of Neuroscience*, Vol. 23, No. 17, July 2003.

Pelphrey Kevin A. et al. , "Functional Anatomy of Biological Motion Perception in Posterior Temporal Cortex: an Fmri Study of Eye, Mouth and Hand Movements", *Cerebral Cortex*, Vol. 15, No. 12, December 2005.

Perrone John A. and Alexander Thiele, "Speed Skills: Measuring the Visual Speed Analyzing Properties of Primate Mt Neurons", *Nature Neuroscience*, Vol. 4, No. 5, May 2001.

Pessoa Luiz, "How Do Emotion and Motivation Direct Executive Control?", *Trends in Cognitive Sciences*, Vol. 13, No. 4, March 2009.

Peuskens H. et al. , "Specificity of Regions Processing Biological Motion", *European Journal of Neuroscience*, Vol. 21, No. 10, May 2005.

Peyron Roland et al. , "Functional Imaging of Brain Responses to Pain: A Review and Meta-Analysis (2000)", *Neurophysiologie Clinique*, Vol. 30, No. 5, October 2000.

Phelps Elizabeth A. et al. , "Emotion Facilitates Perception and Potentiates the Perceptual Benefits of Attention", *Psychological Science*, Vol. 17, No. 4, April 2006.

Picton Terence W. et al. , "Guidelines for Using Human Event-Related Potentials to Study Cognition: Recording Standards and Publication Criteria", *Psychophysiology*, Vol. 37, No. 2, March 2000.

Pilz Karin S. et al. , "Effects of Aging on Biological Motion Discrimination", *Vision Research*, Vol. 50, No. 2, January 2009.

Plessow Franziska et al. , "Better Not to Deal with Two Tasks at the Same Time When Stressed? Acute Psychosocial Stress Reduces Task Shielding in Dual-Task Performance", *Cognitive, Affective, & Behavioral Neuroscience*, Vol. 12, No. 3, June 2012.

Plessow Franziska et al. , "Inflexibly Focused Under Stress: Acute Psychosocial Stress Increases Shielding of Action Goals at the Expense of Reduced Cognitive Flexibility with Increasing Time Lag to the Stressor", *Journal of Cognitive Neuroscience*, Vol. 23, No, 11, November 2011.

Priebe Nicholas J. et al. , "Tuning for Spatiotemporal Frequency and Speed in Directionally Selective Neurons of Macaque Striate Cortex", *Journal of Neuroscience*, Vol. 26, No. 11, March 2006.

Pruessner Jens C. et al. , "Deactivation of the Limbic System During Acute Psychosocial Stress: Evidence from Positron Emission Tomography and Functional Magnetic Resonance Imaging Studies", *Biological Psychiatry*, Vol. 63, No. 2, January 2008.

Pruessner Marita et al. , "Sex Differences in the Cortisol Response to Awakening in Recent Onset Psychosis", *Psychoneuroendocrinology*, Vol. 33, No. 8, September 2008.

Ptito Maurice et al. , "Cortical Representation of Inward and Outward Radial Motion in Man", *Neuroimage*, Vol. 14, No. 6, May 2001.

Ptitomaurice et al. , "Separate Neural Pathways for Contour and Biological-Motion Cues in Motion-Defined Animal Shapes", *Neuroimage*, Vol. 12, No. 7, June 2003.

Pylesjohn A. et al. , "Visual Perception and Neural Correlates of Novel 'Biological Motion'", *Vision Research*, Vol. 47, No. 21, September 2007.

Qi Mingming and Heming Gao, "Acute Psychological Stress Promotes General Alertness and Attentional Control Processes: An ERP Study", *Psychophysiology*, Vol. 57, No. 4, January 2020.

Qi Mingming et al. , "Effect of Acute Psychological Stress on Response Inhibition: an Event-Related Potential Study", *Behavioural Brain Research*, Vol. 323, No. 1, January 2017.

Qi Mingming et al. , "Subjective Stress, Salivary Cortisol, And Electro-physiological Responses to Psychological Stress", *Frontiers in Psychology*, Vol. 7, No. 229, February 2016.

Raudies Florian and Heiko Neumann, "A Neural Model of the Temporal Dynamics of Figure-Ground Segregation in Motion Perception", *Neural Networks*, Vol. 23, No. 2, October 2010.

Reinvang Ivar et al. , "Information Processing Deficits in Head Injury Assessed with Erps Reflecting Early and Late Processing Stages", *Neuropsychologia*, Vol. 38, No. 7, June 2000.

Rice P. L. , *Stress and Health*, Pacific Grove, Ca: Brooks/Cole Publishing, 1999.

Righistefania et al. , "Anxiety, Cognitive Self-Evaluation and Performance: ERP Correlates", *Journal of Anxiety Disorders*, Vol. 23, No. 8, December 2009.

Robertson Caroline E. et al. , "Global Motion Perception Deficits in Autism are Reflected as Early as Primary Visual Cortex", *Brain*, Vol. 137, No. 9, July 2014.

Roidl Ernst et al. , "Emotional States of Drivers and the Impact on Speed, Acceleration and Traffic Violations—A Simulator Study", *Accident Analysis and Prevention*, Vol. 70, No. 4, September 2014.

Ruchkin Daniel S. et al, "Working Memory and Preparation Elicit Different Patterns of Slow Wave Event-Related Brain Potentials", *Psychophysiology*, Vol. 32, No. 4, July 1995.

Russell Daniel W. , "Ucla Loneliness Scale (Version 3): Reliability, Validity, And Factor Structure", *Journal of Personality Assessment*, Vol. 66, No. 1, January 1996.

Rustnicole C. et al. , "How MT Cells Analyze the Motion of Visual Patterns", *Nature Neuroscience*, Vol. 9, No. 11, October 2006.

Sandi Carmen and M. Teresa Pinelo-Nava, "Stress and Memory: Behavioral Effects and Neurobiological Mechanisms", *Neural Plasticity*, A-pril 2007.

Sandicarmen, "Stress and Cognition", *Wires Cognitive Science*, Vol. 4, No. 2, June 2013.

Santiandrea et al., "Perceiving Biological Motion: Dissociating Visible Speech from Walking", *Journal of Cognitive Neuroscience*, Vol. 15, No. 6, August 2003.

Sato Hirotsune et al., "The Effects of Acute Stress and Perceptual Load on Distractor Interference", *Quarterly Journal of Experimental Psychology*, Vol. 65, No. 4, April 2012.

Saygin Ayse Pinar et al., "In the Footsteps of Biological Motion and Multisensory Perception: Judgments of Audiovisual Temporal Relations are Enhanced for Upright Walkers", *Psychological Science*, Vol. 19, No. 5, May 2008.

Saygin Ayse Pinar, "Superior Temporal and Premotor Brain Areas Necessary for Biological Motion Perception", *Brain*, Vol. 130, No. 9, September 2007.

Schenk Thomas and Josef Zihl, "Visual Motion Perception After Brain Damage: I. Deficits in Global Motion Perception", *Neuropsychologia*, Vol. 35, No. 9, August 1997.

Schlack Anja et al., "Speed Perception During Acceleration and Deceleration", *Journal of Vision*, Vol. 8, No. 8, June 2008.

Schmidt Richard A. and Craig A. Wrisberg, *Motor Learning and Performance: A Situation-Based Learning Approach*, Champaign: Human Kinetics, 2008.

Schwabe Lars et al., "Hpa Axis Activation by a Socially Evaluated Cold-Pressor Test", *Psychoneuroendocrinology*, Vol. 33, No. 6, April 2008.

Schwabe Lars et al., "Stress-Induced Enhancement of Response Inhibition Depends on Mineralocorticoid Receptor Activation", *Psychoneuro-endocrinology*, Vol. 38, No. 10, October 2013.

Selye Hans, "A Syndrome Produced by Diverse Nocuous Agents", *Journal of Neuropsychiatry & Clinical Neurosciences*, Vol. 10, No. 2, May 1998.

Servos Philip et al., "The Neural Substrates of Biological Motion Perception: an Fmri Study", *Cerebral Cortex*, Vol. 12, No. 7, July 2002.

Shackman Alexander J. et al., "Stress Potentiates Early and Attenuates Late Stages of Visual Processing", *Journal of Neuroscience*, Vol. 31, No. 3, January 2011.

Shen Haoming et al., "Speed-Tuned Mechanism and Speed Perception in Human Vision", *Systems and Computers in Japan*, Vol. 36, No. 13, October 2005.

Shields Grant S. et al., "The Effects of Acute Stress on Core Executive Functions: A Meta-Analysis and Comparison with Cortisol", *Neuroscience and Biobehavioral Reviews*, Vol. 68, No. 9, September 2016.

Shiffrar Maggie et al., "The Perception of Biological Motion Across Apertures", *Perception and Psychophysics*, Vol. 59, No. 1, January 1997.

Shi Jinfu et al., "Biological Motion Cues Trigger Reflexive Attentional Orienting", *Cognition*, Vol. 117, No. 3, December 2010.

Shirai Nobu and Masami K. Yamaguchi, "Asymmetry in the Perception of motion-In-Depth", *Vision Research*, Vol. 44, No. 10, May 2004.

Shizhuanghua et al., "Modulation of Tactile Duration Judgments by Emotional Pictures", *Front Integr Neurosci*, Vol. 6, No. 24, May 2012.

Siegel Markus et al., "High-Frequency Activity in Human Visual Cortex is Modulated by Visual Motion Strength", *Cerebral Cortex*, Vol. 17, No. 3, March 2007.

Simon Herbert A. and Allen Newell, "Human Problem Solving: The State of the Theory in 1970", *American Psychologist*, Vol. 26, No. 2, February 1971.

Skosnik Patrick D. et al., "Disrupted Gamma-Band Neural Oscillations During Coherent Motion Perception in Heavy Cannabis Users", *Neuropsychopharmacology*, Vol. 39, No. 13, July 2014.

Skottunbernt C. and John R. Skoyles, "Is Coherent Motion an Appropriate Test for Magnocellular Sensitivity?", *Brain and Cognition*, Vol. 61, No. 2, July 2006.

Slotnick Scott D. et al., "The Nature of Memory Related Activity in Early Visual Areas", *Neuropsychologia*, Vol. 44, No. 14, August 2006.

Smeets Tom, "Acute Stress Impairs Memory Retrieval Independent of Time of Day", *Psychoneuroendocrinology*, Vol. 36, No. 4, May 2011.

SäNger Jessica et al., "The Influence of Acute Stress on Attention Mechanisms and Its Electrophysiological Correlates", *Frontiers in Behavioral Neuroscience*, Vol. 8, No. 10, October 2014.

Sokolov Arseny A. et al., "Recovery of Biological Motion Perception and Network Plasticity After Cerebellar Tumor Removal", *Cortex*, Vol. 59, No. 10, October 2014.

Spielberger C. D., "State-Trait Anxiety Inventory (Form Y)", *Anxiety*, Vol. 19, 1983.

Stefan WüSt et al., "Birth Weight is Associated with Salivary Cortisol Responses to Psychosocial Stress in Adult Life", *Psychoneuroendocrinology*, Vol. 30, No. 6, July 2005.

Stocker Alan A. and Eero P. Simoncelli, "Noise Characteristics and Prior Expectations in Human Visual Speed Perception", *Nature Neuroscience*, Vol. 9, No. 4, March 2006.

Sudie E. Back et al., "Effects of Gender and Cigarette Smoking on Reactivity to Psychological and Pharmacological Stress Provocation", *Psychoneuroendocrinology*, Vol. 33, No. 5, June 2008.

Taroyan Naira A. et al., "Neurophysiological and Behavioural Correlates of Coherent Motion Perception in Dyslexia", *Dyslexia*, Vol. 17, No. 3, July 2011.

Taylorjohn C. et al., "Functional MRI analysis of Body and Body Part Representations in the Extrastriate and Fusiform Body Areas", *Journal of Neurophysiology*, Vol. 98, No. 3, September 2007.

Thaddeus W. W. Pace et al., "Effect of Compassion Meditation on Neuro-endocrine, Innate Immune and Behavioral Responses to Psychosocial Stress", *Psychoneuroendocrinology*, Vol. 34, No. 1, January 2009.

Thirkettle Martin et al., "Contributions of Form, Motion and Task to Biological Motion Perception", *Journal of Vision*, Vol. 9, No. 3, March 2009.

Thom Nathaniel et al., "Emotional Scenes Elicit More Pronounced Self-Reported Emotional Experience and Greater EPN and LPP Modulation when Compared to Emotional Faces", *Cognitive Affective and Behavioral Neuroscience*, Vol. 14, No. 2, February 2014.

Thompson Peter et al., "Speed Can Go Up as Well as Down at Low Contrast: Implications for Models of Motion Perception", *Vision Research*, Vol. 46, No. 6, March 2006.

Thompson Peter, "Perceived Rate of Movement Depends on Contrast", *Vision Research*, Vol. 22, No. 3, March 1982.

Thornton Lan M et al., "Active Versus Passive Processing of Biological Motion", *Perception*, Vol. 31, No. 7, July 2002.

Thurman Steven M. and Emily D. Grossman, "Temporal 'Bubbles' Reveal Key Features for Point-Light Biological Motion Perception", *Journal of Vision*, Vol. 8, No. 3, March 2008.

Tresilian J. R., "Perceptual and Cognitive Processes in Time-To-Contact Estimation: Analysis of Prediction-Motion and Relative Judgment Tasks", *Perception & Psychophysics*, Vol. 57, No. 2, January 1995.

Troje Nikolaus F. and Cord Westhoff, "The Inversion Effect in Biological

Motion Perception: Evidence for a 'Life Detector'?", *Current Biology*, Vol. 16, No. 8, April 2006.

Uma Rao et al., "Effects of Early and Recent Adverse Experiences on Adrenal Response to Psychosocial Stress in Depressed Adolescents", *Biological Psychiatry*, Vol. 64, No. 6, September 2008.

Vagnoni Eleonora et al., "Threat Modulates Neural Responses to Looming Visual Stimuli", *European Journal of Neuroscience*, Vol. 42, No. 5, June 2015.

Vainalucia M. et al., "Functional Neuroanatomy of Biological Motion Perception in Humans", *Biological Sciences*, Vol. 98, No. 20, September 2001.

Van Gemmert et al., "Stress, Neuromotor Noise, And Human Performance: A Theoretical Perspective", *Journal of Experimental Psychology: Human Perception and Performance*, Vol. 23, No. 5, May 1997.

Vine Samuel J. et al., "Evaluating Stress as a Challenge is Associated with Superior Attentional Control and Motor Skill Performance: Testing the Predictions of the Biopsychosocial Model of Challenge and Threat", *Journal of Experimental Psychology Applied*, Vol. 19, No. 3, March 2013.

Wang Jifu et al., "Effect of Acute Psychological Stress on Motion-In-Depth Perception: an Event-Related Potential Study", *Advances in Cognitive Psychology*, Vol. 16, No. 4, December 2020.

Wang Jiongjiong et al., "Gender Difference in Neural Response to Psychological Stress", *Social Cognitive and Affective Neuroscience*, Vol. 2, No. 3, May 2007.

Wang Jiongjiong et al., "Perfusion Functional Mri Reveals Cerebral Blood Flow Pattern Under Psychological Stress", *Proceedings of the National Academy of Sciences*, Vol. 102, No. 49, November 2005.

Weed Mike, "Interpretive Qualitative Synthesis in the Sport & Exercise

Sciences: The Meta-Interpretation Approach", *European Journal of Sport Science*, Vol. 6, No. 2, August 2006.

Weiss Yair et al. , "Motion Illusions as Optimal Percepts", *Nature Neuroscience*, Vol. 5, No. 6, May 2002.

Wendy Baccus et al. , "Early Integration of Form and Motion in the Neural Response to Biological Motion", *Neuroreport*, Vol. 20, No. 15, October 2009.

White Patricia M. et al. , "Gender and Suppression of Mid-Latency Erp Components During Stress", *Psychophysiology*, Vol. 42, No. 6, December 2005.

Wright Kristyn et al. , "Schematic and Realistic Biological Motion Identification in Children with High-Functioning Autism Spectrum Disorder", *Research in Autism Spectrum Disorders*, Vol. 8, No. 10, October 2014.

Yamasaki Takao et al. , "Selective Impairment of Optic Flow Perception in Amnestic Mild Cognitive Impairment: Evidence from Event-Related Potentials", *Journal of Alzheimer'S Disease*, Vol. 28, No. 3, February 2012.

Yang Juan et al. , "The Time Course of Psychological Stress as Revealed by Event-Related Potentials", *Neuroscience Letters*, Vol. 530, No. 1, November 2012.

Yerkes Robert M. and John D. Dodson, "The Relation of Strength of Stimulus to Rapidity of Habit-Formation", *Journal of Comparative Neurology and Psychology*, Vol. 18, No. 5, December 1908.

Zhou Shiyu et al. , "Blind Video Quality Assessment Based on Human Visual Speed Perception and Nature Scene Statistic", *International Conference on Signal and Information Processing*, *Networking and Computers*, December 2017.

Zihl Josef et al. , "Selective Disturbance of Movement Vision After Bilateral Brain Damage", *Brain*, Vol. 106, No. 2, June 1983.

附录 1 实验知情同意书

　　您好！欢迎您来参加本次实验！本实验主要探讨心理应激与视运动知觉的关系及其内在特征。如果您同意参加实验，请您仔细阅读以下内容并在被试姓名签名处写下您的名字。

项目联系人和地址			
联系电话		电子邮箱	

实验介绍（Introduction）
　　您现在自愿参加一个关于心理应激与视运动知觉关系的实验。实验包括两个部分，两部分实验中间休息十分钟。在实验过程中，要伴随一些问卷的填写，同时采用脑电记录设备记录您的脑电变化。总之，您只需要按照实验要求做出按键判断，实验将记录您的判断反应时、正确率和脑电变化。希望您能够同意参加本项研究。

实验程序（Procedure）
　　整个实验包括：①实验前准备：填写问卷，洗头并吹干，戴脑电帽，涂导电膏，并理解实验内容；②实验操作：坐在电脑前，完成视运动知觉任务的相关实验，中途稍作休息；③实验结束：洗头，填写相关问卷，并领取实验报酬。

费用（Costs）：本研究不会向您收取任何费用。

受益（Benefits）
　　一次免费的脑电图检查（在医院该项检查至少要×××元）；
　　实验完成后您可获得××—×××元人民币现金作为报酬（需要提供学号）。

潜在风险和副作用（Risks and Discomforts）
　　实验过程完全无伤害（我们采用脑电记录设备采集您的脑电变化），实验主试将采取一系列措施尽可能保证您在实验过程中保持舒适。如果您在实验过程中有任何不适，请您告知我们，我们将做相应的调整。

续表

隐私（Confidentiality）

本研究的结果可能会在学术期刊或书籍上发表，或者用于教学。但是您的名字或者其他可以确认您的信息将不会在任何发表或教学的材料中出现，除非得到您的允许。

实验终止（Withdraw from the research）

您的参与完全基于自愿的原则，您可以在实验的任何过程中要求退出，并且您不会因为退出实验而受到处罚或损失。

主试声明（Experimenter Statement）

我已经解释了研究目的、研究程序、潜在危险和不舒适及被试权益，并尽最大可能回答了与研究有关的问题。您的参与完全基于自愿原则，我们将依法保护您在这项实验中的隐私，且本次实验不会给您带来不良影响。

签名：　　　　　　日期：

被试声明（Subject Statement）

我声明我已经被告知本研究目的、过程、潜在危险和副作用及潜在获益与费用。我的所有问题都得到满意的回答。我已经详细阅读了本被试知情同意书。我下面的签名表明我愿意参加本研究。

签名：　　　　　　日期：

附录 2　贝克抑郁量表

基本信息：编号：_____　　年龄：_____

性别：_____　　年级：_____

专业：_____　　利手：_____（左/右）

近视：_____（是/否。若是，填多少度）

指导语：以下是一个问卷，由 13 道题组成，每一道题均有 4 句短句，代表 4 个可能的答案。请您仔细阅读每一道题的所有回答（0—3）。读完后，从中选出一个最能反映您今天即此刻情况的句子，在它前面的数字（0—3）上画个"○"。然后，再接着回答下一题。请您不要遗漏任何一个题目。

序号	题目	序号	题目
一	0. 我不感到忧郁 1. 我感到忧郁或沮丧 2. 我整天忧郁，无法摆脱 3. 我十分忧郁，已经忍受不住	四	0. 我并不觉得有什么不满意 1. 我觉得我不能像平时那样享受生活 2. 任何事情都不能使我感到满意一些 3. 我对所有的事情都不满意
二	0. 我对未来并不悲观失望 1. 我感到前途不太乐观 2. 我感到我对前途不抱希望 3. 我感到今后毫无希望，不可能有所好转	五	0. 我没有特殊的内疚感 1. 我有时感到内疚或觉得自己没价值 2. 我感到非常内疚 3. 我觉得自己非常坏，一钱不值
三	0. 我并无失败的感觉 1. 我觉得和大多数人相比我是失败的 2. 回顾我的一生，我觉得那是一连串的失败 3. 我觉得我是个彻底失败的人	六	0. 我没有对自己感到失望 1. 我对自己感到失望 2. 我讨厌自己 3. 我憎恨自己

续表

序号	题目	序号	题目
七	0. 我没有要伤害自己的想法 1. 我感到还是死掉的好 2. 我考虑过自杀 3. 如果有机会，我还会杀了自己	十一	0. 我能像平时那样工作 1. 我做事时，要花额外的努力才能开始 2. 我必须努力强迫自己，方能干事 3. 我完全不能做事情
八	0. 我没失去和他人交往的兴趣 1. 和平时相比，我和他人交往的兴趣有所减退 2. 我已失去大部分和人交往的兴趣，我对他们没有感情 3. 我对他人全无兴趣，也完全不理睬别人	十二	0. 和以往相比，我并不容易疲倦 1. 我比过去容易觉得疲乏 2. 我做任何事都感到疲乏 3. 我太易疲乏了，不能干任何事
九	0. 我能像平时一样做出决断 1. 我尝试避免做决定 2. 对我而言，做出决断十分困难 3. 我无法做出任何决断	十三	0. 我的胃口不比过去差 1. 我的胃口没有过去那样好 2. 现在我的胃口比过去差多了 3. 我一点食欲都没有
十	0. 我觉得我的形象一点也不比过去糟 1. 我担心我看起来老了，不吸引人了 2. 我觉得我的外表肯定变了，变得不具吸引力 3. 我感到我的形象丑陋且讨人厌		

附录3　状态焦虑量表

指导语：下面列出的是一些人们常常用来描述自己的陈述，请您阅读每一个陈述，然后在右边适当的数字上画"○"来表示您现在最恰当的感觉，也就是您此时此刻最恰当的感觉。没有对或错的回答，请您不要对任何一个陈述花太多的时间去考虑，但所给的回答应该是您现在最恰当的感觉。请您不要遗漏任何一个题目。

序号	题目	完全没有	有些	中等程度	非常明显
1	我感到心情平静	1	2	3	4
2	我感到安全	1	2	3	4
3	我是紧张的	1	2	3	4
4	我感到紧张束缚	1	2	3	4
5	我感到安逸	1	2	3	4
6	我感到烦乱	1	2	3	4
7	我正在为可能发生的不幸而烦恼	1	2	3	4
8	我感到满意	1	2	3	4
9	我感到害怕	1	2	3	4
10	我感到舒适	1	2	3	4
11	我有自信心	1	2	3	4
12	我感到神经过敏	1	2	3	4

续表

序号	题目	完全没有	有些	中等程度	非常明显
13	我极度紧张不安	1	2	3	4
14	我优柔寡断	1	2	3	4
15	我是轻松的	1	2	3	4
16	我感到心满意足	1	2	3	4
17	我是烦恼的	1	2	3	4
18	我感到慌乱	1	2	3	4
19	我感到镇定	1	2	3	4
20	我感到愉快	1	2	3	4

附录 4 情绪状态评价量表

指导语：您好！请在下面每个题目后面的空格中选择一种最符合您此刻的心理体验选项，并在相应的方格中画个"○"。请您不要遗漏任何一个题目。

题目	一点也不	有一点儿	中等	比较强烈	非常强烈	题目	一点也不	有一点儿	中等	比较强烈	非常强烈
1. 高兴的						7. 内疚的					
2. 担忧的						8. 感兴趣的					
3. 有信心的						9. 心烦的					
4. 害怕的						10. 积极的					
5. 坚定的						11. 悲伤的					
6. 急躁的						12. 自豪的					

请在下面每个题目中分别选出最符合您当前的心理唤醒状态的一种评价，并在相应的数字上画个"○"。请您不要遗漏任何一个题目。

序号		低←　　　　　　　　—强度—　　　　　　　　→高							
13	昏昏欲睡的	（-3）	（-2）	（-1）	（0）	（+1）	（+2）	（+3）	精神振奋的
14	精力充沛的	（-3）	（-2）	（-1）	（0）	（+1）	（+2）	（+3）	无精打采的
15	精疲力竭的	（-3）	（-2）	（-1）	（0）	（+1）	（+2）	（+3）	浑身是劲的
16	跃跃欲试的	（-3）	（-2）	（-1）	（0）	（+1）	（+2）	（+3）	疲惫乏力的
17	兴奋激动的	（-3）	（-2）	（-1）	（0）	（+1）	（+2）	（+3）	感到累的
18	漫不经心的	（-3）	（-2）	（-1）	（0）	（+1）	（+2）	（+3）	全神贯注的

附录 5　UCLA 孤独量表

指导语：下列是人们有时会出现的一些感受。对于每项描述，请指出您具有那种感觉的频度，并在对应数字上画"○"。举例如下：你常感觉幸福吗？如你从未感到幸福，你应回答"从不"，如一直感到幸福，应回答"一直"，以此类推。请认真阅读每一个题目，并且不要遗漏任何一个题目。

序号	题目	从不	很少	有时	一直
1	你常感到与周围人的关系和谐吗？	1	2	3	4
2	你常感到缺少伙伴吗？	1	2	3	4
3	你常感到没人可以信赖吗？	1	2	3	4
4	你常感到寂寞吗？	1	2	3	4
5	你常感到属于朋友们中的一员吗？	1	2	3	4
6	你常感到与周围的人有许多共同点吗？	1	2	3	4
7	你常感到与任何人都不亲密了吗？	1	2	3	4
8	你常感到你的兴趣与想法与周围的人不一样吗？	1	2	3	4
9	你常感到想要与人来往、结交朋友吗？	1	2	3	4
10	你常感到与人亲近吗？	1	2	3	4
11	你常感到被人冷落吗？	1	2	3	4

续表

序号	题目	从不	很少	有时	一直
12	你常感到你与别人来往毫无意义吗？	1	2	3	4
13	你常感到没有人很了解你吗？	1	2	3	4
14	你常感到与别人隔开了吗？	1	2	3	4
15	你常感到当你愿意时就能找到伙伴吗？	1	2	3	4
16	你常感到有人真正了解你吗？	1	2	3	4
17	你常感到羞怯吗？	1	2	3	4
18	你常感到人们围着你但并不关心你吗？	1	2	3	4
19	你常感到有人愿意与你交谈吗？	1	2	3	4
20	你常感到有人值得你信赖吗？	1	2	3	4

附录 6　镶嵌图形测验

指导语 1

现在请您做一个从复杂图形中找简单图形的实验，这张纸上的 8 个图形是简单的，等实验开始时我再给您复杂图形。每个复杂图形中都包含一个简单图形，要求您在每个复杂图形中找出一个简单图形（一定是这 8 个中的一个），并且用笔把它描画出来，可以随时对照着简单图形找。第一次给您的复杂图形有 7 个，限定 2 分钟的时间，要求您尽快地找和画。

（一）简单图形

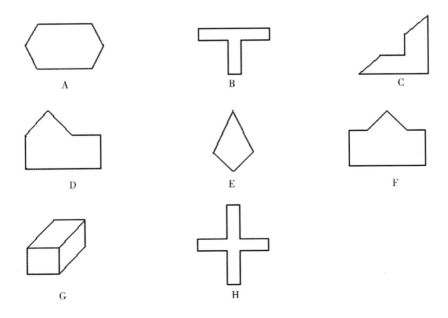

A　　　　　B　　　　　C

D　　　　　E　　　　　F

G　　　　　H

（二）测验图形 1—7 号

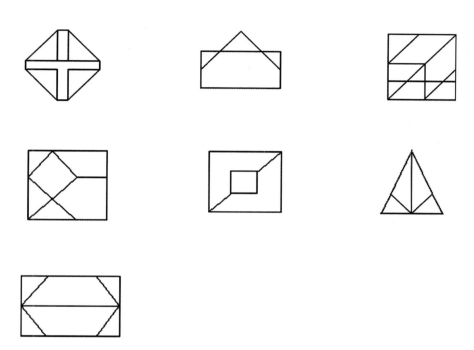

从下列每个复杂图形中找出一个简单图形，并用笔把它描画出来

指导语 2

下边还有十几个复杂图形，要求您从每个复杂图形中找出一个指定的简单图形，在每个复杂图形的下边都写着要您找出的简单图形是哪一个。找出后就用笔把它描画出来。一共给您 9 分钟时间。其余做法和上面做过的一样。待会儿我发给您这些复杂图形，要听我的口令开始和停止！

（三）测验图形 8—25 号

从下列每个复杂图形中找出指定的那个简单图形，并用笔把它描画出来。

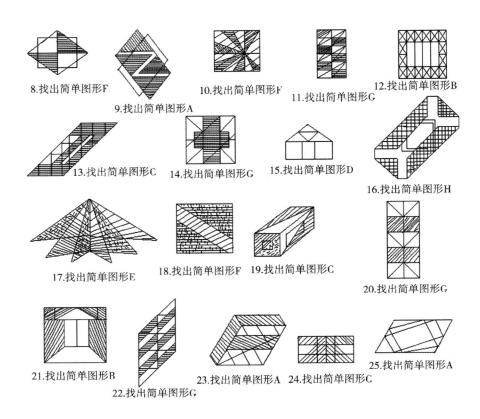

8.找出简单图形F

9.找出简单图形A

10.找出简单图形F

11.找出简单图形G

12.找出简单图形B

13.找出简单图形C

14.找出简单图形G

15.找出简单图形D

16.找出简单图形H

17.找出简单图形E

18.找出简单图形F

19.找出简单图形C

20.找出简单图形G

21.找出简单图形B

22.找出简单图形G

23.找出简单图形A

24.找出简单图形C

25.找出简单图形A

索　引

后　　记

　　伴随和风，悄悄进入夜幕，手指敲击键盘的声音渐渐停下来。在本书即将完成之际，思绪万千，心情久久不能平静。一路走来，诸多不易，感恩当下。

　　本书在得到 2021 年国家社科基金后期资助暨优秀博士论文项目的资助之后，我就立刻启动了博士论文的修改与完善工作。在形式上，扩充章节数量以丰富急性心理应激与视运动知觉关系的研究现状，增加博士论文的字数以达到出版的要求等。在内容上，增加急性心理应激的影响因素及其物质基础等内容，同时深入分析急性心理应激对视运动知觉各维度影响的内在机制，进一步拓展急性心理应激对视运动知觉影响的特点分析等。本书关于急性心理应激对视运动知觉影响的研究尚存在些许不足之处，如研究范式的生态学效度、应激水平的标准化以及研究工具的局限性等。不过，在未来的研究中可以采用生态学效度更高的研究手段、增加样本的多样性等途径来进一步丰富本领域的研究。

　　师恩难忘意深浓，桃李人间茂万丛。博士论文是本书的主体。感谢我的博士生导师漆昌柱教授。攻博期间，每次去办公室找您，您都能立刻放下手中繁忙的公务，悉心为我答疑解惑，耐心为我指明方向，让我心中产生足够的勇气继续进行下去，感谢您对我论文的悉心指导，从论文选题、开题、实验方案的设计到组织实施、再到写作过程中都凝聚着您的心血和汗水，以至于我才能够顺利完成学位论文。

　　饮其流者怀其源，学其成时念吾师。感谢徐霞教授、熊明生教授、祝大鹏教授、周治金教授以及贺金波教授在我博士论文开题过程中给予的细致且宝贵的建议与意见，感谢周成林教授、杨剑教授、陈爱国教授、王斌教授等专家在我博士论文毕业答辩过程中给予的宝贵意见与指导，感谢武汉体院心理学系洪晓彬副教授、郭远兵副教授、邹容老师、叶娜老师、黄端老师等给予我在读博期间学习和生活中的无私帮助。

　　学术之外，尚有人生。感谢我的家人，攻博期间，我总是疲于两地奔波，把大部分时间都放在博士论文的撰写之中，无暇顾及家人，深表愧疚，焉得谖草，言树之背，养育之恩，无以回报，感谢父母对我的养育之恩，感谢攻博期间岳父母对我的无私奉献与帮助，尤其是岳母对我女儿的悉心照料，你们的爱我将永远铭记在心。

　　长风破浪会有时，直挂云帆济沧海。站在新的起点上，少一些浮躁浮夸，多一些踏实苦干，背起思想的行囊继续追求至高学术，砥砺前行，感谢国家自然科学基金面上项目（31671161）和国家社科基金后期资助暨优秀博士论文项目（21FYB061）对本研究的经费支持，感谢中国社会科学出版社给予的出版机会，感谢编辑为此书付出的辛勤劳动。

王积福

2022 年 8 月